几何量公差与检测实验教程

JIHELIANG GONGCHA YU JIANCE SHIYAN JIAOCHENG

杨建风　徐红兵
王春艳　王亚元　主编

江苏大学出版社
JIANGSU UNIVERSITY PRESS
镇　江

图书在版编目(CIP)数据

几何量公差与检测实验教程/杨建风等主编. —镇江：江苏大学出版社，2016.3(2020.8 重印)
ISBN 978-7-5684-0020-6

Ⅰ.①几… Ⅱ.①杨… Ⅲ.①机械元件－尺寸公差－实验－高等学校－教材②机构元件－测量－实验－高等学校－教材 Ⅳ.①TG801-33

中国版本图书馆 CIP 数据核字(2015)第 302615 号

几何量公差与检测实验教程
Jiheliang Gongcha Yu Jiance Shiyan Jiaocheng

主　　编/杨建风　徐红兵　王春艳　王亚元
责任编辑/吴蒙蒙　常　钰
出版发行/江苏大学出版社
地　　址/江苏省镇江市梦溪园巷 30 号(邮编：212003)
电　　话/0511-84446464(传真)
网　　址/http://press.ujs.edu.cn
排　　版/镇江文苑制版印刷有限责任公司
印　　刷/江苏凤凰数码印务有限公司
开　　本/787 mm×1 092 mm　1/16
印　　张/12.25
字　　数/303 千字
版　　次/2016 年 3 月第 1 版　2020 年 8 月第 5 次印刷
书　　号/ISBN 978-7-5684-0020-6
定　　价/28.00 元

如有印装质量问题请与本社营销部联系(电话：0511-84440882)

前　言

几何量公差与检测实验是机械类、近机类各专业的技术基础实验，是课程学习的重要教学环节。通过实验课，可以使学生熟悉几何量测量的基本知识、测量原理，常用计量器具的使用方法，数据处理方法，同时可以帮助学生巩固在课堂上所学的内容，培养学生的基本技能和动手能力。

经过近几年实验教学的实践，在既有的《几何量公差与检测实验指导书》基础上，更新了部分实验内容，增设了第10章零件精度综合性检测，旨在让学生运用有关几何量检测的知识，对典型零件的尺寸、精度等方面要求，进行全面检测，提高学生动手能力及工程实践能力。

本书第1章和实验报告由王亚元编写，第2、5、8章由徐红兵编写，第3章由杨建风、王春艳编写，第4章由王亚元、王春艳编写，第6、7章由杨建风编写，第9章由王春艳编写，第10章由王春艳、杨建风、王亚元编写。

本书在编写过程中，得到了毛卫平老师的帮助，在此表示感谢。

由于作者水平有限，书中难免有不当或错误之处，恳请读者批评指正。

编　者

2015年9月

目　录

量具、量仪的维护保养

测量技术是机器制造的眼睛，对保证产品质量起着极其重要的作用，而量具、量仪质量的好坏，精度保持的情况，直接影响其作用的发挥。量具、量仪质量由制造工厂保证，而量具、量仪精度的保持，则是使用者的责任。在使用时必须注意以下几点。

(1) 量具、量仪使用前，要将手上污垢清洗干净，保持量具、量仪外表的清洁和测量地点的整齐、清洁。

(2) 操作前，一定要了解量具、量仪的结构原理和性能，否则不得随意操作，以防对其造成破坏(在实验室，要经教师同意后，方可使用)。

(3) 操作要认真、细心，严格遵守仪器操作规程。仪器的操作手柄或手轮应轻轻转动，锁紧机构不宜用力过大，说话不要嘴对仪器，对金属表面不要任意用手去摸。

(4) 仪器使用过程中发生故障，不得任意拆卸，必须按仪器结构原理仔细检查或送专门单位检查修理(学生实验时，仪器发生故障，由教师处理)。

(5) 仪器使用完毕后，一定要将手接触过的地方用纱布、棉花、汽油和绸布清洗干净，金属表面涂上防锈油，防止生锈(所用棉花、纱布、汽油、绸布和防锈油，都要经过检查合格后才能使用)。

清洗过程：先用纱布或棉花擦去表面脏物→用沾上汽油的干净棉花擦洗表面→再用干净的绸布擦净表面汽油挥发物→涂上防锈油→盖上防尘布→整理工作现场。

(6) 必须按期保养并鉴定量具、量仪，以保证量值的准确。对修复的量具、量仪必须经检查鉴定后，方可再使用。

实验规则

(1) 实验是巩固课堂教学，培养实际工作能力的重要环节。因此，学生在实验前必须复习与本次实验有关的教材内容和预习实验教程中的相关内容，才能达到实验的目的和要求。

(2) 按规定时间准时进入实验室。有特殊情况必须请假，并及时与实验室联系，尽快补做，不能无故缺席。为保证测量结果的正确性和仪器的正常使用，进入实验室必先换鞋或穿上鞋套，在实验室内必须保持安静、整齐、清洁、卫生，不得随地吐痰，严禁吸烟。

(3) 实验时应按操作程序正确使用量具、量仪，不得任意拆卸、摆弄。要树立认真负责、一丝不苟的工作态度和爱护国家财产的优良品质。

(4) 实验所用量具、量仪，在使用中发生故障时，应立即报告指导教师，不得自行处理。

(5) 实验时专心、细心。对量仪、量具等要轻拿轻放，调整仪器的活动部分动作要缓慢，对锁紧机构锁紧时用力不宜过大。

(6) 认真完成实验报告，并送交指导教师评阅。实验完毕后，按量具、量仪的保养要求，对其进行清洗保养，并整理工作现场。

1 测量技术基础

机械制造中的测量技术的主要研究内容是零件几何参数的测量和检验。

测量就是把被测量(如长度、角度等)与具有测量单位的标准量进行比较的过程。一个完整的测量过程应包括:

① 测量对象:指几何量,即长度、角度、几何误差及表面粗糙度轮廓等。

② 测量单位:长度单位有米(m)、毫米(mm)、微米(μm);角度单位有度(°)、分(′)、秒(″)。

③ 测量方法:测量时所采用的测量原理、测量器具和测量条件的总和。测量条件是测量时零件和测量器具所处的环境,如温度、湿度、振动和灰尘等。测量时的标准温度为20 ℃。一般计量室的温度应控制在20±(0.05~2)℃,精密计量室的温度应控制在20±(0.03~0.05)℃,同时还要尽可能使被测零件与测量器具在相同温度下进行测量。计量室的相对湿度应以50%~60%为适宜,测量时应远离振动源,保持室内较高的清洁度等。

④ 测量精度:指测量结果与零件真值的接近程度。

检验是指判断被测量是否在规定的公差范围内,通常不一定要求得到被测量的具体数值。

测量技术的基本任务:① 建立统一的计量单位,并复制成为标准形式,确保量值传递;② 拟定合理的测量方法,并采用相应的测量器具使其实现;③ 对测量方法的精度进行分析和估计,正确处理测量所得的数据。

1.1 长度计量单位和基准量值的传递

1.1.1 长度计量单位基准

为了进行长度测量,必须建立统一可靠的长度计量单位基准。目前世界各国使用的长度单位有米制和英制两种。

我国颁布的法定计量单位是以国际单位制的基本长度单位米(m)为基本单位。在机械制造中常用的测量单位有毫米(mm)和微米(μm):

$$1\ \text{m}=1000\ \text{mm}$$

$$1\ \text{mm}=1000\ \mu\text{m}$$

1983年第十七届国际计量大会审议并批准了“米”的新定义,即:1米是光在真空中于1/299792458秒的时间间隔内所经路径的长度。

1.1.2 基准量值的传递

在生产实践中,不可能直接利用光波波长进行长度尺寸的测量,为了保证机械制造中长度测量的量值统一，必须建立从光波长度基准到生产中使用的各种量具、量仪和工件尺寸的传递系统，量块和线纹尺是实现光波长度到测量实际之间的尺寸传递媒介，是机械制造中的实用长度基准。长度尺寸量值传递系统如图 1-1 所示。在尺寸传递系统中，基准量具以量块(端面量具)应用最为广泛，在第 2 章中有量块的具体使用实例。

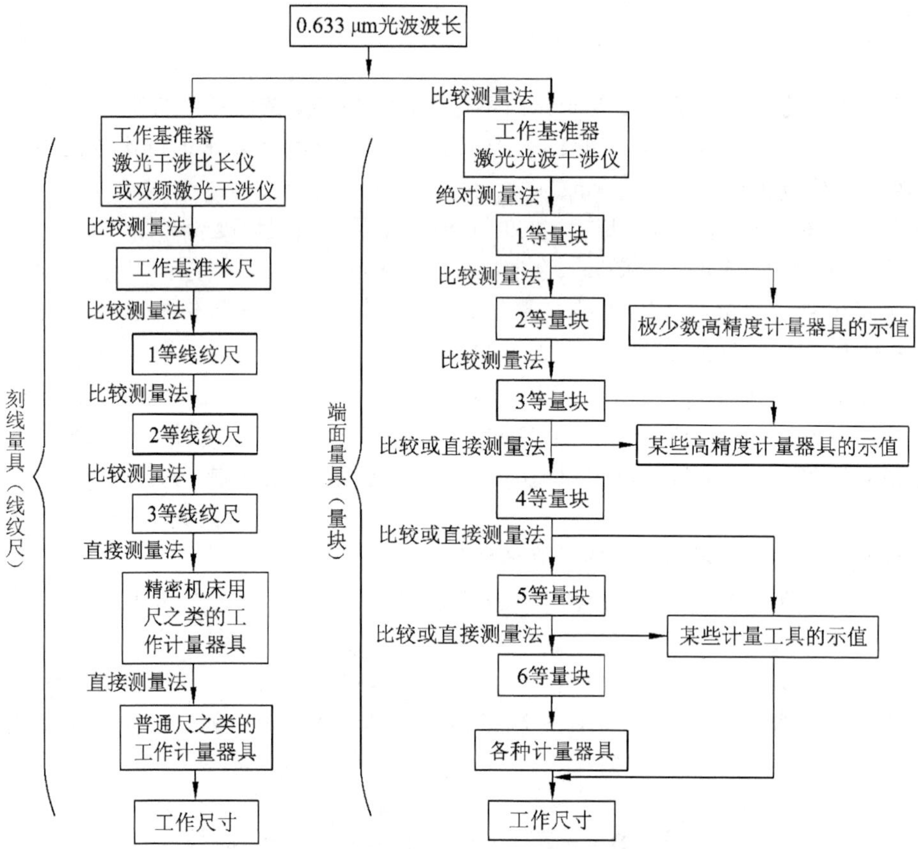

图 1-1　长度尺寸量值传递系统

1.2　测量器具和测量方法

1.2.1　测量器具(计量器具)的分类

(1) 测量器具(计量器具)的基本分类

测量器具包括量具和量仪两大类。量具——使用时，以固定形式复现给定量的一个或多个已知值的一种测量器具；量仪——将被测的或有关的量转换成指示值或等效信息的一种测量器具。

(2) 按测量器具的结构特点和用途分类

① 基准量具和量仪：测量中用作标准的量具，如量块、角度量块、基准米尺、激光比较仪等。它是按基准复制出来的一个代表固定尺寸的量具和量仪，测量中体现标准量。

② 极限量规：一种没有刻度的专用检验工具。用极限量规检验零件时，只能判断零件

是否合格，而不能得出零件尺寸、形状和位置误差的具体数值。

③ 通用量具和量仪：有刻度并能量出具体数值的量具和量仪。它可用来测量在一定范围内的任意值。一般分为游标量具（如游标卡尺、齿厚游标卡尺等），螺旋测微量具（如外径千分尺、内径千分尺等），机械式量具（如百分表、机械比较仪、扭簧比较仪等），光学量具（如光学比较仪、光切显微镜等），电动量具（如电感式量仪、电容式量仪等），气动量具（如浮标式气动量仪、水柱式气动量仪等）。

④ 检测装置：量具、量仪和定位元件等构成的组合体，是一种专用检验工具，如检验夹具、主动测量装置、自动分选机和坐标测量机等。它使测量工作更为迅速、方便和可靠，便于实现测量自动化等。

近年来，由于光栅、磁栅、感应同步器以及激光技术、计算机技术在长度测量中的应用越来越广泛，不仅使测量器具的精度有了很大的提高，而且能采用脉冲计数、数字显示、自动记录和打印测量结果等方式，从而有助于实现自动测量和自动控制。

1.2.2 测量方法的分类

(1) 直接测量和间接测量

按是否直接由测量器具测量被测参数，可分为直接测量和间接测量。

① 直接测量：直接测量被测参数以获得被测尺寸。例如用卡尺、比较仪测量。

② 间接测量：测量与被测尺寸有关的几何参数，经过计算获得被测尺寸。如图 1-2，被测尺寸圆弧直径 D 是通过测量弦长 b 和弓形高 h，经过计算得到的。它们之间的关系式是：

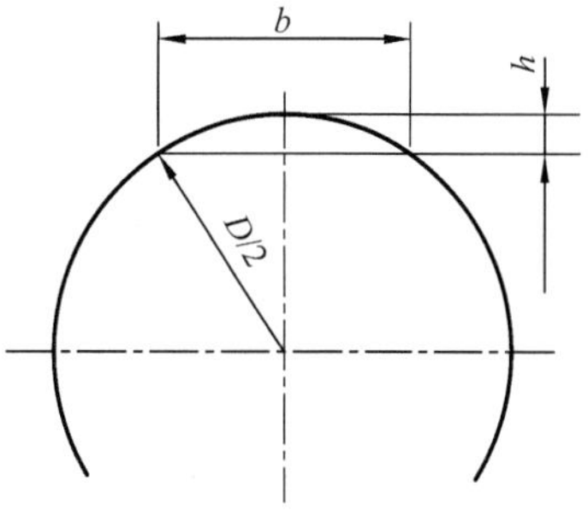

图 1-2 用弓高弦长法测量圆弧直径

$$D=\frac{b^2}{4h}+h \tag{1-1}$$

显然，直接测量比较直观，间接测量比较繁琐。一般当被测尺寸不易测量时，就不得不采用间接测量。

(2) 绝对测量和相对测量

按测量器具的示值是否为被测尺寸的实际值，可分为绝对测量和相对测量。

① 绝对测量：计量器具的示值直接表示被测尺寸的大小。如用游标卡尺测量。

② 相对测量：计量器具的示值只表示被测尺寸相对于标准量的偏差。如用比较仪测量轴的直径，需先用量块调整好仪器的零位，然后进行测量，测得值是被测轴的直径相对于量块尺寸的差值。

一般说来，相对测量的测量精度较高，但测量过程较复杂。

(3) 接触测量和非接触测量

按被测表面与测量器具的测量头是否接触，可分为接触测量和非接触测量。

① 接触测量：测量头与被测零件表面接触，并有机械作用的测量力存在。如用千分尺测量零件。

② 非接触测量：测量头不与被测零件表面相接触。非接触测量可避免测量力对测量结果的影响。如利用投影法、光波干涉法测量等。

(4) 单项测量和综合测量

按一次测量参数的多少,可分为单项测量和综合测量。

① 单项测量:分别对被测零件的每个参数单独测量。

② 综合测量:测量反映零件有关参数的综合指标。

综合测量一般效率较高,对保证零件的互换性更为可靠,常用于完工零件的检验。单项测量能分别确定每一参数的误差,一般用于工艺分析、工序检验及被指定参数的测量。

(5) 主动测量和被动测量

按测量在加工过程中所起的作用,可分为主动测量和被动测量。

① 主动测量:工件在加工过程中进行的测量,其结果直接用来控制零件的加工过程,从而及时防止废品的产生。

② 被动测量:工件加工后进行的测量。此种测量只能判别工件是否合格,去除废品。

(6) 静态测量和动态测量

按被测零件在测量过程中所处的状态,可分为静态测量和动态测量。

① 静态测量:测量相对静止。如用千分尺测量直径。

② 动态测量:测量时被测表面与测量头模拟工作状态中做相对运动。

动态测量方法能反映出零件接近使用状态下的情况,是测量技术的发展方向。

1.2.3 测量器具的基本度量指标

度量指标是合理选择和使用测量器具的主要指标。基本度量指标包括刻度值、刻度间距、测量范围、示值范围等,其示意图如图 1-3 所示。

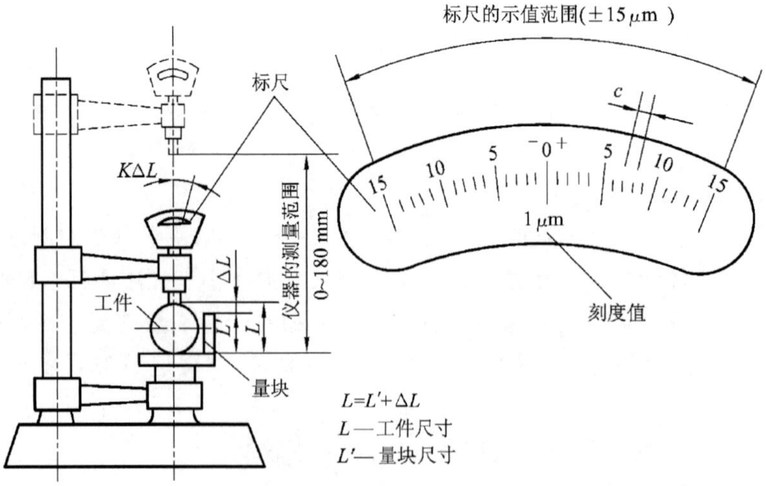

图 1-3 测量器具的基本度量指标示意图

(1) 刻度值(分度值)

刻度值是指测量器具刻度尺或度盘(分度盘)上最小一格所代表的被测尺寸的量值。如图 1-3 所示,表盘上的刻度值是 1 μm。

(2) 刻度间距

刻度间距是指测量器具刻度标尺或度盘上相邻两刻线间的距离，通常为等距刻度，一般为1～2.5 mm。

(3) 测量范围

测量范围是指测量器具所能测量尺寸的最大值和最小值。如图 1-3 所示，仪器测量范围为 0～180 mm。

(4) 示值范围

示值范围是指测量器具刻度标尺或度盘内全部刻度所代表的范围。如图 1-3 所示，标尺示值范围为±15 μm。

测量范围和示值范围的含义是不同的。例如，某比较仪的示值范围为±0.1 mm，而其测量范围为 0～180 mm。有的测量器具的测量范围等于其示值范围，如某些千分尺、卡尺等。

(5) 灵敏度

灵敏度是指计量器具对被测几何量的响应变化能力。若被测几何量的变化为 ΔX，该几何量引起量具的响应变化为 ΔL，则灵敏度 S 为

$$S=\frac{\Delta L}{\Delta X}$$

当上式中分子与分母为同种量时，灵敏度亦称为放大比或放大倍数。

(6) 测量力

测量力是指测量头与被测零件表面在测量时相接触的力。测量力会引起测量器具和被测零件的弹性变形，影响测量精度。

(7) 示值误差

示值误差是指仪器指示数值与被测量真值之代数差。它是测量器具本身各种误差的综合反映，其中有测量器具的构成原理误差、装配调整误差和分度误差等。

(8) 回程误差

回程误差是指对同一尺寸进行正反向测量时，测量器具指示数值的变化范围。

1.2.4 常用测量器具的测量原理、基本结构与使用方法

1. 游标类量具

游标类量具是利用游标读数原理制成的一种常用量具，它具有结构简单、使用方便、测量范围大等特点。

常用的游标量具有长度游标量具和角度游标量具，两种量具读数原理相似。

(1) 长度游标量具

长度游标量具有游标卡尺、深度游标尺和高度游标尺等，其读数原理相同，所不同的主要是测量面的位置不同(图 1-4)。

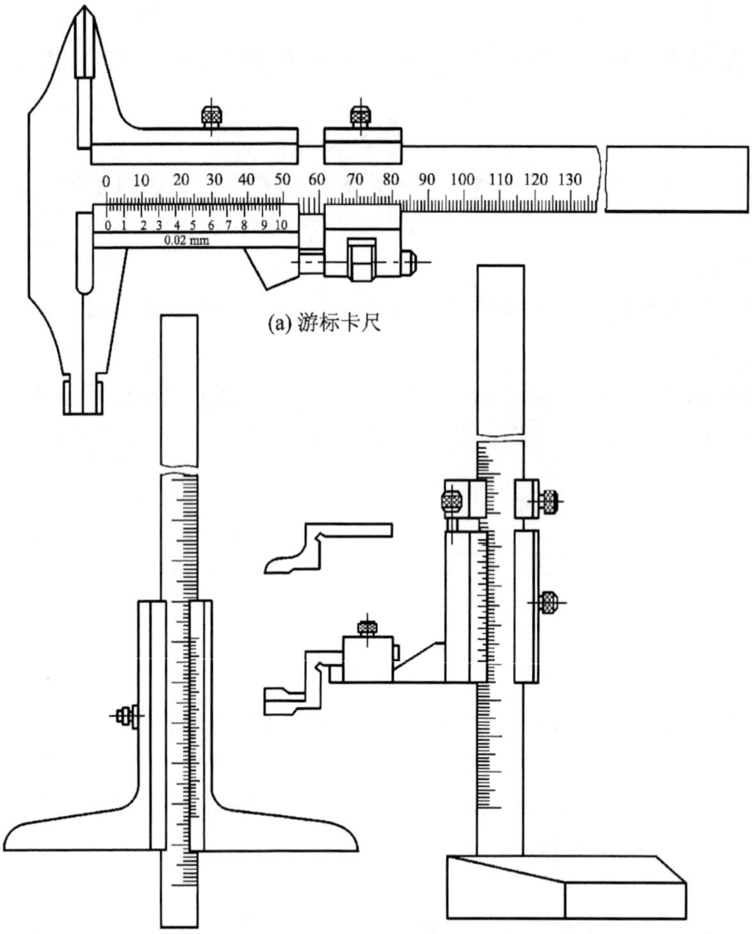

(a) 游标卡尺

(b) 深度游标尺

(c) 高度游标尺

图 1-4　游标量具

① 游标量具的结构

游标量具的主尺是一个刻有刻度的尺身，沿着尺身滑动的尺框上装有游标，游标量具的刻度值有 0.1 mm、0.05 mm、0.02 mm 三种。

为了读数方便，有的游标卡尺上装有测微表头，图 1-5所示为带表游标卡尺，它是通过机械传动装置，将两测量爪相对移动转变为指示表的回转运动，并借助尺身刻度和指示表，对两测量爪相对移动所分隔的距离进行读数。

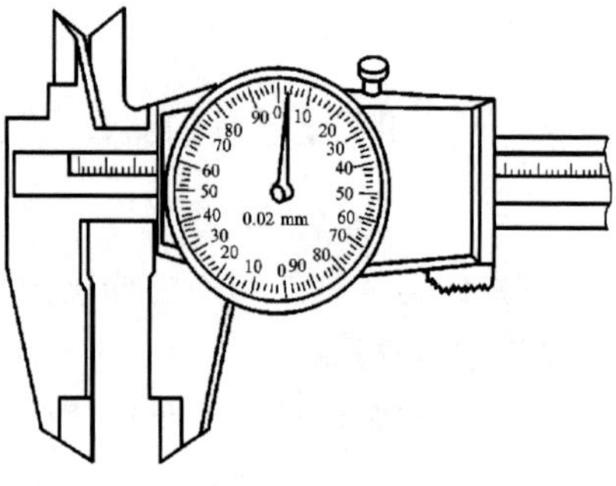

图 1-5　带表游标卡尺

② 游标的读数原理

游标量具是利用尺身（主尺）上的刻度间距与游标上的刻度间距之差，来读小数的。下面以刻度值（分度值）为 0.1 mm 的游标卡尺为例，做一介绍：

如图 1-6a 所示，尺身的刻度间距 $a=1$ mm，将尺身刻度 $(n-1)$ 格的宽度刻 10 格作为游标的刻度间距 $b=0.9$ mm，这样，尺身刻度间距与游标的刻度间距之差为 0.1 mm（即游标读数值)。因此，当游标零线与尺身零线对准时，除游标的最后一根刻线与尺身刻线对准外，游标的其他刻线都不与尺身刻线对准。若将游标向右移动 0.1 mm，则游标的第 1 根线与尺身刻线对准；若将游标向右移动 0.2 mm，则游标的第 2 根刻线与尺身刻线对准；依此类推。

所以，游标在尺身的刻度间距 1 mm 向右移动的距离，可由游标刻线与尺身刻线对准时游标刻线序号决定。如游标的第 5 根刻线与尺身刻线对准，则表示游标向右移动 0.5 mm (图 1-6b)。因此，有了游标装置，就很容易读出尺身刻线间隔的小数部分的读数。

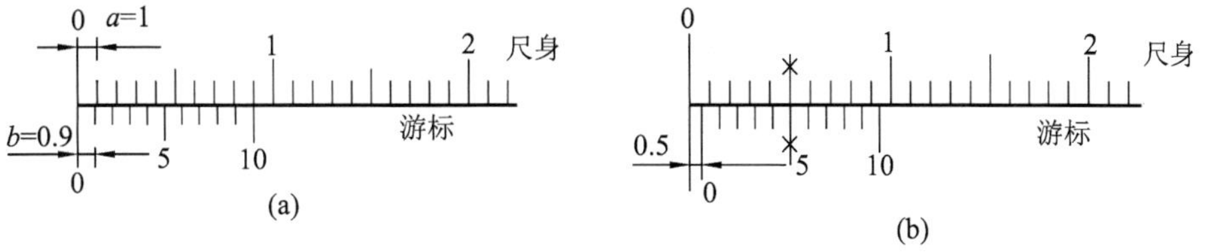

图 1-6 游标的读数原理

用游标量具测量零件，读数时，应先根据游标零线所处位置读出尺身刻度的整数部分的值，再判断游标第几根刻线与尺身刻线对准，用游标刻线的序号乘上分度值，即得到小数部分的读数。将整数部分与小数部分相加即为测量结果。例如，在游标分度值为 0.05 mm 的游标卡尺上，游标零线的位置在尺身刻线“24”与“25”之间，且游标上的第 8 根刻线与尺身刻线对准，则被测尺寸为 24＋8×0.05＝24.40 mm。

图 1-7 所示为电子数显卡尺的结构示意图。电子数显卡尺具有非接触性电容式测量系统，由液晶显示器显示，测量方便可靠。

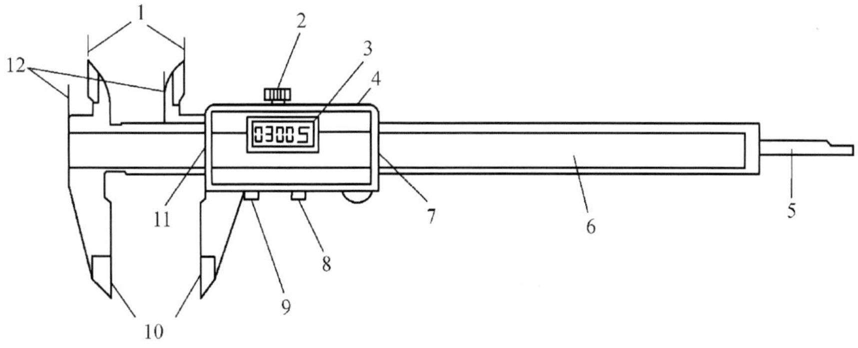

1—内测量爪；2—紧固螺钉；3—液晶显示器；4—数据输出端口；5—深度尺；6—尺身；7，11—防尘板；8—置零按钮；9—米制/英制转换按钮；10—外测量爪；12—台阶测量面

图 1-7 电子数显卡尺

(2) 角度游标量具

角度游标量具的代表是万能角度尺，也叫游标量角器。它是利用活动直尺测量面相对于基尺测量面的旋转，对该两测量面间分隔的角度进行读数的角度测量器具。

① 形式和结构

游标量角器有Ⅰ型、Ⅱ型两种，Ⅰ型测量范围为 0～320°，游标刻度值为 2′和 5′；Ⅱ型测量范围为 0～360°，游标刻度值为 5′。

Ⅰ型游标量角器的结构如图 1-8 所示。Ⅱ型游标量角器的结构如图 1-9 所示。

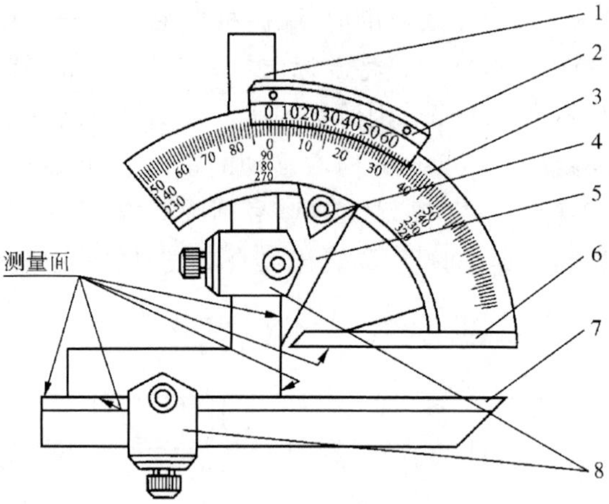

1—直角尺；2—游标；3—主尺；4—制动器；5—扇形板；6—基尺；7—直尺；8—卡块

图 1-8　Ⅰ型游标量角器

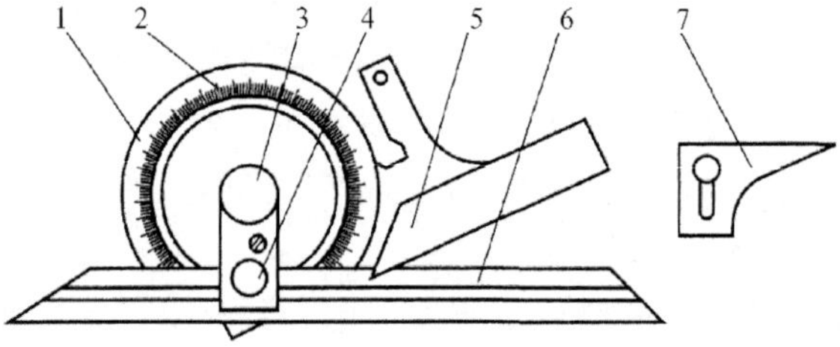

1—主尺；2—游标；3—制动器；4—卡块；5—基尺；6—直尺；7—附加直尺

图 1-9　Ⅱ型游标量角器

② 游标读数原理

与游标卡尺的读数原理相似，游标量角器也是利用尺身（主尺）上的刻度间距与游标上的刻度间距之差来读数的。

2′游标量角器的分度如图 1-10a 所示。主尺的分度每格等于 1°，游标的分度是把主尺上 29 格（29°）对应的一段弧长分成 30 格，即

$$游标每格=\frac{29^\circ}{30}=\frac{60'\times 29}{30}=58'$$

可见主尺的一格和游标的一格之间相差：

$$1^\circ-\frac{29^\circ}{30}=2'$$

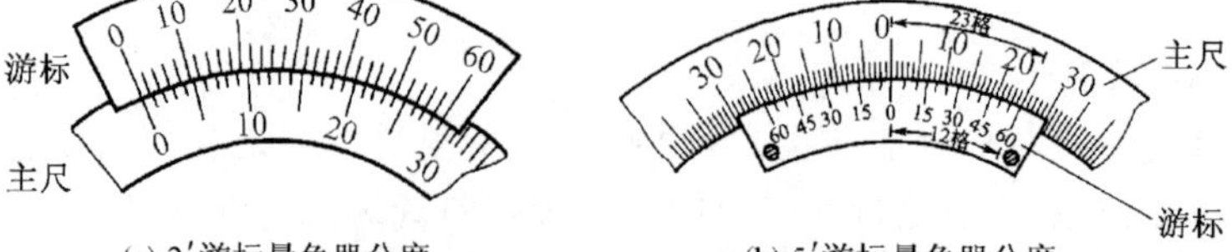

(a) 2′游标量角器分度　　(b) 5′游标量角器分度

图 1-10　游标量角器分度

5′游标量角器的分度如图 1-10b 所示。主尺的分度每格等于 1°，游标的分度是把主尺上 23 格（23°）对应的一段弧长分成 12 格，即：

$$\text{游标每格}=\frac{23^\circ}{12}=\frac{60'\times 23}{12}=115'$$

可见主尺的 2 格和游标的 1 格之间相差：

$$2^\circ-\frac{23^\circ}{12}=2\times 60'-115'=5'$$

游标量角器的读数方法：游标上的零刻线对准主尺刻度线读出整数部分(°)，观察游标上哪一条刻线与主尺刻线对准，从这一条刻线读出小数部分(′)。图 1-11 所示读数值为 76°12′。

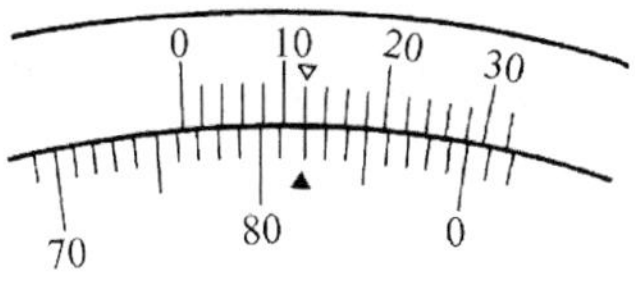

图 1-11　游标量角器的读数

③ 使用方法

Ⅰ型游标量角器能测量 0°～320°范围内的任何角度。所以要根据被测角度的大小，正确使用它的各附件进行测量。

a. 测量 0°～50°间的角度时，直尺与直角尺全部安装上，被测工件放在基尺和直尺之间，如图 1-12a 所示。

b. 测量 50°～140°间的角度时，取下直角尺和制动器，将直尺用卡规装在扇形板上，被测工件放在基尺和直尺之间，如图 1-12b 所示。

c. 测量 140°～230°间的角度时，把直尺和卡块取下来，但要把直角尺推进去，直到直角尺上短边与长边的交点和基尺的尖端对齐为止，然后把直角尺和基尺的测量面靠在被测件工作面上进行测量，如图 1-12c 所示。

d. 测量 230°～320°间的角度时，把直角尺和卡块取下来，直接用基尺和扇形板测量，面对被测工件进行测量，如图 1-12d 所示。

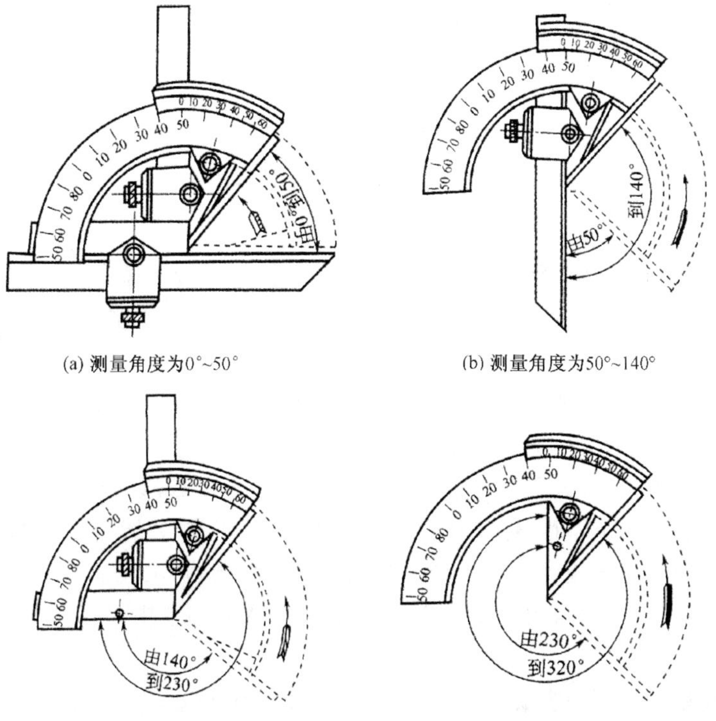

(a) 测量角度为0°~50°　(b) 测量角度为50°~140°

(c) 测量角度为140°~230°　(d) 测量角度为230°~320°

图 1-12　游标量角器的组合使用

图 1-13 是Ⅰ型游标量角器的应用实例。

测量时，放松制动器上的螺母，移动主尺座作粗调整，再转动游标背后的手把，作精细调整，直到使游标量角器的两测量面与被测工件的工作面密切接触为止。然后拧紧制动器上的螺母加以固定，即可进行读数。

当测量被测工件内角时，应用 360°减去游标量角器上的读数值。如在游标量角器上读数为306°24′，则内角测量值为 360°－306°24′＝53°36′。

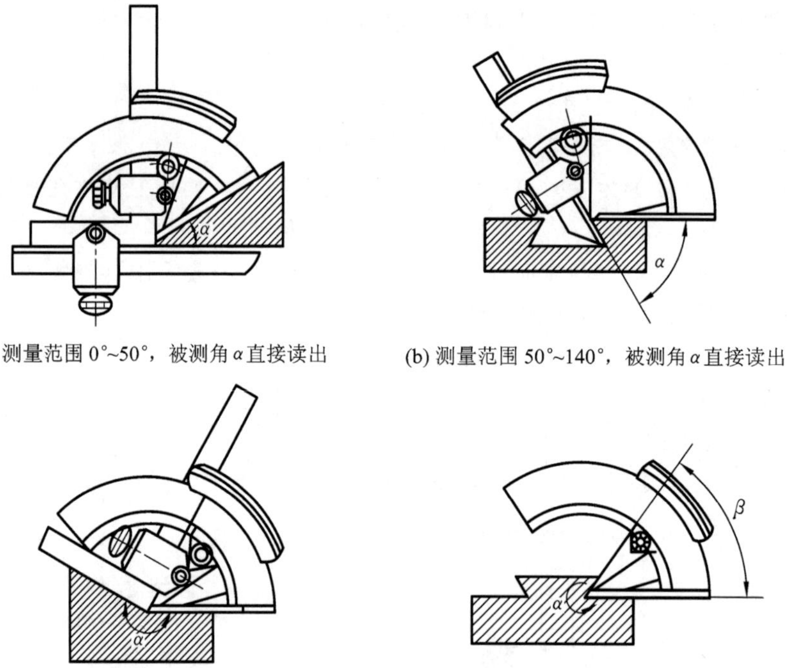

(a) 测量范围 0°~50°，被测角 α 直接读出　(b) 测量范围 50°~140°，被测角 α 直接读出

(c) 测量范围 140°~230°，被测角 α 直接读出　(d) 测量范围 230°~320°，被测角 $\beta=360°-\alpha$

图 1-13　游标量角器的应用

④ 注意事项

a. 使用前用汽油把游标量角器、被测件洗净，并用干净纱布擦干。

b. 检查游标量角器各移动零件是否灵活，移动应平稳，能可靠地固定在所需位置，止动后读数值不变。

c. 校对零位。对于Ⅰ型游标量角器，移动基尺使之与直尺测量面相互严密接触(不透光)，看游标尺的“0”线与主尺的“0”线是否重合，如果两条“0”线重合，且游标尺的尾端刻线也与主尺的相应刻线重合，说明“0”位准确。如果“0”位不准确，必须调“0”位。

调整方法：松开游标背面的两个螺钉，移动游标尺，使其“0”线与主尺的“0”线对齐，同时保证游标末端刻线与主尺相应刻线重合，然后紧固螺钉，再对“0”位。

d. 测量后，游标量角器清洗干净，涂上防锈油，放入专用盒中。

2. 螺旋测微类量具

螺旋测微类量具是利用螺旋副运动原理进行测量和读数的一种测微量具。按用途分为外径千分尺、内径千分尺、深度千分尺等。其中，外径千分尺最普遍，主要用于测量轴类尺寸；内径千分尺用于测量内尺寸。

(1) 外径千分尺结构

图 1-14 所示是测量范围为 0～25 mm 的外径千分尺。由尺架、测微头、测力装置等组成。尺架 1 的一端装有固定测砧 2，另一端则装有测微头。尺架的两侧面上覆盖着绝缘板 12，以防止使用时手的温度影响千分尺的测量精度。

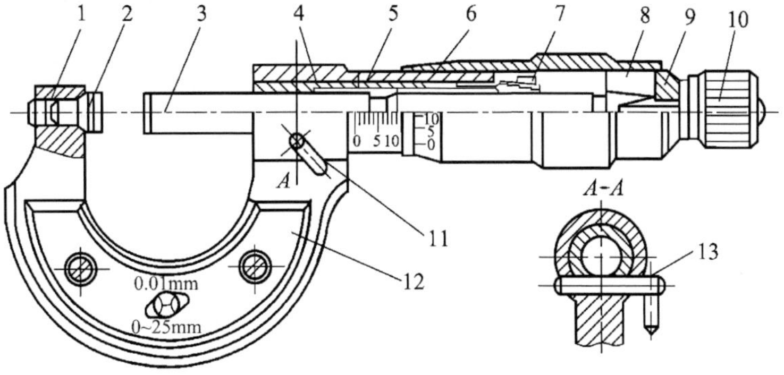

1—尺架；2—固定测砧；3—测微螺杆；4—螺纹轴套；5—固定套筒；6—微分筒；7—调节螺母；8—接头；9—垫圈；10—测力装置；11—锁紧手把；12—绝缘板；13—锁紧轴

图 1-14 外径千分尺

测微头由下述零件组装而成。螺纹轴套 4 压入尺架 1 中，固定套筒 5 用螺钉紧固在它的上面，测微螺杆 3 的螺距为 0.5 mm，精度很高，与外螺纹、螺纹轴套 4 右端的内螺纹紧密配合，其配合间隙可用螺母 7 调整，使测微螺杆可在螺纹轴套 4 螺孔中自如地旋转而间隙极小。测微螺杆右端的外圆锥与接头 8 的内圆锥配合，接头上开有轴向槽，能沿着测微螺杆的外圆锥胀大，使微分筒 6 与测微螺杆结合成一体。

测力装置(图 1-15)的功能主要是靠一对棘轮 3,4 实现的，棘轮 4 和转帽 5 连成一体，棘轮 3 可压缩弹簧 2 沿轴向移动，但不能转动，弹簧的弹力用于控制测量压力，测量时，用于旋转转帽 5。如所产生的棘轮 4 对棘轮 3 的测量压力小于弹簧 2 的弹力时，转帽的运动就通过棘轮 4,3 传给螺钉 1，带动测微螺杆转动；如测量压力超过弹簧 2 的弹力时，棘轮 3 便压缩弹簧而在棘轮 4 上打滑，测微螺杆停止前进。

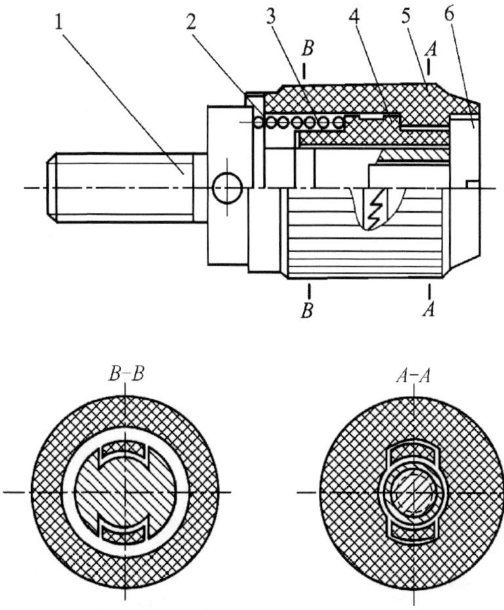

1—螺钉；2—弹簧；3,4—棘轮；5—转帽；6—微分筒

图 1-15 测力装置

锁紧装置是用来锁紧测微螺杆的。在锁紧轴 13(图 1-14 中 $A-A$ 剖面)的圆周上有一缺口槽，转动锁紧手把 11，便可锁紧或松开测微螺杆。

(2) 千分尺的工作原理

千分尺是应用螺旋副的传动原理，将角位移转变为直线位移。测微螺杆的螺距为 0.5 mm时，固定套筒上的刻度间距也是

0.5 mm,微分筒的圆锥面刻有 50 等分的圆周刻线。将微分筒旋转一圈时,测微螺杆轴向位移 0.5 mm;当微分筒转过一格时,测微螺杆轴向位移 0.5×1/50=0.01 mm,这样,可由微分筒上的刻度精确地读出测微螺杆轴向位移的小数部分。因此,千分尺的分度值为 0.01 mm。

常用的外径千分尺的测量范围有 0～25 mm、25～50 mm、50～75 mm 以至几米以上,但测微螺杆的测量位移一般均为 25 mm。外径千分尺的读数如图 1-16 所示。

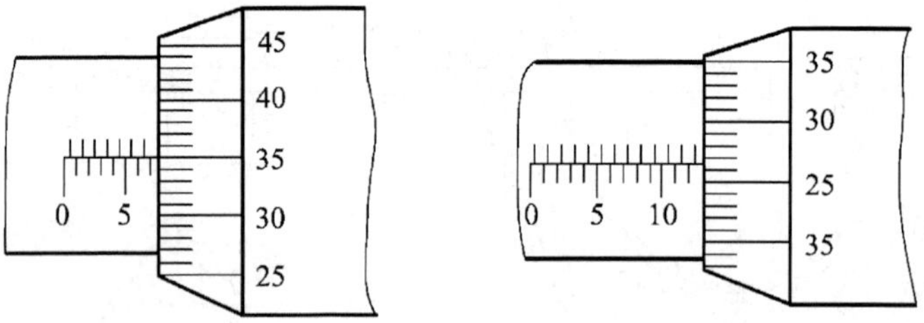

(a) 7.35 mm (b) 12.765 mm

图 1-16 千分尺读数举例

在使用千分尺时,如果微分筒的零线与固定套筒的中线没有对准,可记下差数,以便在测量结果中除去,也可在测量前加以调整。

3. 机械量仪

机械量仪是利用机械结构将直线位移经传动、放大后,通过读数装置表示出来的一种测量器具。机械量仪应用十分广泛,主要用于长度的相对测量及几何误差的测量等。

机械量仪的种类很多,主要有百分表、内径百分表、杠杆百分表、杠杆比较仪和扭簧比较仪等。

(1) 百分表

百分表是一种应用最广的机械量仪,其外形及传动如图 1-17 所示。

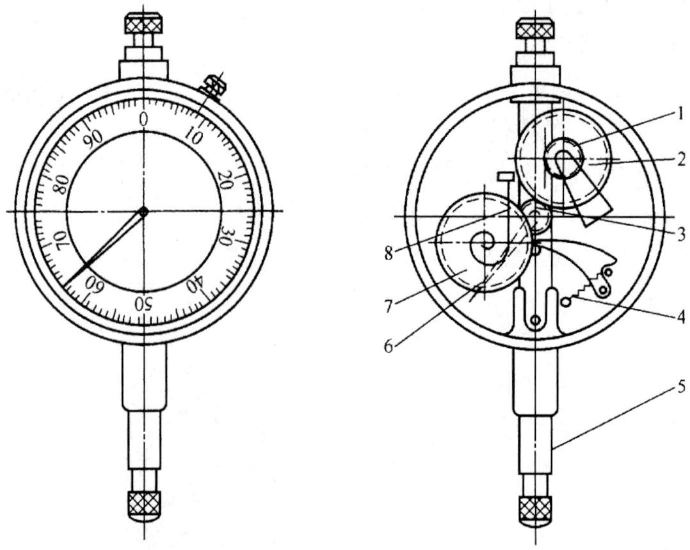

(a) 外形图 (b) 传动原理示意图

1—小齿轮;2,7—大齿轮;3—中间齿轮;4—弹簧;5—测量杆;6—指针;8—游丝

图 1-17 百分表

从图 1-17b 可以看到，当有齿条的测量杆 5 上下移动时，带动与齿条相啮合的小齿轮 1 转动，此时与小齿轮固定在同一轴上的大齿轮 2 也跟着转动，通过大齿轮即可带动中间齿轮 3 及与中间齿轮固定在同一轴上的指针 6。这样通过齿轮传动系统就可将测量杆的微小位移经放大转变为指针的偏转，并由指针在刻度盘上指示出相应的数值。

为了消除齿轮传动系统中由于齿侧间隙而引起的测量误差，在百分表内装有游丝 8，由游丝产生的扭转力矩作用在大齿轮 7 上，大齿轮 7 也与中间齿轮 3 啮合，这样可保证齿轮在正反转时都在同一齿侧面啮合。弹簧 4 是用来控制百分表测量力的。

百分表的分度值为 0.01 mm，表盘圆周刻有 100 条等分刻线。因此，百分表的齿轮传动系统应使测量杆移动 1 mm，指针回转一圈。百分表的示值范围有 3 种：0～3 mm、0～5 mm、0～10 mm。

(2) 内径百分表

在实验 2.2 中详细介绍。

(3) 杠杆百分表

杠杆百分表又称靠表，其分度值为 0.01 mm，示值范围一般为±0.4 mm。杠杆百分表的外形与传动原理如图 1-18 所示。它是由杠杆、齿轮传动机构等组成。将测量杆 6 的摆动，通过杠杆 5 使扇形齿轮 4 绕其轴摆动，并带动与它相啮合的小齿轮 1 转动，使固定在同一轴上的指针 3 偏转。当测量杆 6 的测头摆动 0.01 mm 时，杠杆、齿轮传动机构的指针正好偏转一小格，这样就得到 0.01 mm 的读数值。杠杆百分表的体积小，测量杆方向又可以改变，在校正工件和测量工件时都很方便，尤其对于小孔的校正和在机床上校正零件时，由于空间限制，百分表放不进去，这时，使用杠杆百分表就显得比较方便了。

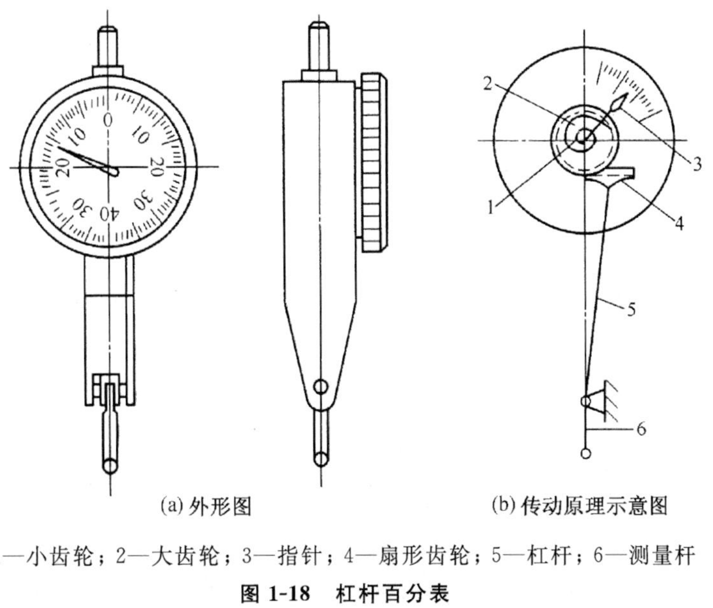

(a) 外形图　　(b) 传动原理示意图

1—小齿轮；2—大齿轮；3—指针；4—扇形齿轮；5—杠杆；6—测量杆

图 1-18 杠杆百分表

(4) 杠杆齿轮比较仪

杠杆齿轮比较仪将测量杆的直线位移，通过杠杆齿轮传动系统转变为指针在表盘上的角位移。表盘上有布满一周的均匀刻度。图 1-19 是杠杆齿轮比较仪的外形图和传动原理示意图。

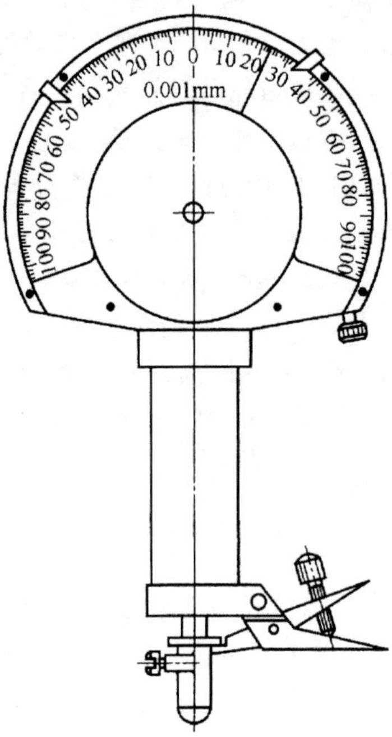

(a) 外形图

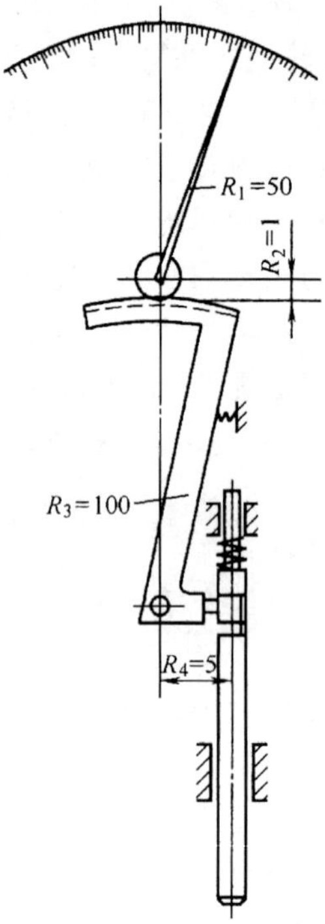

(b) 传动示意图

图 1-19　杠杆齿轮比较仪

当测量杆移动时，使杠杆绕轴转动，并通过杠杆短臂 R_4 和长臂 R_3 将位移放大，同时，扇形齿轮带动与其啮合的小齿轮转动，这时小齿轮分度圆半径 R_2 与指针长度 R_1 又起放大作用，使指针在标尺上指示出相应的测量杆的位移值。S 为杠杆齿轮比较仪的灵敏度，其计算公式为：$S=\frac{R_1}{R_2}\cdot\frac{R_3}{R_4}$。

齿轮杠杆比较仪的分度值为 0.001 mm，标尺的示值范围为±100 μm。

(5) 扭簧比较仪

扭簧比较仪是利用扭簧作为传动放大机构，将测量杆的直线位移转变为指针的角位移。图 1-20 是它的外形图与传动原理示意图。

灵敏弹簧片 2 是截面为长方形的扭曲金属带，由中间高，一半向左，一半向右扭曲成麻花状，其一端被固定在可调整的弓架上，另一端则固定在弹性杠杆 3 上。当测量杆 4 有微小升降位移时，使弹性杠杆 3 动作而拉动灵敏弹簧片 2，从而使固定在灵敏弹簧片中部的指针 1 偏转一个角度，其大小与弹簧片伸长成比例，在标尺上指示出相应的测量杆位移值。

扭簧比较仪的结构简单，它的内部没有相互摩擦的零件，因此灵敏度极高，可用作精密测量。

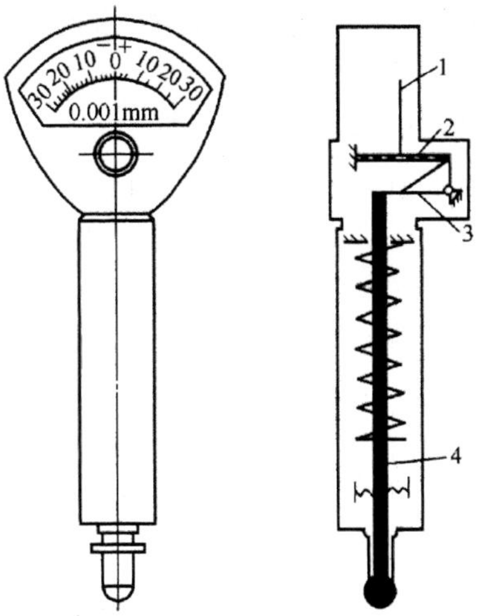

(a) 外形图　　(b) 传动原理示意图

1—指针；2—灵敏弹簧片；3—弹性杠杆；4—测量杆

图 1-20　扭簧比较仪

1.3　测量器具的选择

测量器具的选择没有统一的标准，往往因人而异，因厂而异。大部分工厂是根据经验来选择计量器具的。通常选择计量器具的测量极限误差为工件公差的 1/5～1/3 或 1/10～1/3。对于一些高精度的工件，甚至有取 1/2 的。大多数工厂用测量器具检查工件时，均按图样上标注的极限尺寸作验收极限。这种验收极限与工件极限尺寸重合的方法称为验收极限不内缩方式，即

$$K_s = L_{max}；K_i = L_{min} \tag{1-2}$$

式中：K_s——上验收极限；

K_i——下验收极限；

L_{max}——工件的上极限尺寸；

L_{min}——工件的下极限尺寸。

由于计量器具内在误差和测量条件的影响，往往导致“误收”和“误废”，造成质量问题和不应有的经济损失。所谓“误收”，是指把不合格品误判为合格品予以接收；所谓“误废”，是指把本来合格的产品误判为不合格品予以拒收。

为了保证产品质量，可以把孔、轴实际尺寸的验收极限从它们的上极限尺寸和下极限尺寸分别向公差带内移动一段距离，这种方法叫验收极限的内缩方式，即

$$K_s = L_{max} - A；K_i = L_{min} + A \tag{1-3}$$

这就能减小误收率，甚至使误收率为零，但会增大误废率。因此，正确地确定验收极限，具有重大的意义。

选择测量器具的原则：合理选择测量器具对保证产品质量，提高测量效率和降低费用具有重要意义。一般来说，测量器具的选择，主要取决于被测工件的精度要求，在保证精度的前提下，也要考虑尺寸大小、结构形状，材料与被测表面的位置，同时也要考虑工件批量、生

产方式与生产成本等因素。对于批量大的工件测量，多用专用计量器具；对单件、小批量的工件测量，多用通用计量器具。

验收极限方式和相应计量器具的选择示例如下。

【例 1-1】 试确定测量图 1-21 所示减速器齿轮轴的 $\phi 30\text{m}7(^{+0.008}_{-0.013})$Ⓔ轴头时的验收极限，并选择相应的计量器具。

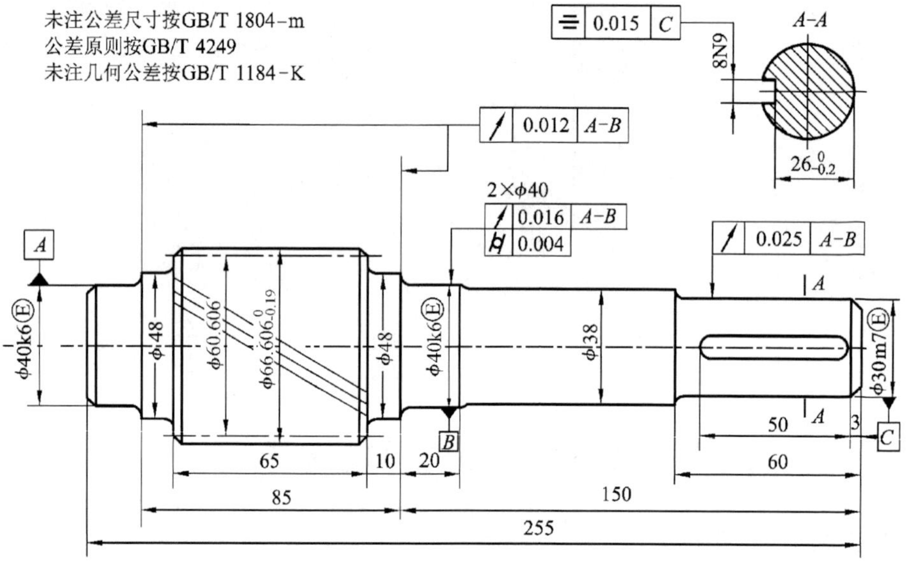

图 1-21 齿轮轴零件图

解：(1) 确定验收极限

$\phi 30\text{m}7(^{+0.008}_{-0.013})$Ⓔ轴头采用包容要求，因此验收极限应按内缩方式确定。根据该轴头的尺寸公差 IT7＝0.021 mm，从表 1-1 查得安全裕度 $A=0.0021$ mm。确定上、下验收极限 K_s 和 K_i 得

$$K_s=L_{max}-A=30.008-0.0021=30.0059\ \text{mm}$$

$$K_i=L_{min}+A=29.987+0.0021=29.9891\ \text{mm}$$

$\phi 30\text{m}7(^{+0.008}_{-0.013})$Ⓔ轴的尺寸公差带及验收极限如图 1-22 所示。

(2) 按Ⅰ档选择测量器具

由表 1-1 按优先选用Ⅰ档的测量器具测量不确定度允许值 u_1 的原则，确定 $u_1=0.0019$ mm。

由表 1-2 选用标尺分度值为 0.002 mm 的比较仪，其测量不确定度 $u_1'=0.0018\ \text{mm}<u_1$，能满足使用要求。

(3) 按Ⅱ档选择计量器具

本例中，按 $A=0.1T=0.0021$ mm 确定验收极限 $K_s=30.0059$ mm、$K_i=29.9891$ mm，现选用Ⅱ档的计量器具测量不确定度允许值 u_1，即 $u_1=0.0032\ \text{mm}>A$，则按表 1-2 可以选用标尺分度值为 0.005 mm 的比较仪进行测量，其测量不确定度 $u_1'=0.0030$ mm，它小于 0.0032 mm 允许值。但根据 GB/T 3177—2009 的理论分析，在这种情况下，若工件实际尺寸遵循正态分布，

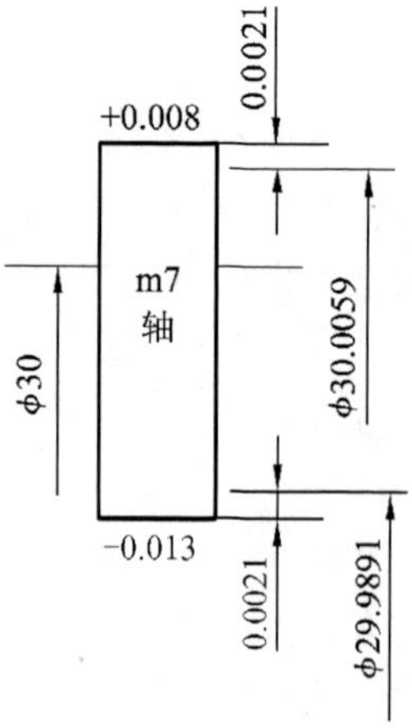

图 1-22 $\phi 30\text{m}7(^{+0.008}_{-0.013})$Ⓔ轴的验收极限

则误收率为 0.10%，误废率为 8.23%。

表 1-1 安全裕度 A 与计量器具的测量不确定度允许值 u_1(摘自 GB/T 3177—2009) μm

孔、轴的标准公差等级		IT6					IT7					IT8					IT9				
公称尺寸/mm		T	A	u_1			T	A	u_1			T	A	u_1			T	A	u_1		
大于	至			Ⅰ	Ⅱ	Ⅲ			Ⅰ	Ⅱ	Ⅲ			Ⅰ	Ⅱ	Ⅲ			Ⅰ	Ⅱ	Ⅲ
18	30	13	1.3	1.2	2.0	2.9	21	2.1	1.9	3.2	4.7	33	3.3	3.0	5.0	7.4	52	5.2	4.7	7.8	12
30	50	16	1.6	1.4	2.4	3.6	25	2.5	2.3	3.8	5.6	39	3.9	3.5	5.9	8.8	62	6.2	5.6	9.3	14
50	80	19	1.9	1.7	2.9	4.3	30	3.0	2.7	4.5	6.8	46	4.6	4.1	6.9	10	74	7.4	6.7	11	17
80	120	22	2.2	2.0	3.3	5.0	35	3.5	3.2	5.3	7.9	54	5.4	4.9	8.1	12	87	8.7	7.8	13	20
120	180	25	2.5	2.3	3.8	5.6	40	4.0	3.6	6.0	9.0	63	6.3	5.7	9.5	14	100	10	9.0	15	23
180	250	29	2.9	2.6	4.4	6.5	46	4.6	4.1	6.9	10	72	7.2	6.5	11	16	115	12	10	17	26

孔、轴的标准公差等级		IT10					IT11					IT12				IT13			
公称尺寸/mm		T	A	u_1			T	A	u_1			T	A	u_1		T	A	u_1	
大于	至			Ⅰ	Ⅱ	Ⅲ			Ⅰ	Ⅱ	Ⅲ			Ⅰ	Ⅱ			Ⅰ	Ⅱ
18	30	84	8.4	7.6	13	19	130	13	12	20	29	210	21	19	32	330	33	30	50
30	50	100	10	9.0	15	23	160	16	14	24	36	250	25	23	38	390	39	35	59
50	80	120	12	11	18	27	190	19	17	29	43	300	30	27	45	460	46	41	69
80	120	140	14	13	21	32	220	22	20	33	50	350	35	32	53	540	54	49	81
120	180	160	16	15	24	36	250	25	23	38	56	400	40	36	60	630	63	57	95
180	250	185	18	17	28	42	290	29	26	44	65	460	46	41	69	720	72	65	110

注：T—孔、轴的尺寸公差。

表 1-2 比较仪的测量不确定度(摘自 JB/Z 181—1982)

<table>
<tr><td rowspan="2">尺寸范围/mm</td><td>分度值为 0.0005 mm</td><td>分度值为 0.001 mm</td><td>分度值为 0.002 mm</td><td>分度值为 0.005 mm</td></tr>
<tr><td colspan="4">测量不确定度 u_1'/mm</td></tr>
<tr><td>≤25</td><td>0.0006</td><td rowspan="2">0.0010</td><td>0.0017</td><td rowspan="5">0.0030</td></tr>
<tr><td>>25～40</td><td>0.0007</td><td rowspan="3">0.0018</td></tr>
<tr><td>>40～65</td><td rowspan="2">0.0008</td><td rowspan="2">0.0011</td></tr>
<tr><td>>65～90</td></tr>
<tr><td>>90～115</td><td>0.0009</td><td>0.0012</td><td>0.0019</td></tr>
</table>

注：本表规定的数值是指测量时，使用的标准器由 4 块 1 级(或 4 等)量块组成的数值。

1.4 等精度测量列的数据处理

1.4.1 直接测量列的数据处理

为了从直接测量列中得到正确的测量结果，应按以下步骤进行数据处理。

首先判断测量列中是否存在系统误差。如果存在系统误差，则应采取措施(如在测得值中加入修正值)加以消除，然后计算测量列的算术平均值、残差和单次测量值的标准偏差。

再判断是否存在粗大误差。若存在粗大误差，则应剔除含有粗大误差的测得值，并重新组成测量列，重复上述计算，直到将所有含有粗大误差的测得值剔除为止。之后，计算消除系统误差和剔除粗大误差后的测量列的算术平均值、标准偏差和测量极限误差。最后，在此基础上确定测量结果。

【例 1-2】 对某一轴径 d 等精度测量 15 次，按测量顺序将各测得值依次列于表 1-3 中，试求测量结果。

解：(1) 判断定值系统误差

假设计量器具已经检定、测量环境得到有效控制，可认为测量列中不存在定值系统误差。

(2) 求测量列算术平均值

$$\bar{x}=\frac{\sum_{i=1}^{N}x_i}{N}=24.957\ \text{mm}$$

(3) 计算残差

各残差的数值经计算后列于表 1-3 中。按残差观察法，这些残差的符号大体上正、负相间，没有周期性变化，因此可以认为测量列中不存在变值系统误差。

(4) 计算测量列单次测量值的标准偏差

$$\sigma=\sqrt{\frac{\sum_{i=1}^{N}V_i^2}{N-1}}=\sqrt{\frac{26}{15-1}}\approx 1.36\ \mu\text{m}$$

表 1-3 数据处理计算表

测量序号	测得值 x_i(mm)	残差 $V_i=x_i-\bar{x}$(μm)	残差的平方 V_i^2(μm^2)
1	24.959	+2	4
2	24.955	−2	4
3	24.958	+1	1
4	24.957	0	0
5	24.958	+1	1
6	24.956	−1	1
7	24.957	0	0
8	24.958	+1	1
9	24.955	−2	4
10	24.957	0	0
11	24.959	+2	4
12	24.955	−2	4
13	24.956	−1	1
14	24.957	0	0
15	24.958	+1	1
算术平均值 $\bar{x}=24.957$ mm		$\sum_{i=1}^{N}V_i=0$	$\sum_{i=1}^{N}V_i^2=26\ \mu\text{m}^2$

(5) 判断粗大误差

按照拉依达准则，测量列中没有出现绝对值大于 $3\sigma(3\times1.36=4.08\ \mu m)$ 的残差，因此判断测量列中不存在粗大误差。

(6) 计算测量列算术平均值的标准偏差

$$\sigma_{\bar{x}}=\frac{\sigma}{\sqrt{N}}=\frac{1.36}{\sqrt{15}}\approx0.35\ \mu m$$

(7) 计算测量列算术平均值的测量极限误差

$$\sigma_{\lim(\bar{x})}=\pm3\sigma=\pm3\times0.35=\pm1.05\ \mu m$$

(8) 确定测量结果

$$d_e=\bar{x}\pm\sigma_{\lim(\bar{x})}=(24.957\pm0.001)\ mm$$

这时的置信概率为 99.73%。

1.4.2 间接测量列的数据处理

在有些情况下，由于某些被测对象的特点，不能进行直接测量，这时需要采用间接测量。间接测量是指通过测量与被测几何量有一定关系的其他几何量，按照已知的函数关系式计算出被测几何量的量值。因此间接测量的被测几何量是测量所得到的各个实测几何量的函数，而间接测量的测量误差则是各个实测几何量测量误差的函数，故称这种误差为函数误差。

(1) 函数误差的基本计算公式

间接测量中，被测几何量通常是实测几何量的多元函数，它表示为

$$y=F(x_1,x_2\cdots,x_i,\cdots x_m) \tag{1-4}$$

式中：y——被测几何量；

x_i——各个实测几何量。

该函数的增量可用函数的全微分来表示，即

$$\mathrm{d}y=\sum_{i=1}^{m}\frac{\partial F}{\partial x_i}\mathrm{d}x_i \tag{1-5}$$

式中：$\mathrm{d}y$——被测几何量的测量误差；

$\mathrm{d}x_i$——各个实测几何量的测量误差；

$\frac{\partial F}{\partial x_i}$——各个实测几何量的测量误差的传递系数。

式(1-5)即为函数误差的基本计算公式。

(2) 函数系统误差的计算

如果各个实测几何量 x_i 的测得值中存在着系统误差 Δx_i，那么被测几何量 y 也存在着系统误差 Δy。以 Δx_i 代替式(1-5)中的 $\mathrm{d}x_i$，则可近似得到函数系统误差的计算式：

$$\Delta y=\sum_{i=1}^{m}\frac{\partial F}{\partial x_i}\Delta x_i \tag{1-6}$$

式(1-6)即为间接测量中系统误差的计算公式。

(3) 函数随机误差的计算

由于各个实测几何量 x_i 的测得值中存在着随机误差，因此被测几何量 y 也存在着随机误差。根据误差理论，函数的标准偏差 σ_y 与各个实测几何量的标准偏差 σ_{x_i} 的关系为

$$\sigma_y = \sqrt{\sum_{i=1}^{m}\left(\frac{\partial F}{\partial x_i}\right)^2 \sigma_{x_i}^2} \tag{1-7}$$

如果各个实测几何量的随机误差均服从正态分布，则由式(1-7)可推导出函数的测量极限误差的计算公式：

$$\sigma_{\lim(y)} = \pm\sqrt{\sum_{i=1}^{m}\left(\frac{\partial F}{\partial x_i}\right)^2 \sigma_{\lim(x_i)}^2} \tag{1-8}$$

式中：$\sigma_{\lim(y)}$——被测几何量的测量极限误差；

$\sigma_{\lim(x_i)}$——各个实测几何量的测量极限误差。

(4) 间接测量列的数据处理步骤

首先，确定被测几何量与各个拟实测几何量的函数关系及其表达式。然后把各个实测几何量的测得值代人该表达式，求出被测几何量量值。之后，按式(1-6)和式(1-8)分别计算被测几何量的系统误差 Δy 和测量极限误差 $\sigma_{\lim(y)}$。最后，在此基础上确定测量结果 y_e，即

$$y_e = (y - \Delta y) \pm \sigma_{\lim(y)} \tag{1-9}$$

【例 1-3】 参看图 1-2，在万能工具显微镜上用弓高弦长法间接测量圆弧样板的半径 R。测得弓高 $h = 3.96$ mm，弦长 $b = 40.12$ mm，它们的系统误差和测量极限误差分别为 $\Delta h = +0.0012$ mm，$\sigma_{\lim(h)} = \pm 0.0015$ mm，$\Delta b = -0.002$ mm，$\sigma_{\lim(b)} = \pm 0.002$ mm。试确定圆弧半径 R 的测量结果。

解：(1) 由式(1-1)计算圆弧半径 R

$$R = \frac{b^2}{8h} + \frac{h}{2} = \frac{40.12^2}{8\times 3.96} + \frac{3.96}{2} = 52.7885 \text{ mm}$$

(2) 按式(1-6)计算圆弧半径 R 的系统误差 ΔR

$$\begin{aligned}\Delta R &= \frac{\partial F}{\partial b}\Delta b + \frac{\partial F}{\partial h}\Delta h = \frac{b}{4h}\Delta b - \left(\frac{b^2}{8h^2} - \frac{1}{2}\right)\Delta h \\ &= \frac{40.12\times(-0.002)}{4\times 3.96} - \left(\frac{40.12^2}{8\times 3.96^2} - \frac{1}{2}\right)\times 0.0012 \\ &= -0.0199\text{mm}\end{aligned}$$

(3) 按式(1-8)计算圆弧半径 R 的测量极限误差 $\sigma_{\lim(R)}$

$$\begin{aligned}\sigma_{\lim(R)} &= \pm\sqrt{\left(\frac{b}{4h}\right)^2 \sigma_{\lim(b)}^2 + \left(\frac{b^2}{8h^2} - \frac{1}{2}\right)^2 \sigma_{\lim(h)}^2} \\ &= \pm\sqrt{\left(\frac{40.12}{4\times 3.96}\right)^2 \times 0.002^2 + \left(\frac{40.12^2}{8\times 3.96^2} - \frac{1}{2}\right)^2 \times 0.0015^2} \\ &= \pm 0.0192 \text{ mm}\end{aligned}$$

(4) 按式(1-9)确定测量结果 R_e

$$R_e = (R - \Delta R) \pm \sigma_{\lim(R)} = [52.7885 - (-0.0199)] \pm 0.0192 = (52.8084 \pm 0.0192) \text{ mm}$$

此时的置信概率为 99.73%。

2 尺寸测量实验

实验 2.1 用投影立式光学计测量塞规

一、实验目的

(1) 掌握投影立式光学计的测量原理与操作方法。

(2) 熟悉量规公差标准及精度评定。

(3) 掌握量块的正确使用与维护的方法。

二、实验设备及测量内容

(1) 实验设备

① 投影立式光学计,主要技术规格:刻度值 0.001 mm,示值范围±100 μm,测量范围 0～180 mm。

② 量块(83 块)及其附件。

(2) 测量内容

以量块为标准量,应用投影立式光学计以相对法测量塞规通、止端的外径。

三、仪器及测量原理说明

用投影立式光学计测量塞规通、止端外径时,一般采用相对法。首先根据被测件(塞规)的公称尺寸 L,组合相应的量块组作为标准量,调整仪器的零位;然后在仪器上测量出被测件与公称尺寸 L 的偏差值 ΔL;最后根据公称尺寸 L 及测得的偏差值 ΔL 求出被测量 D,即 $D=L+\Delta L$。

(1) 投影立式光学计

投影立式光学计是一种结构简单而精度较高的常用光学测量仪器,它利用标准量块与被测零件相比较的方法来测量零件外形的微差尺寸,是工厂计量室、车间鉴定站或制造量具、工具与精密零件车间常用的精密仪器之一,可以鉴定量块及高精度的柱形量规,对于圆柱形、球形等工件的直径或样板工件的厚度及外螺纹的中径均能作比较测量。

投影立式光学计的测量原理如图 2-1 所示,由白炽灯泡 1 发出的光线经过聚光镜 2 和滤色片 6,再通过隔热玻璃 7,照明分划板 8 的刻线面,通过反射棱镜 9 后射向准直物镜 12。由于分划板 8 的刻线面置于准直物镜 12 的焦平面上,所以成像光束通过准直物镜 12 后成为一束平行光入射于平面反光镜 13 上,根据自准直原理,分划板刻线的像被平面反光镜 13 反射后,再经准直物镜 12 被反射棱镜 9 反射成像在投影物镜 4 的物平面上,然后通过投影物镜 4,直角棱镜 3 和反光镜 5 成像在投影屏 10 上，通过读数放大镜 11 观察投影屏 10 上的刻线像。

由于测帽 15 接触工件后，其测量杆 14 使平面反光镜 13 倾斜了一个角度 α，在投影屏上就可以看到刻线的像也随着移动了一定的距离，其关系计算如图 2-2 所示。

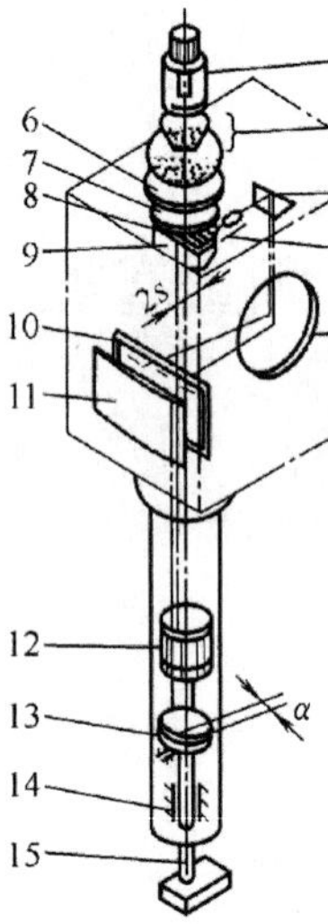

1—15W 灯泡；2—聚光镜；3—直角棱镜；4—投影物镜；5—反光镜；6—滤色片；7—隔热玻璃；8—分划板；9—反射棱镜；10—投影屏；11—读数放大镜；12—准直物镜；13—平面反光镜；14—测量杆；15—测帽

图 2-1　投影立式光学计的测量原理

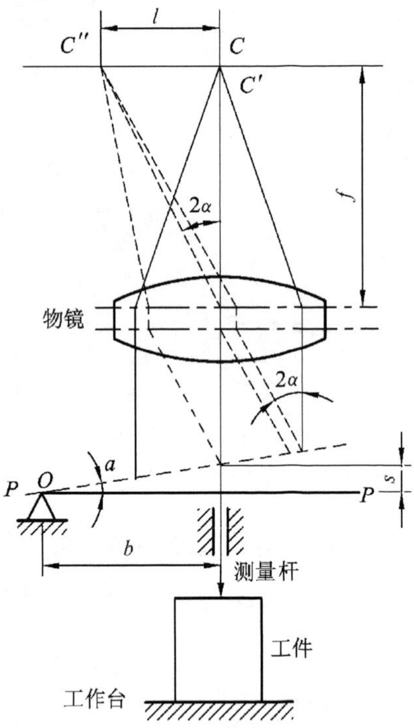

图 2-2　光学杠杆传动比示意图

设测量杆移动的距离为 s，其平面反光镜则以 O 为轴线摆动一个角度 α，因此 $\tan\alpha=s/b$（其中 b 为测量杆轴线至平面反光镜 13 的摆动轴线 O 的距离），所以 $s=b\cdot\tan\alpha$。

又设：入射在平面反光镜 13 上的主光线值为 f（即准直物镜焦距），根据反射定律，当平面反光镜转动角为 α 时，其反射光线与入射光线夹角应为 2α，因此 C 点转动到 C'' 点。设 $CC''=l$，因为 $\tan 2\alpha=l/f$，所以 $l=f\cdot\tan 2\alpha$。

因此，光学杠杆的传动比

$$K=\frac{l}{s}=\frac{f\cdot\tan 2\alpha}{b\cdot\tan\alpha}$$

由于 α 角很小，可视作 $\tan 2\alpha\approx 2\alpha$，$\tan\alpha\approx\alpha$，故得

$$K=\frac{2f}{b}$$

假设投影物镜放大率为 V_1，读数放大镜的放大率为 V_2，则投影光学计的总放大率（放大倍数）

$$n=K\cdot V_1\cdot V_2=\frac{2f}{b}\cdot V_1\cdot V_2$$

令光学计的准直物镜焦距 $f=200$ mm，$b=5$ mm，$V_1=18.75\times$，$V_2=1.1\times$，故总放大率

$$n=\frac{2\times 200}{5}\times 18.75\times 1.1=1650\times$$

由上式可知，当测量杆移动一个微小的距离 0.001 mm 时，经过 1650× 的放大后，就相当于在投影屏上所看到的 1.65 mm 的距离。

投影立式光学计的结构外形如图 2-3 所示，其主要组成部分为投影光学计管，整个光学系统都安装在光学计管内。

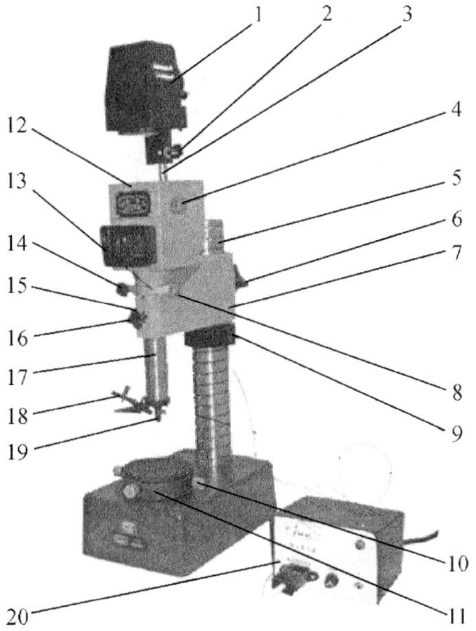

1—投影灯；2—投影灯固定螺钉；
3—支柱；4—零位微动螺丝(微调)；
5—立柱；6—横臂固定螺丝(粗调锁紧螺钉)；
7—横臂；8—微动偏心手轮(中调)；
9—旋转螺母(粗调)；10—工作台调整螺钉；
11—工作台底盘；12—壳体；13—微动托圈；
14—微动托圈固定钉；15—光管定位螺钉；
16—测量管固定螺钉(中调锁紧螺钉)；
17—测量管；18—测帽提升器；19—测帽；
20—6V/15W变压器

图 2-3　投影立式光学计的结构外形图

光学计管是由上端壳体 12 和下端测量管 17 两部分组成，上端壳体 12 内装有隔热玻璃分划板、反射棱镜、投影物镜、直角棱镜、反光镜、投影屏及放大镜等光学零件，在壳体的右侧上装有调节零位的微动螺丝 4，转动微动螺丝 4 可使分划板得到一个微小的移动而使投影屏上的刻线像迅速对准零位。

测量管 17 插入仪器主体横臂 7 内，其外径为 ϕ28h6，在测量管 17 内装有准直物镜，平面反光镜及光学杠杆放大系统的测量杆，测帽 19 装在测量杆上，测量杆上下移动时，测量杆上端的钢珠顶起平面反光镜，致使平面反光镜座以杠垫板上的另两颗钢珠为摆动轴而倾斜一个角度 α，其平面反光镜与测量杆是由两个抗拉弹簧牵制，对测定量块或量规有一定的压力。

测量杆下端露在测量管 17 外，以备套上各种带有硬质合金头的测帽。测量杆的上下升降是借助于测帽提升器 18 的杠杆作用，测帽提升器 18 上有一个滚花螺钉，可以调节其上升距离，达到方便地使被测工件推入测帽下端，并靠两个抗拉弹簧的拉力使测头与被测工件良好接触的目的。

(2) 量块及其正确使用方法

量块除具有稳定、耐磨和准确的特性外，还具有研合性。利用量块的研合性，可以在一定的尺寸范围内，将不同尺寸的量块进行组合而形成所需的工作尺寸。本实验用我国生产的成套量块 83 块规格的两盒，具体尺寸见表 2-1。

表 2-1　83 块一套的量块尺寸

尺寸范围/mm	间隔/mm	数量/块	尺寸范围/mm	间隔/mm	数量/块
1.01～1.49	0.01	49	1		1
1.5～1.9	0.1	5	0.5		1
2.0～9.5	0.5	16	1.005		1
10～100	10	10			

量块组合时，为了减少量块组合的累计误差，应力求使用最少的量块数，一般不超过 4 块。每选择一块量块，至少要消去所需尺寸的最末一位数。实验时选两块量块组合即可。

量块的正确使用：① 选择量块，用竹夹子从量块盒里夹出所需用的量块；② 清洗，首先用干净棉花擦洗，再用沾上 120＃汽油的棉花擦洗，最后用绸布把汽油擦干；③ 组合，搞清量块的测量面(如图 2-4 所示)，对大于 5.5 mm 的量块，正对量块刻有公称尺寸的面，其左右两个面为量块的测量面；对小于等于 5.5 mm 的量块，正对量块刻有公称尺寸的面，其前后两个面为量块的测量面。量块组合时，量块的测量面和测量面组合，以大尺寸的量块为基础，顺次将小尺寸的量块组合上去。如图 2-5 所示，首先让量块接触 1/3，A 向加一个力向 B 向推动量块，使两量块重合，倾斜量块不脱落，量块组合完毕。

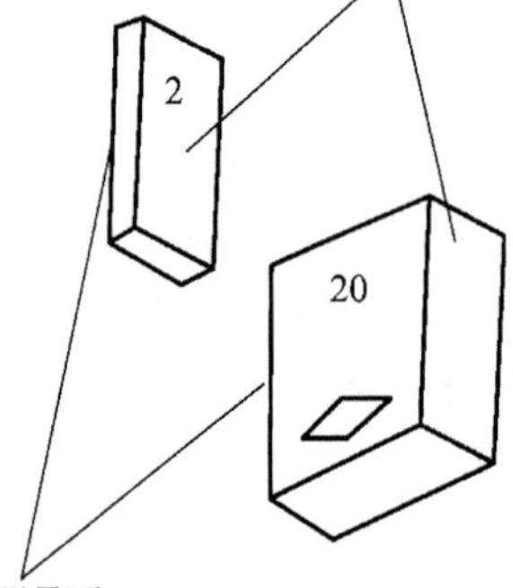

图 2-4　量块的测量面

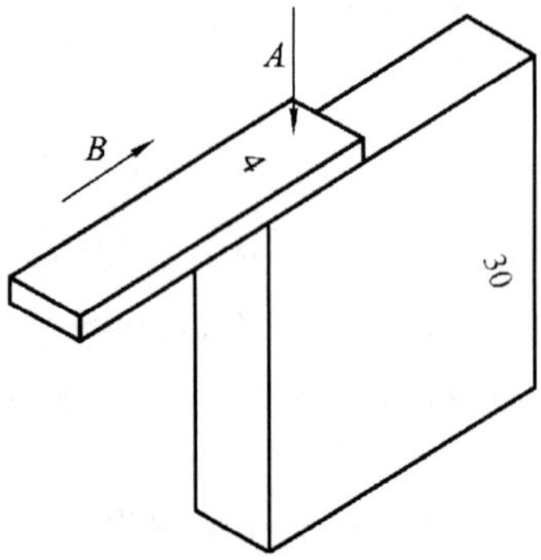

图 2-5　量块的组合

四、实验步骤

(1) 熟悉仪器的结构原理。

(2) 根据被测塞规检验孔的公称尺寸及公差等级，实验用检验 ϕ 21 H7～ϕ 28 H7 的孔用塞规，查表 2-2、表 2-3，画出检验孔及被测塞规通、止规的公差带图。

(3) 选择测帽：测平面或圆柱面用球形测帽，测小于 10 mm 的圆柱面用刀口形测帽，测球面用平面测帽。

(4) 接通电源，缓慢地拨动测帽提升器 18，在投影屏上能看到清晰的标尺像。

(5) 按被测塞规的公称尺寸组合量块组(注意量块的正确使用)，并将其放在工作台上。① 粗调：松开横臂固紧螺丝 6，旋转螺母 9，使测帽与量块中部接触，投影屏中出现标尺像，锁紧横臂固紧螺丝 6；② 中调：松开测量管固定螺钉 16，旋转微动偏心手轮 8，使投影屏中标尺像零位与虚线 μ 十分接近为止，锁紧测量管固定螺钉 16；③ 微调：旋转零位微动螺丝 4，直到使投影屏中标尺像零位与虚线 μ 完全重合；④ 检查稳定性：压动测帽提升器 18，检查零位是否稳定，稳定后取下量块组。

（6）将被测塞规放在工作台上，分别测出通、止端的 6 个部位处的直径（离塞规端面 1 mm 以上的 3 个截面、每个截面测量相互垂直的两个位置）；读数时，应注意标尺的正负号，并估读 1 位。测量完毕，复校零位，若差值超过半格必须重测。

（7）根据测量数据判断塞规通、止端是否合格（通规按使用过程中来评定，各测量点的数值均在极限尺寸范围内，该通规或止规合格）。

（8）进行等精度测量及数据处理。在通规的某一部位重复测量 10 次，计算出测量值的平均值 $\overline{L}$ 及测量算术平均值的标准偏差 σ_L，确定测量结果 $\overline{L}\pm3\sigma_L$。

（9）清洗量块、量仪和被测件，整理现场。

（10）完成实验报告。

表 2-2　孔的优先公差带的极限偏差数值（摘自 GB/T 1800.2—2009）　μm

公称尺寸/mm	偏差									
	D9	F8	G7	H7	H8	H9	H11	K7	N7	P7
>10～18	+93 +50	+43 +16	+24 +6	+18 0	+27 0	+43 0	+110 0	+6 −12	−5 −23	−11 −29
>18～30	+117 +65	+53 +20	+28 +7	+21 0	+33 0	+52 0	+130 0	+6 −15	−7 −28	−14 −35
>30～50	+142 +80	+64 +25	+34 +9	+25 0	+39 0	+62 0	+160 0	+7 −18	−8 −33	−17 −42
>50～80	+174 +100	+76 +30	+40 +10	+30 0	+46 0	+74 0	+190 0	+9 −21	−9 −39	−21 −51
>80～120	+207 +120	+90 +36	+47 +12	+35 0	+54 0	+87 0	+220 0	+10 −25	−10 −45	−24 −59

表 2-3　工作量规的尺寸公差 T_1 及其通端位置要素值 Z_1（摘自 GB/T 1957—2006）　μm

工件公称尺寸/mm	IT6			IT7			IT8			IT9			IT10		
	IT6	T_1	Z_1	IT7	T_1	Z_1	IT8	T_1	Z_1	IT9	T_1	Z_1	IT10	T_1	Z_1
≤3	6	1.0	1.0	10	1.2	1.6	14	1.6	2.0	25	2.0	3	40	2.4	4
>3～6	8	1.2	1.4	12	1.4	2.0	18	2.0	2.6	30	2.4	4	48	3.0	5
>6～10	9	1.4	1.6	15	1.8	2.4	22	2.4	3.2	36	2.8	5	58	3.6	6
>10～18	11	1.6	2.0	18	2.0	2.8	27	2.8	4.0	43	3.4	6	70	4.0	8
>18～30	13	2.0	2.4	21	2.4	3.4	33	3.4	5.0	52	4.0	7	84	5.0	9
>30～50	16	2.4	2.8	25	3.0	4.0	39	4.0	6.0	62	5.0	8	100	6.0	11
>50～80	19	2.8	3.4	30	3.6	4.6	46	4.6	7.0	74	6.0	9	120	7.0	13
>80～120	22	3.2	3.8	35	4.2	5.4	54	5.4	8.0	87	7.0	10	140	8.0	15

注：T_1—工作量规尺寸公差；Z_1—通端工作量规尺寸公差带的中心线到工件最大实体尺寸之间的距离。

五、数据处理

以下给出 2 个实例，以说明该实验的数据处理方法。

【例 2-1】 绘制检验 ϕ 25H8/f7 孔与轴用的量规公差带图。

解：查表 2-2 和表 2-3，得 ϕ 25H8 孔的公差带极限偏差为($^{+0.033}_{0}$)，量规尺寸公差 T_1 = 3.4 μm，通规尺寸公差带中心到工件最大实体尺寸之间距离 Z_1 = 5.0 μm；查表 2-4 和表 2-3，得 ϕ 25f7 轴的公差带极限偏差为($^{-0.020}_{-0.041}$)，量规尺寸公差 T_1 = 2.4 μm，通规尺寸公差带中心到工件最大实体尺寸之间距离 Z_1 = 3.4 μm，则量规公差带图如图 2-6 所示，表 2-5 为检验 ϕ 25H8/f7孔用与轴用工作量规和校对量规的工作尺寸。

表 2-4　轴的优先公差带的极限偏差数值(摘自 GB/T 1800.2—2009)　　μm

公称尺寸/mm	公差带									
	d9	f7	g6	h6	h7	h9	h11	k6	n6	p6
>10～18	−50 −93	−16 −34	−6 −17	0 −11	0 −18	0 −43	0 −110	+12 +1	+23 +12	+29 +18
>18～30	−65 −117	−20 −41	−7 −20	0 −13	0 −21	0 −52	0 −130	+15 +2	+28 +15	+35 +22
>30～50	−80 −142	−25 −50	−9 −25	0 −16	0 −25	0 −62	0 −160	+18 +2	+33 +17	+42 +26
>50～80	−100 −174	−30 −60	−10 −29	0 −19	0 −30	0 −74	0 −190	+21 +2	+39 +20	+51 +32
>80～120	−120 −207	−36 −71	−12 −34	0 −22	0 −35	0 −87	0 −220	+25 +3	+45 +23	+59 +37

表 2-5　计算结果

被检验工件	量规代号	量规公差 $T_1(T_P)$/μm	Z_1/μm	量规公称尺寸/mm	量规极限偏差/μm		量规尺寸标注/mm	
					上极限偏差	下极限偏差	方法一	方法二
孔 ϕ 25H8($^{+0.033}_{0}$)	通(T)	3.4	5	25	+6.7	+3.3	ϕ 25.0067$_{-0.0034}^{0}$	ϕ 25$_{+0.0033}^{+0.0067}$
	止(Z)	3.4	—		+33	+29.6	ϕ 25.0330$_{-0.0034}^{0}$	ϕ 25$_{+0.0296}^{+0.0330}$
轴 ϕ 25f7($^{-0.020}_{-0.041}$)	通(T)	2.4	3.4		−22.2	−24.6	ϕ 24.9754$_{0}^{+0.0024}$	ϕ 25$_{-0.0246}^{-0.0222}$
	止(Z)	2.4	—		−38.6	−41	ϕ 24.9590$_{0}^{+0.0024}$	ϕ 25$_{-0.0410}^{-0.0386}$
	TT	1.2	—		−23.4	−24.6	ϕ 24.9766$_{-0.0012}^{0}$	ϕ 25$_{-0.0246}^{-0.0234}$
	TS	1.2	—		−20	−21.2	ϕ 24.9800$_{-0.0012}^{0}$	ϕ 25$_{-0.0212}^{-0.0200}$
	ZT	1.2	—		−39.8	−41	ϕ 24.9602$_{-0.0012}^{0}$	ϕ 25$_{-0.0410}^{-0.0398}$

注：T_p—工作环规的校对塞规的尺寸公差。

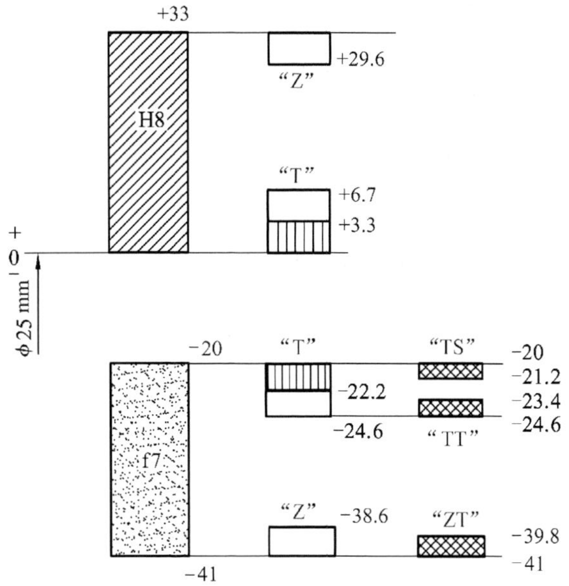

图 2-6　检验φ25H8/f7 孔与轴用的量规公差带(单位：μm)

【例 2-2】　对φ25H7 塞规的通端等精度测量 10 次，按测量顺序得到了各测得值依次为 +3.0，+3.5，+3.2，+3.3，+3.3，+3.5，+3.2，+3.5，+3.0，+3.0 μm，试求测量结果。

解：(1) 判断定制系统误差

由于计量器具已经鉴定，测量环境得到保证，可认为测量列中不存在定值系统误差。

(2) 求测量列算术平均值

$$\bar{L}=\frac{1}{N}\sum_{i=1}^{N}L_i=25.00325\ \text{mm}$$

(3) 计算残差

各残差的数值经计算后列于表 2-6 中。经观察可认为测量列中不存在变值系统误差。

表 2-6　数据处理计算表

读数序号	仪器读数/μm	测得尺寸 L/mm	残差 $V_i=L_i-\bar{L}$/μm	V_i^2/μm^2
1	+3.0	25.0030	−0.25	0.0625
2	+3.5	25.0035	+0.25	0.0625
3	+3.2	25.0032	−0.05	0.0025
4	+3.3	25.0033	+0.05	0.0025
5	+3.3	25.0033	+0.05	0.0025
6	+3.5	25.0035	+0.25	0.0625
7	+3.2	25.0032	−0.05	0.0025
8	+3.5	25.0035	+0.25	0.0625
9	+3.0	25.0030	−0.25	0.0625
10	+3.0	25.0030	−0.25	0.0625

(4) 计算测量列单次测量值的标准偏差

$$\sigma=\sqrt{\frac{\sum_{i=1}^{N}V_i^{\ 2}}{N-1}}=\sqrt{\frac{0.385}{9}}\approx 0.207\ \mu\text{m}$$

(5) 判断粗大误差

按照拉依达准则，测量列中没有出现绝对值大于 $3\sigma(3\times0.207=0.621\ \mu m)$ 的残差，因此判断测量列中不存在粗大误差。

(6) 计算测量列算术平均值的标准偏差

$$\sigma_{\bar{x}}=\frac{\sigma}{\sqrt{n}}=\frac{0.207}{\sqrt{10}}\approx0.065\ \mu m$$

(7) 计算测量列算术平均值的测量极限误差

$$\delta_{\lim(\bar{x})}=\pm3\sigma_{\bar{x}}=\pm3\times0.065=\pm0.195\ \mu m$$

(8) 确定测量结果

$$d=\bar{L}\pm\delta_{\lim(\bar{x})}=\bar{L}\pm3\sigma_{\bar{x}}=25.00325\pm0.000195\ mm$$

这时的置信概率为 99.73%。

实验 2.2　用内径百分表测量气缸孔

一、实验目的

(1) 掌握内径百分表的测量原理。

(2) 掌握用内径百分表测量和评定孔径的方法。

(3) 了解量块及其附件的使用方法。

二、实验设备及测量内容

(1) 实验设备

① 内径百分表，主要技术规格：刻度值 0.01 mm，示值范围 0～3 mm，测量范围 50～160 mm。

② 量块及其附件。

(2) 测量内容

用内径百分表、量块及其附件，测量 ϕ 70H7 或 ϕ 120H7 气缸孔的内径。

三、仪器及测量原理说明

用内径百分表测量孔径，采用的是相对测量法。测量原理：先根据被测孔的公称尺寸 L 选择合适的量块组合成量块组，并将量块组装在量块附件中，用具有标准尺寸 L 的量块组(或精密标准环规)来调整内径百分表的零位，然后用内径百分表测出被测孔径相对零位的偏差值 ΔL，则被测孔径 $D=L+\Delta L$。

内径百分表由装有杠杆系统的测量装置组成，如图 2-7 所示。在测量装置下端三通管 3 的一端装有活动测量头 1，另一端装有可换固定测量头 2，管子 4 的管口上端装有百分表 5，当活动测量头 1 沿水平方向移动时，使得直角杠杆 7 产生回转运动，从而推动

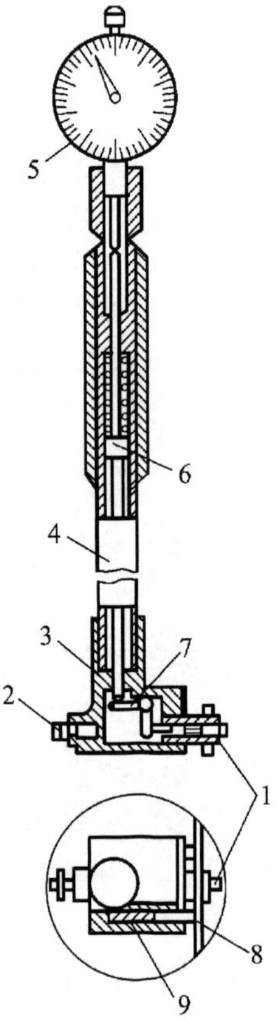

1—活动测量头；2—可换固定测量头；3—三通管；4—管子；5—百分表；6—活动杠杆；7—直角杠杆；8—定心护桥；9—弹簧

图 2-7　内径百分表结构图

活动杠杆 6 带动百分表 5 的测量杆上下移动，使百分表指针产生回转，指示出读数值。

由于直角杠杆 7 的两触点与回转轴心线间是等距离的，因此活动测头移动距离与活动杠杆的移动距离完全相同，所以当活动测头上的尺寸变化时，就直接反映到上端的百分表上。

测量架下端的定心护桥 8 和弹簧 9 的功能是在测量内径时，帮助找正直径位置，以保持两个测量头正好在内径直径的两端位置上。

内径百分表附有一套不同长度的固定测头 2，可根据被测尺寸的大小选用长度适当的固定测头。

四、实验步骤

（1）熟悉仪器的结构原理及使用方法。

（2）根据被测孔的公称尺寸及公差等级，查表 2-2 得其极限偏差，并绘制出孔的公差带图。

（3）根据被测孔的公称尺寸，选用量块组装入量块附件（实验时可用外径千分尺代替），组成标准的内尺寸。

（4）根据被测孔的尺寸，选择合适的固定测头，拧入三通管一端的螺孔中，紧固螺母（注意其伸出的距离要使被测尺寸位于活动测头总移动量的中间位置处），并使百分表小指针压一圈左右。

（5）用组成的标准内尺寸调整百分表零位。将内径百分表的两测头放在组成标准尺寸的两测量面之间，稍作摆动，如图 2-8 所示，找到百分表上大指针的最小读数（即大指针顺时针方向转到的的回转点），转动百分表刻度盘，使刻度盘上的零刻线转至大指针的回转点处。多次校对，使大指针的回转点始终在零线上。

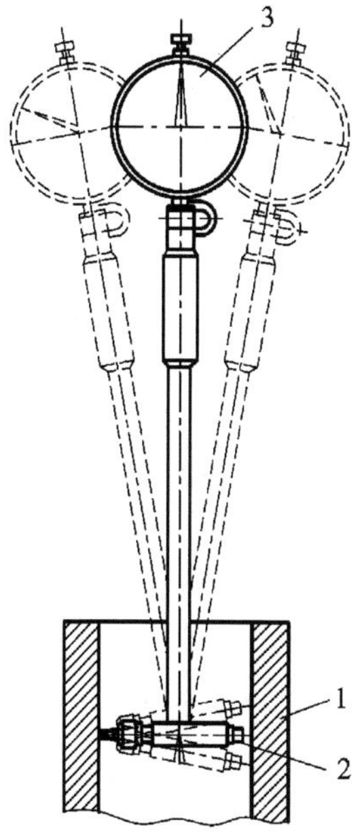

1—标准件或工件；
2—测量杆；3—百分表

图 2-8　寻找回转点示意图

（6）测量孔径。校对好零位后将内径百分表的两测头插入被测孔中，稍作摆动，找出大指针顺时针方向转到的回转点处，记下该点相对零位的偏差值，并注意偏差的正负号。在被测孔的 3 个横截面上，每个截面相互垂直的 2 个位置上进行测量。

（7）复校百分表的零位，若已不在零位，检查原因，重新调整测量。

（8）计算孔的实际尺寸，并作出适用性结论。

（9）清洗使用过的仪器和工件，整理现场。

（10）完成实验报告。

实验 2.3　用万能测长仪测量轴承内径

一、实验目的

（1）了解万能测长仪的结构原理。

（2）掌握仪器的基本调正和使用方法。

（3）掌握滚动轴承内孔的精度评定方法。

二、实验设备及测量内容

（1）实验设备

① JD15、JD18 万能测长仪，主要技术规格：刻度值 0.001 mm，示值范围 ±100 μm，测量范围为外尺寸 0～500 mm，内尺寸 10～200 mm。

② 标准环规或量块。

（2）测量内容

以标准环规或量块（装在专用附件上）为内尺寸的标准量，应用万能测长仪测量内孔直径为 ϕ 35 mm 的 0 级轴承的内径。

三、仪器及测量原理说明

实验用的光学仪器有万能测长仪 JD15 和 JD18 两种。万能测长仪可用来测量平行平面、球形及圆柱形零件的外形尺寸，也可以使用仪器的附件测量平行平面的内尺寸、内孔尺寸、内外螺纹的中径，以及用电眼装置测量小孔尺寸等。仪器的工作台可以升降、前后移动、在水平和垂直方向摆动及沿测量轴线方向自由浮动等。因而测量时，可利用工作台的相对运动，将工件调整到正确位置。

JD15 和 JD18 万能测长仪结构外形如图 2-9 和图 2-10 所示。

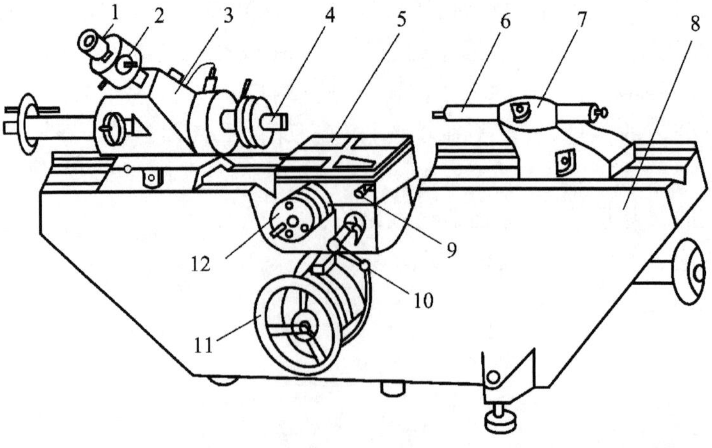

1—读数目镜；2—读数回转手轮；3—测座；4—测轴；5—工作台；6—后座测轴；7—后座；8—底座；9—工作台水平回转手柄；10—工作台垂直摆动手柄；11—工作台升降手轮；12—工作台横向移动手轮

图 2-9　JD15 万能测长仪结构图

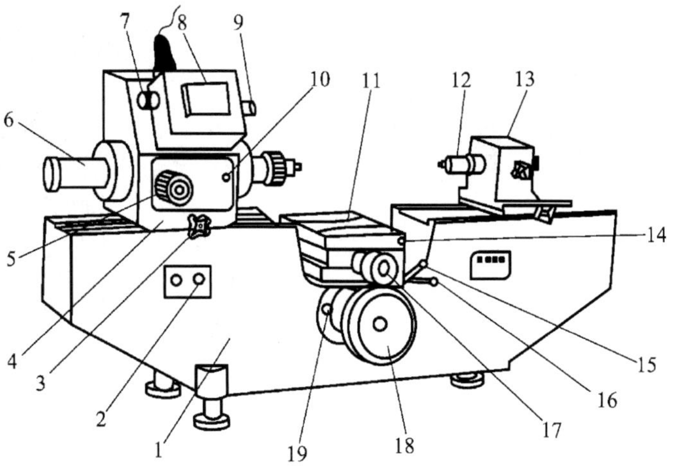

1—底座；2—电源开关；3—测座锁紧螺钉；4—测座；5—主轴微动手轮；6—测量主轴；7—微米分划板调节旋钮；8—读数投影屏；9—测微旋钮；10—测量主轴的固定螺钉；11—工作台；12—尾管；13—尾座；14—工作台水平回转手柄；15—固定手柄；16—工作台垂直摆动手柄；17—工作台横向移动测微手轮；18—工作台升降手轮；19—固定螺钉

图 2-10 JD18 万能测长仪结构图

万能测长仪是按照阿贝原则设计的，即被测尺寸线在毫米刻度尺轴线的延长线上，如图 2-11 所示。刻度尺与测量轴一起移动，读数采用平面螺旋线原理读数。

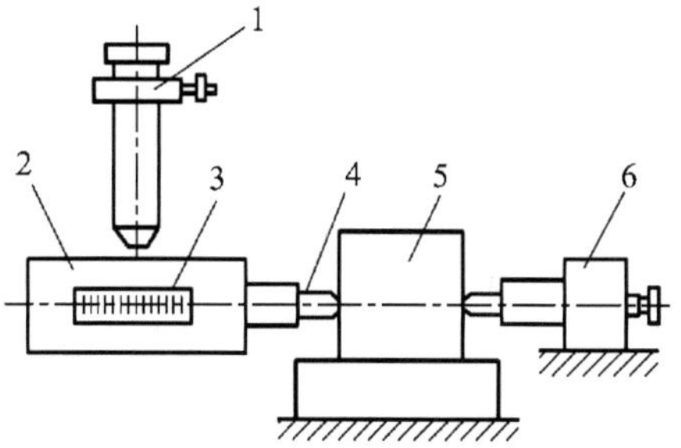

1—读数显微镜；2—测轴；3—精密毫米刻度尺；4—测头；5—被测工件；6—尾座

图 2-11 万能测长仪测量原理

JD15 万能测长仪读数，在测量过程中，镶有一条精密度为毫米的刻度尺 3，如图 2-11 中的测量轴 2，随着被测尺寸的大小在测量轴承座内作相应的滑动。当测头接触被测部分后，测量轴就停止滑动，测微目镜 1 的光学系统如图 2-12a 所示。在目镜 1 中可以观察到毫米数值，但还需细分读数，以满足精密测量的要求。测微目镜中有一个固定分划板 4，它的上面刻有 10 个相等的刻度间距，毫米刻度尺的一个间距成像在它上面时恰与这 10 个间距总长相等，故其分度值为 0.1 mm。在它的附近，还有一块通过手轮 3 可以旋转的平面螺旋线分划板 2，其上刻有 10 圈平面螺旋双刻线，螺旋双刻线的螺距恰与固定分划板上的刻度间距相等，其分度值也为 0.1 mm。在分划板 2 的中央，有一圈等分为 100 格的圆周刻度，当分划板 2 转动一格圆周分度时，其分度值为 1×0.1/100＝0.001 mm，这样就可达到细分读数的目的。这种仪器的读数方法如下：从目镜中观察时，可同时看到三种刻线(图 2-12b)，先读毫米数(7 mm)，然后按毫米刻线在固定分划板 4 上的位置读出零点几毫米数(0.4 mm)，再转动手轮 3，使靠近零点几毫米刻度值的一圈平面螺旋双刻线夹住毫米刻线，再从指示线对准的圆周刻度上读得微米数(0.051 mm)，所以图 2-12b 中读数是 7.451 mm。

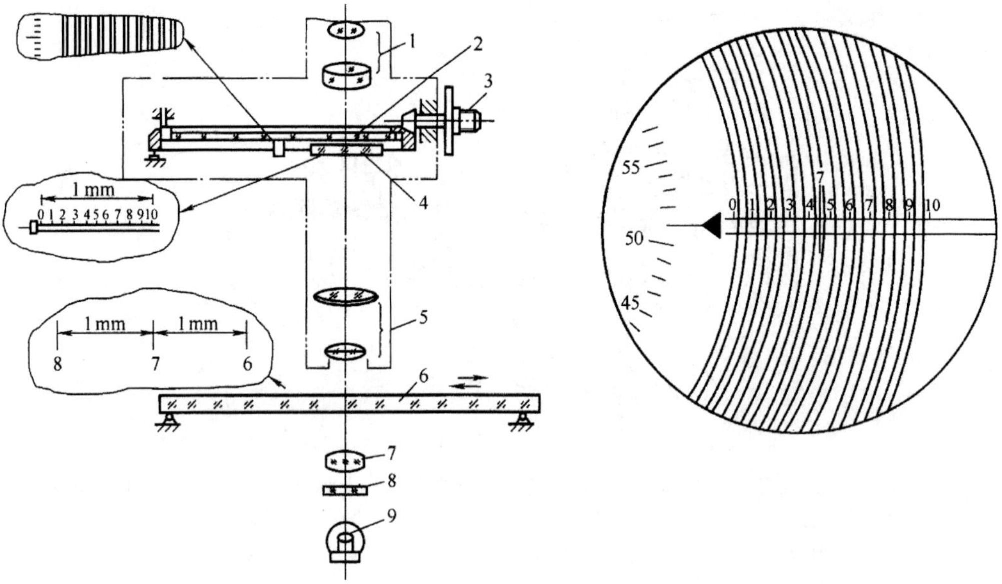

(a) 光学系统　　　　(b) 读数7.451

1—目镜；2—可转动分划板；3—手轮；4—固定分划板；5—物镜；
6—毫米刻线尺；7—聚光镜；8—滤色片；9—光源

图 2-12　JD15 万能测长仪测量读数原理图

JD18 万能测长仪读数，如图 2-10、图 2-13 所示，屏动测微器 8 上能够显示装在测量主轴 6 上的毫米刻线尺（示值范围为 0～100 mm）、0.1 mm 双纹刻线（示值范围为 0～1 mm）和微米分划板（示值范围为 0～100 μm）的成像。测座 4 内装有测量主轴 6、投影读数光学系统和屏动测微器 8，安装在测量主轴 6 上的毫米刻线尺（刻度间距为 1 mm）经过 50 倍的透镜组放大后成像在影屏的下半部，在影屏的下半部刻有 11 对等距的双纹刻线如图 2-13a 所示，刻度间距为5 mm，这 10 个刻度间距的长度等于将毫米刻线尺上的 1 mm 放大后的长度（50 mm），因此双纹刻线每个刻度间距代表毫米刻线尺的 0.1 mm。在屏动测微器 8 中的微米分划板固定不动，经 30 倍透镜组放大后成像在影屏的上半部，影屏与 30 倍物镜组是刚性连接在一起的，旋转测微旋钮 9，可使它们同步移动。当影屏移动 5 mm（即 0.1 mm 双纹刻线的一个刻度间距）时，30 倍物镜组也沿着微米分划板方向移动 5 mm。在微米分划板 5 mm 范围内有 101 条等距的刻线，将 0.1 mm 分成 100 等分，故微米分划板的分度值为 0.001 mm。

读数方法如下：如图 2-13b 所示，测量时在影屏的下半部显示出毫米刻线尺的某一条毫米刻线（75 mm）的影像，转动测微旋钮 9 使影屏移动，在微米分划板示值范围内，将该毫米刻线对称地夹在其左、右相邻的某一对双纹刻线中间，然后进行读数（0.3 mm），则图 2-13c 所示影屏视场的读数为：

$$75+0.3+0.021=75.321\ \text{mm}$$

用万能测长仪的双测勾测量孔径。先将组成标准量的标准器具 L，在仪器的读数投影屏中读取第一个数 a_1，然后再测量被测孔径，在读数投影屏中读取第二个数 a_2，则被测孔径直径 $D=L+(a_2-a_1)$。

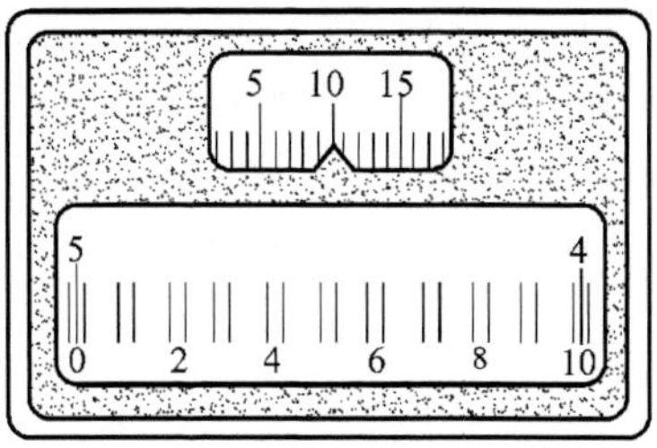

(a) 屏动测微器

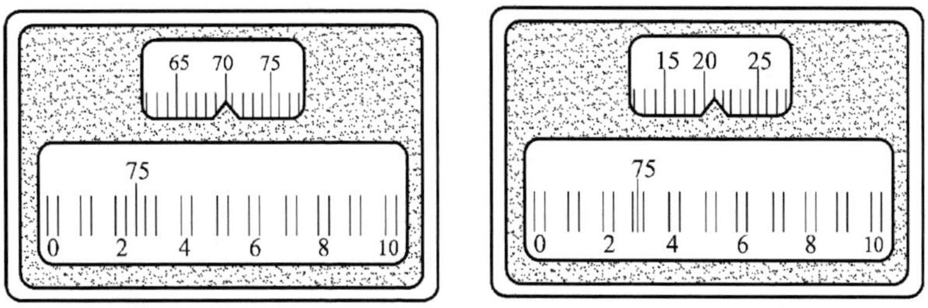

(b) 测量工件　　(c) 读数75.321mm

图 2-13　屏动测微器的读数方法

四、实验步骤

(1) 熟悉仪器的结构原理和操作程序。

(2) 根据被测轴承内径为ϕ35mm，精度等级为0级(GB/T 307.1—2005)，查表2-7得上下极限偏差，计算出被测滚动轴承单一平面平均内孔直径的极限偏差：$d_{mp}{}_{-0.012}^{\ 0}$；根据0级轴承内圈内径的公差数值相当于GB/T 1800.1—2009中的IT5级，查表2-8，得轴承单一径向平面内内孔直径的变动量V_{dp}：11μm，并画出公差带图。

表 2-7　向心轴承 Δd_{mp}和 ΔD_{mp}的极限值(摘自 GB/T 307.1—2005)　　μm

精度等级			0		6		5		4		2	
公称直径/mm			上极限偏差	下极限偏差	上极限偏差	下极限偏差	上极限偏差	下极限偏差	上极限偏差	下极限偏差	上极限偏差	下极限偏差
	大于	到										
内圈	18	30	0	−10	0	−8	0	−6	0	−5	0	−2.5
	30	50	0	−12	0	−10	0	−8	0	−6	0	−2.5
外圈	50	80	0	−13	0	−11	0	−9	0	−7	0	−4
	80	120	0	−15	0	−13	0	−10	0	−8	0	−5

表 2-8　标准公差数值(摘自 GB/T 1800.1—2009)　　μm

公称尺寸/mm		标准公差等级											
大于	至	IT1	IT2	IT3	IT4	IT5	IT6	IT7	IT8	IT9	IT10	IT11	IT12
18	30	1.5	2.5	4	6	9	13	21	33	52	84	130	210
30	50	1.5	2.5	4	7	11	16	25	39	62	100	160	250
50	80	2	3	5	8	13	19	30	46	74	120	190	300
80	120	2.5	4	6	10	15	22	35	54	87	140	220	350

(3) 调试仪器：以 JD15 万能测长仪为例，接通设备电源，调节目镜，使视场内刻线成像清晰，松开工作台升降手轮锁紧螺钉，旋转工作台升降手轮，使工作台下降至最低位置。如图 2-14 所示，将清洗干净后的标准环 3 平放在工作台上，注意环上的刻线记号与测量方向一致，用弹簧压片 5 压牢；将选定的测勾 2 安装在测量轴和尾管上，使其头部的楔槽 4 相互对齐，并垂直向下，同时使两测头位于标准环正上方，用固紧螺钉 1 紧固测勾(实验时已装好)。

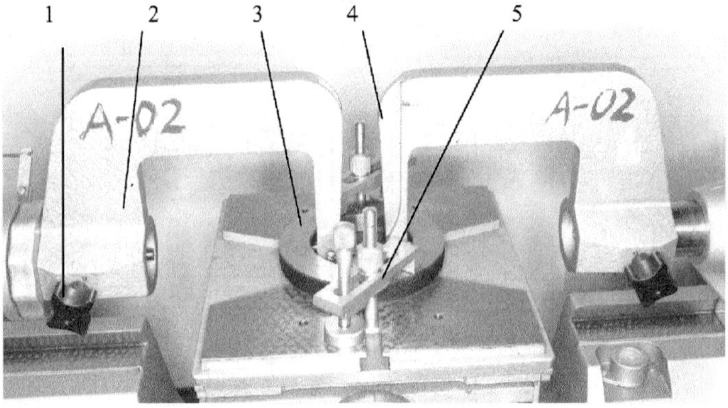

1—固紧螺钉；2—测勾；3—标准环；4—楔槽；5—弹簧压片

图 2-14　测勾安装

(4) 旋转工作台升降手轮，使两测勾伸入标准环内，至所需测量位置，固紧工作台升降手轮，移动后座，同时旋转工作台横向移动手轮，使测勾的内测头在标准环端面上刻有标线的直径方向上与标准环接触，固紧后座，用手扶测量轴，将重锤引线通过侧座后面的滑轮挂在测量轴的挂勾上，并使测量轴上的测头缓慢地与标准环接触。

(5) 寻找标准环直径的正确位置，具体方法如下：

① 旋转工作台横向移动手轮，在目镜中观察毫米刻线的移动情况，找准示值从左到右或从右到左的转折点，并使工作台固定在此位置；

② 松开工作台垂直摆动锁紧手柄，调节手柄，使工作台上下倾摆，在目镜中同样看到示值的转折点，并在此点停止倾摆工作台，随即固紧扳手；

③ 反复调节①②程序，使两个转折点的位置一致，此时标准环便处于正确位置，记下读数 a_1(读数方法前面已介绍)，即为校对仪器的起始读数；

(6) 用手扶稳测量轴，并将测量轴右移一小段距离，然后用其上的锁紧螺钉稍加锁紧，松开工作台升降锁紧螺钉，转动工作台手轮即图 2-10 中 11，下降工作台，取下标准环，换上被测滚动轴承，压牢，按步骤(5)的方法找出轴承内环孔径的正确位置，记下读数 a_2，则被测孔径的实际尺寸 $D=L+(a_2-a_1)$，式中 L 为标准环上所标尺寸。

(7) 在两个不同截面(Ⅰ-Ⅰ，Ⅱ-Ⅱ)的互成 90°的两个方位上进行测量，共测 4 次，将测得读数记入实验报告中。

(8) 按记录数据进行数据处理，求出被测轴承单一平面平均内孔直径及单一平面内直径的变动量。

(9) 测量结束，卸下被测件，将仪器的各调正部位恢复到原始位置，并擦净手接触过的部位，整理现场。

(10) 完成实验报告。

3 几何误差测量

几何误差是指被测提取要素对其拟合要素的变动量，当几何误差值不大于相应的几何公差值时，则认为零部件合格。几何误差包括形状误差、方向误差、位置误差和跳动误差。为了能正确合理地选择检测方案，GB/T 1958—2004《产品几何量技术规范(GPS) 形状和位置公差 检测规定》将常用几何误差的测量方法归纳为五种检测原则。表3-1列出了对这五种检测原则的说明及举例。表3-2列出了常用测量符号。

表 3-1 五种检测原则

序号	检测原则名称	说明	示例
1	与拟合要素比较原则	将被测提取要素与其拟合要素相比较，量值由直接法或间接法获得。 拟合要素用模拟法获得。	(1) 量值由直接法获得 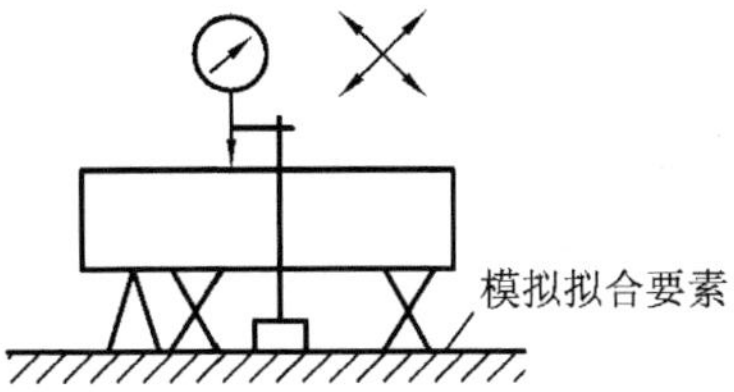 (2) 量值由间接法获得 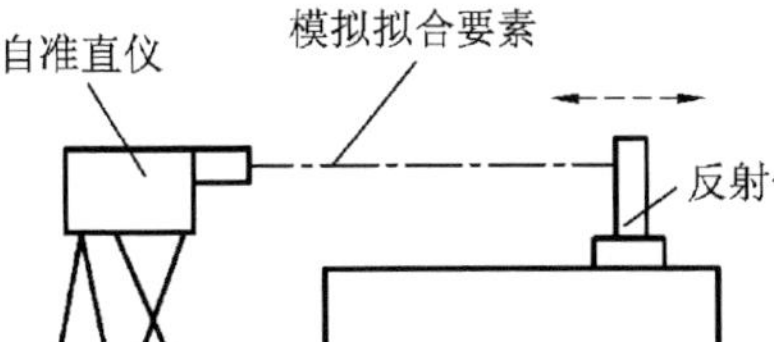
2	测量坐标值原则	测量被测提取要素的坐标值(如直角坐标值、极坐标值、圆柱面坐标值)，并经过数据处理获得几何误差值。	测量直角坐标值 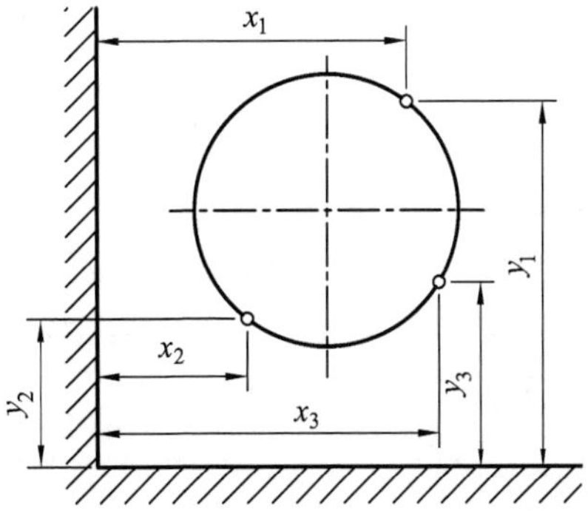

续表

序号	检测原则名称	说明	示例
3	测量特征参数原则	测量被测提取要素上具有代表性的参数（即特征参数），来表示形位误差值。	两点法测量圆度特征参数 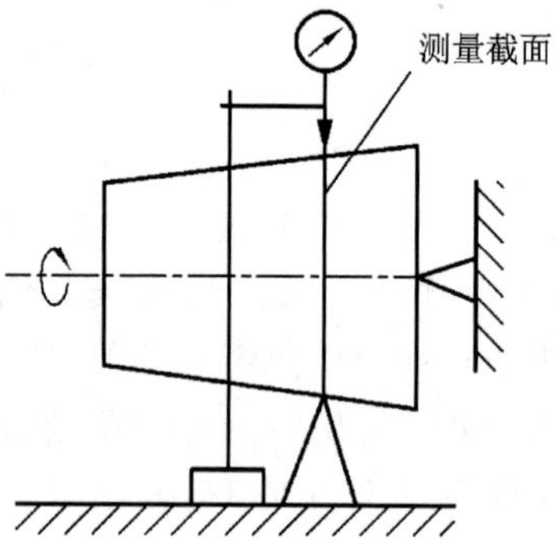
4	测量跳动原则	被测提取要素绕基准轴线回转过程中，沿给定方向测量其对某参考点或线的变动量。变动量是指指示计最大与最小示值之差。	测量径向跳动 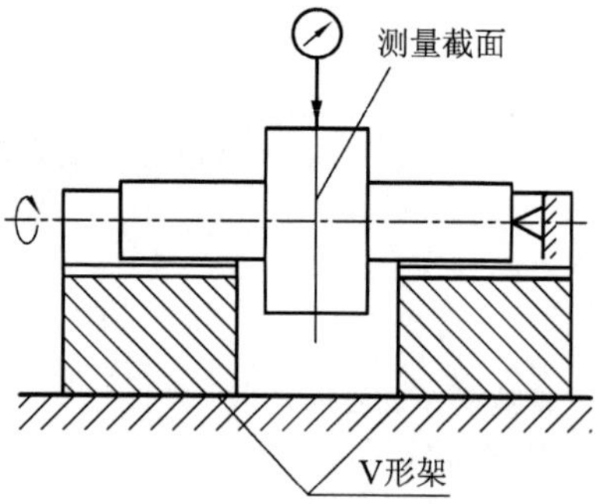
5	控制实效边界原则	检验被测提取要素是否超过实效边界，以判断合格与否。	用综合量规检验同轴度误差 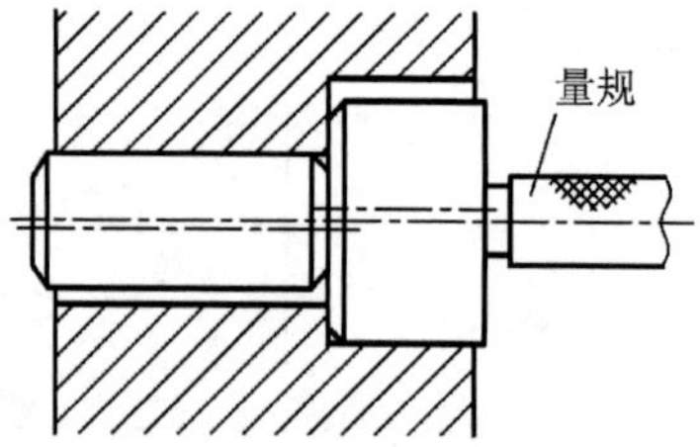

表 3-2　常用符号及其说明

序号	符　号	说　明	序号	符　号	说　明
1		平板、平台（或测量平面）	4		连续直线移动
2		固定支承	5		间断直线移动
3		可调支承	6		沿几个方向直线移动

续表

序号	符　号	说　明
7		连续转动（不超过一周）
8		间断转动（不超过一周）
9		旋转
10		指示计
11		带有指示计的测量架（测量架的符号，根据测量设备的用途，可画成其他式样）

实验 3.1　直线度误差的测量

预备知识

直线度误差是指被测提取直线对拟合直线的变动量。直线度误差的测量可采用以下几种方法。

(1) 用刀口尺（或平尺）检测

拟合直线可用刀口尺、平尺等标准器具模拟，如图 3-1 所示。应用第一检测原则，将刀口尺（或平尺）与被测直线直接接触，并使两者之间的最大光隙为最小。此时的最大光隙即为该被测直线的直线度误差，误差的大小应根据光隙测定。当光隙较小时，可按标准光隙来估读；当光隙较大时，则可用塞尺（即厚薄规）测量。按上述方法测量若干条直线，取其中最大的误差值作为被测零件的直线度误差。

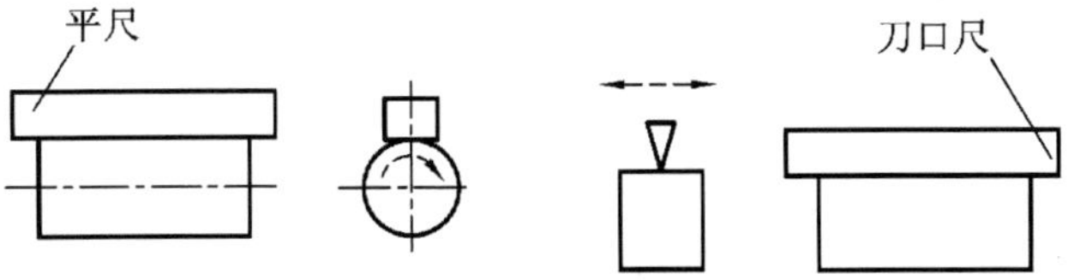

(a) 用平尺模拟　　(b) 用刀口尺模拟

图 3-1　拟合直线的模拟

标准光隙是由量块、刀口尺和平面平晶（或精密平板）组合而成的，如图 3-2 所示。标准光隙的大小借助于光线通过狭缝时呈现各种不同颜色的光束鉴别。一般来说，当间隙大于 2.5 μm时，光隙呈白色；间隙为 1.25～1.75 μm 时，光隙呈红色；间隙约为 0.8 μm 时，光隙呈蓝色；间隙小于 0.5 μm 时，则不透光。当间隙大于 30 μm 时，可用塞尺来测量。

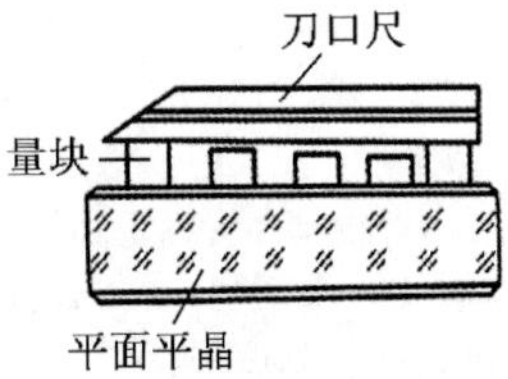

图 3-2　标准光隙的构成

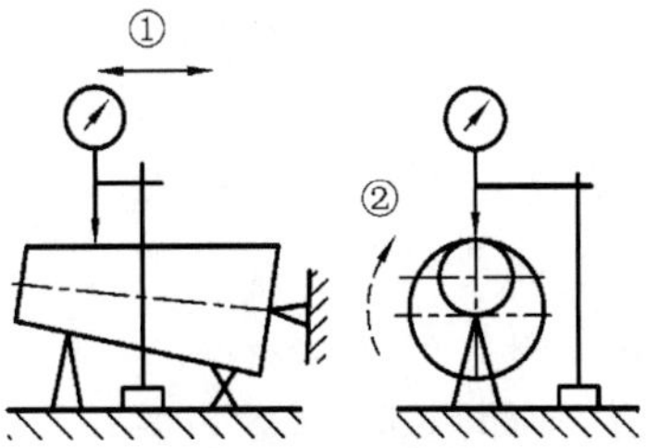

图 3-3　应用带指示表的测量支架调拟合直线

（2）用指示表检测

如图 3-3 所示，将被测零件用一个固定支承和一个可调支承支承在平板上，应用带指示表的测量支架，将被测零件两端调整到与平板等高，作为拟合直线测出被测零件的直线度误差值，这是常用的一种测量方法。在素线全长范围内测量各点相对两端点的高度差，同时记录示值，根据示值用计算法或作图法计算直线度误差。按上述方法测若干条素线，取其中最大的误差值作为该零件的直线度误差。

（3）用水平仪（或准直仪）检测

对机床导轨、仪器导轨或其他窄而长平面的直线度误差测量，常在给定平面（垂直平面、水平平面）内进行检测。常用的计量器具有合像水平仪、柜式水平仪、电子水平仪和自准直仪等。使用这类器具的共同特点是测定微小角度的变化。由于被测表面存在直线度误差，当计量器具置于不同的被测部位时，其倾斜角度就要发生相应的变化。如果节距（相邻两测点的距离）一经确定，这个变化的微小角度与被测相邻两点的高低差就有确切的对应关系，通过逐个节距的测量，得出变化的角度，用作图法或计算，即可求出被测表面的直线度误差值。本实验应用合像水平仪或光学准直仪测量导轨的直线度误差值。

A. 应用合像水平仪测量导轨的直线度误差

一、实验目的

（1）掌握导轨的直线度误差的测量方法和测量数据的处理。

（2）掌握合像水平仪的正确操作方法。

二、实验设备及测量内容

（1）实验设备

实验用合像水平仪，主要技术规格：刻度值 0.01 mm/m。

（2）测量内容

应用合像水平仪测量导轨全长上垂直方向的直线度误差值。

三、仪器及测量原理说明

由于合像水平仪具有测量准确度高、测量范围大、测量效率高、价格便宜、携带方便等优点，因此在检测工作中得到了广泛的应用。使用时，将合像水平仪放在桥板上，再把桥板放在被测工件上，逐点依次测量。

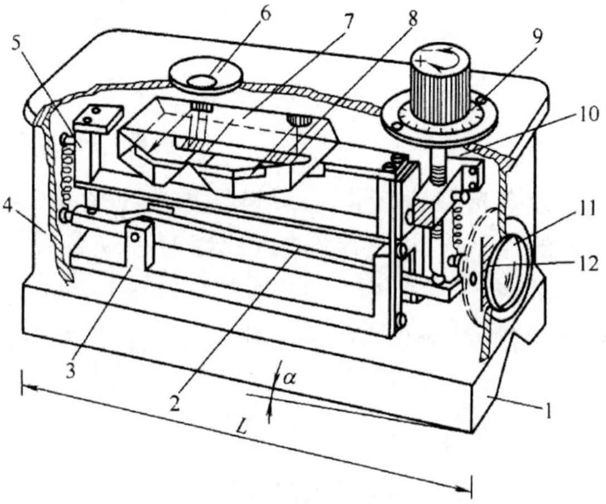

1—底板；2—杠杆；3—支承；4—壳体；5—支承架；6—放大镜；7—棱镜；8—水准器；9—微分筒；10—测微螺杆；11—放大镜；12—刻度尺

图 3-4　合像水平仪结构图

合像水平仪结构如图 3-4 所示。测量时，水准器 8 中水泡两端经棱镜 7 反射的两半影像从放大镜6观察。当桥板两端相对于自然水平面无高度差时，水准器8处于水平位置，则水泡在棱镜7两边是对称的，因此从放大镜6看到的两半影像重合，如图3-5a所示。如果桥板两端相对于自然水平面有高度差，则水平仪倾斜一个角度，因而水泡不在水准器8的中央，从放大镜6看到的两半影像是错开的，如图3-5b所示。这时转动测微螺杆10把水准器8倾斜一个角度，使水泡返回到对称于棱镜7两边的位置。这样，两半影像的偏移便消失，而恢复成图3-5a所示重合的两半影像。偏移量先从放大镜11由刻度尺读数，它反映测微螺杆10旋转的整圈数；再从微分筒9的刻度盘读数（该盘上有等分成100格的圆周刻度），它是螺杆10旋转不足一圈的细分读数。习惯上规定，水平仪气泡移动方向和水平仪移动方向相同时读数取为“＋”，相反时则读数取为“－”。本量仪读数取值的正负由微分筒9指明。

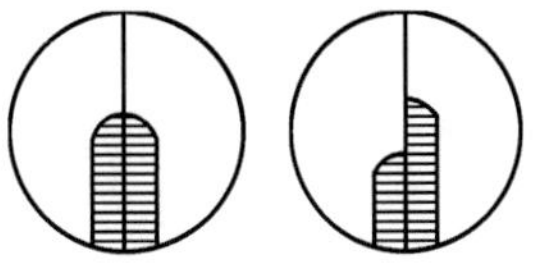
(a) 影像重合　(b) 影像错开

图3-5　水泡的两半影像

测微螺杆10转动的格数 a、桥板跨距 L（mm）与桥板两端相对于自然水平面的高度差 h（μm）之间的关系为

$$h=0.01aL$$

四、实验步骤

（1）将被测导轨表面及合像水平仪底部擦干净。

（2）被测导轨表面按各段200 mm等分。

（3）如图3-6所示，将合像水平仪Ⅱ安置在桥板Ⅰ上，实验用桥板长 $L=200$ mm，故分度值 $i=0.01/1000\times200=0.002$ mm。

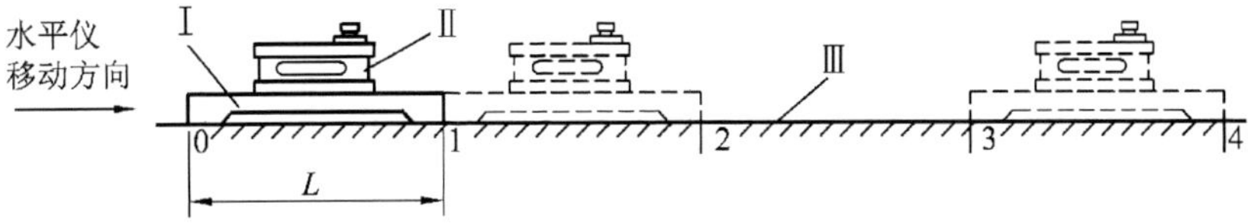

Ⅰ—桥板；Ⅱ—合像水平仪；Ⅲ—导轨

图3-6　用合像水平仪测量直线度误差示意图

（4）自导轨一端开始，依次将桥板与水平仪安置在导轨各段上测量，记录读数，顺测（从起点到终点）、回测（由终点到起点）各一次。回测时注意桥板不能调头。各测点两次读数的平均值作为该点的测量数值，将所测数据记入实验报告中。

> **注意**　假如某一测点两次读数相差较大，说明测量情况不正常，应仔细查找原因并加以消除后重新测量。

（5）对测量结果进行数据处理（同后文中准直仪测量的数据处理），并分析评定。

（6）整理现场，完成实验报告。

B. 应用光学准直仪测量导轨的直线度误差

一、实验目的

(1) 掌握导轨直线度误差的测量方法和测量数据的处理方法。

(2) 掌握光学准直仪的正确操作方法。

二、实验设备及测量内容

(1) 实验设备

HYQ-03 型光学准直仪,主要技术规格:刻度值 0.005/1000(≈1″),测量范围±500 刻度(≈±500″),能测导轨长度约 5 m。

(2) 测量内容

应用 HYQ-03 型光学准直仪(或 YZZ-1 型自准直仪)测量机床导轨(或导向导轨)全长上垂直方向的直线度误差。

三、仪器及测量原理说明

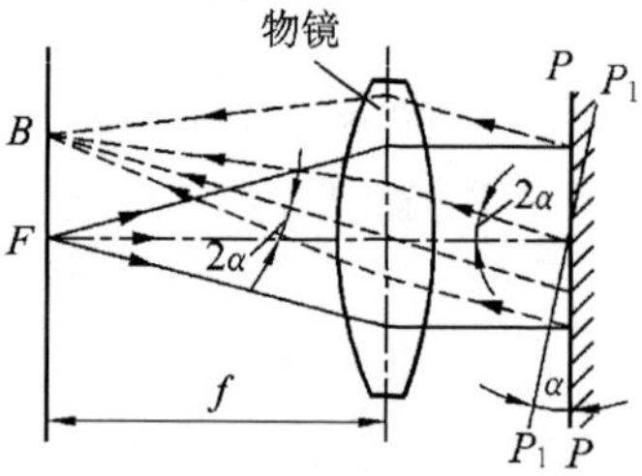

图 3-7 光学自准直原理

应用光学准直仪对导轨的直线度进行测量是按第一检测原则(即与拟合要素比较的原则)进行形状误差测量,拟合直线是准直仪的光束。由光学自准直原理可知(图 3-7),光源自物点 F 发出,经物镜后以平行光线射向 P 面,当反射镜相对光轴有一偏转角 α 时,从反射面反射的光线就转过 2α 角,则经物镜后会聚在焦平面上的 B 点,也就是像点 B 对于物点 F 在焦平面内产生了偏离,其大小为$\overline{BF}=f\tan 2\alpha$。

光学准直仪就是按光学自准直原理设计的,它的光学系统结构原理如图 3-8 所示。

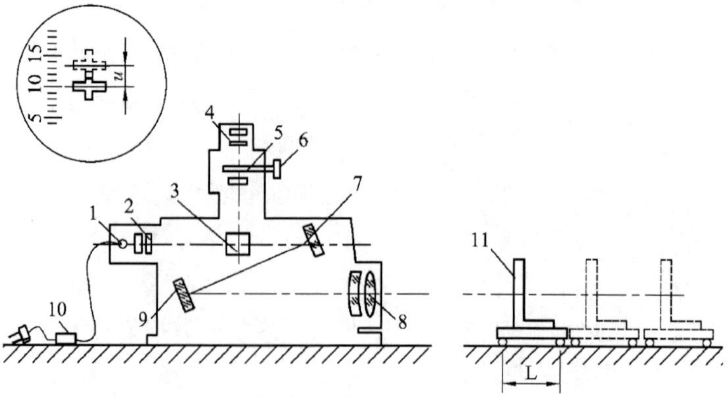

1—光源;2—十字分划板;3—立方棱镜组;4—目镜;5—读数分划板;6—测微读数鼓轮;7—反射镜;8—物镜;9—反射镜;10—变压器;11—平面反射镜

图 3-8 HYQ-03 型光学准直仪

从光源 1 发出的光,照亮十字分划板 2,并将分划板上的刻度影像透过立方棱镜组 3,最后由物镜 8 射出的平行光束平行射到可移动的平面反射镜 11 上，再由该反射镜反射回到立方棱镜组 3，由于立方棱镜组的对角面上涂的半透明膜的作用，反射回来的光束其一部分由半透明膜面将刻线影像向上反射，聚焦成像在可动的读数分划板 5 上，通过目镜 4 观察测量。当平面反射镜 11 有倾角变化时，则反射回来的目标刻线影像有了位移，其位移量可用目镜上的读数机构测出，该位移量完全反映了反射镜倾角的大小。

当用准直仪测量导轨直线度误差时，是将被测工件的全长分成若干等份(分段长度约为全长的 1/15～1/10，或按实际需要确定)，并按该分段的长度制作一专用桥板，仪器所附反射镜固定安装在桥板上，而后按图 3-9所示，将装有反射镜的桥板依次首尾相接地连续进行测量读数。根据读数记录用图解法(或计算法)按最小包容区域(也可按两端点连线法)计算出直线度误差。

判断用光学准直仪测量出来的导轨直线度误差是凹还是凸的方法，可用薄纸垫高反射镜之一端(边)，观察目镜视野中的十字反射影像的移动方向是否与分厘读数机构的读数方向一致来确定。

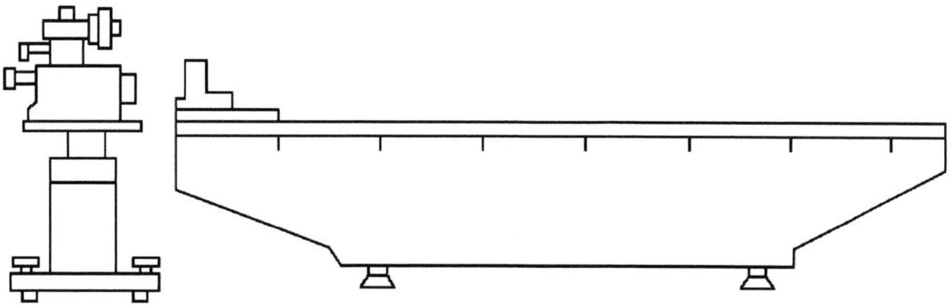

图 3-9　测量直线度误差示意图

HYQ-03 型光学准直仪上的目镜读数机构能精确转动 90°并定位(YZZ-1 型自准直仪本体可在座架孔内回转 90°并定位)，以便测量水平方向和垂直方向的直线度误差。

四、实验步骤

(1) 熟悉光学自准直仪的结构原理和操作使用方法。

(2) 按被测导轨的长度选用支承反射镜的桥板长度。本实验所用导轨面长度为 2 m，桥板长度取 200 mm。

(3) 将目镜读数机构转动到测量垂直方向的直线度误差位置。

(4) 按仪器操作程序调整仪器，依次连续测量导轨平面直线度的误差，在导轨表面上来回各测量一次，取对应位置两次读数的平均值，记录下来。

(5) 对测量结果进行数据处理，并分析评定。

(6) 整理现场，完成实验报告。

五、数据处理

测量结果的数据处理，首先将仪器上读数的格值按桥板的长度换算成长度值，然后进行数据处理。直线度误差值评定的方法很多，但总的可分为两大类，即作图法和计算法，作图法比较直观，计算法如应用计算机处理可以既快又正确。下例以作图法和计算法分别求直线度误差 f。

【例 3-1】 用刻度值为 0.005 mm/m 的光学准直仪测量 2 m 导轨的水平方向直线度误差。桥板的跨距 $L=200$ mm，将被测直线等分成 10 段进行测量，读数值已换算成线性值，见表 3-3。求出直线度误差值。

表 3-3 用光学准直仪测量导轨直线度误差时的测量数据

测点序号 i	测点间距 A_i/mm	仪器读数 $\Delta_i/\mu m$	$\Delta_i-10/\mu m$	$\sum_{n=1}^{i}(\Delta_n-10)/\mu m$
1	0～200	+12	+2	+2
2	200～400	+13	+3	+5
3	400～600	+19	+9	+14
4	600～800	+28	+18	+32
5	800～1000	+1	−9	+23
6	1000～1200	+7	−3	+20
7	1200～1400	+1	−9	+11
8	1400～1600	+15	+5	+16
9	1600～1800	+14	+4	+20
10	1800～2000	+11	+1	+21

解法一：作图法

按表 3-3 所列各测点处的示值累计值，在坐标纸上画出误差折线，横坐标比例为 1∶20，纵坐标比例为 1000∶1 如图 3-10 所示。

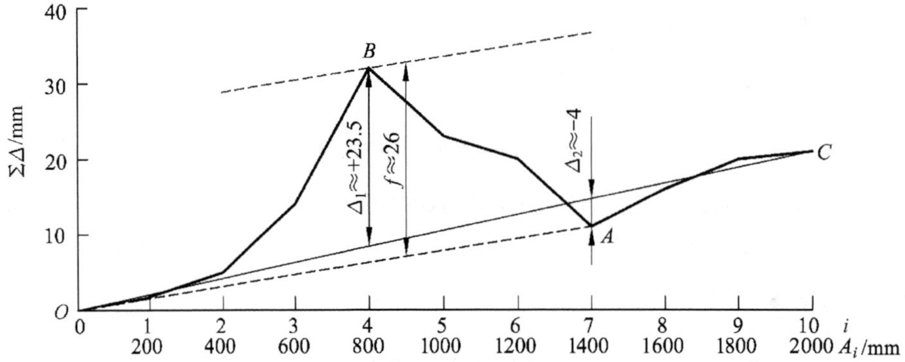

图 3-10 作图法求直线度误差值

① 按两端点连线图解直线度误差值

在误差折线上，连结其两个端点点 O 和点 C，得到两端点连线$\overline{OC}$。从误差折线上找出该折线上相对于$\overline{OC}$的最高点 B 和最低点 A。从坐标纸上量取这两个测点分别至$\overline{OC}$的 y 坐标距离 $\Delta_1\approx+23.5\ \mu m$，$\Delta_2\approx-4\ \mu m$。它们的代数差即为按两端点连线评定的直线度误差值 f，即 $f=\Delta_1+\Delta_2=+23.5+|-4|\approx27.5\ \mu m$。

② 按最小包容区域图解直线度误差值

参看图 3-11，由两条平行直线包容实际被测直线时，该实际被测直线至少有“高—低—高”（或者“低—高—低”）三个极点分别与这两条平行直线接触，则这两条平行直线之间的区域称为最小包容区域，该区域的宽度 f 即为符合定义的直线度误差值。上例中，过两个低极点 0，7 作一条直线$\overline{OA}$，再过高极点 4 作一条平行于上述直线$\overline{OA}$的直线 B，包容这条误差折线，从坐标纸上量取这两条平行线间的 y 坐标距离，数值等于 26 μm。即为按最小包容区域图解的直线度误差值 $f=26\ \mu m$。

(a)"高—低—高"三极点　　(b)"低—高—低"三极点

○—高极点；□—低极点

图 3-11　直线度误差最小包容区域判别准则

解法二：计算法

用计算法时，可先按作图法作出草图，这样直线度误差的计算也方便（当用计算机处理时可编程序，直接以观察值输入，而得计算结果）。作图后，按最小包容区域用解析法计算直线度误差值时，从图 3-10 中看出，下包容线过极谷（0 及第 7 点），所以其直线方程为

$$\frac{y-y_0}{x-x_0}=\frac{y_7-y_0}{x_7-x_0}$$

即

$$y=\frac{y_7-y_0}{x_7-x_0}(x-x_0)+y_0$$

将 $x_0=0, y_0=0; x_7=7, y_7=11$ 代入上式，得

$$y=\frac{11}{7}x$$

又因为上包容线过极峰（第 4 点），从极峰到下包容线的距离即为直线度误差值 f。而 $y=\frac{11}{7}x_4=\frac{11}{7}\times 4=6.28$，$y_4=32$，所以

$$f=y_4-y=32-6.28=25.72\ \mu\text{m}$$

比较上述两种方法可看出：作图法与作图的正确性及所取的比例有关，其精度一般来说比计算法低。但以同样的作图来看，按最小包容区域是符合国标规定的，其数值比按两端点连线法小。故 GB/T 1958—2004 规定：允许用两端点连线法来评定直线度误差，当发生争议时，以最小包容区域法来仲裁。应用计算法时，一般均用计算机处理，其结果正确、可靠。

实验 3.2　平面度误差的测量

预备知识

平面度误差是指被测提取平面对其拟合平面的变动量。

平面度误差的测量方法有直接测量法和间接测量法。直接测量法是将被测提取平面与拟合平面直接进行比较，两者之间的线值距离即为平面度误差值。间接测量是通过测量提取平面上若干点的相对高度差或相对倾斜角，经数据处理后，求得其平面度的误差值。

（1）用平晶检测

对于量块、千分尺等较小的测量面，常用平晶干涉法测量其平面度误差。如图 3-12a 所示，平面平晶与被测提取平面相接触，当干涉条纹呈现相互平行的直的明暗条纹时（图 3-12b），则被测提取平面为拟合的几何平面；当干涉条纹呈现如图 3-12c 所示的弯曲形状时，则平面度误差

值 $f=\frac{a}{b}\times\frac{\lambda}{2}$；当干涉条纹弯曲成封闭的条纹时，则平面度误差为干涉条纹数乘以$\frac{\lambda}{2}$。

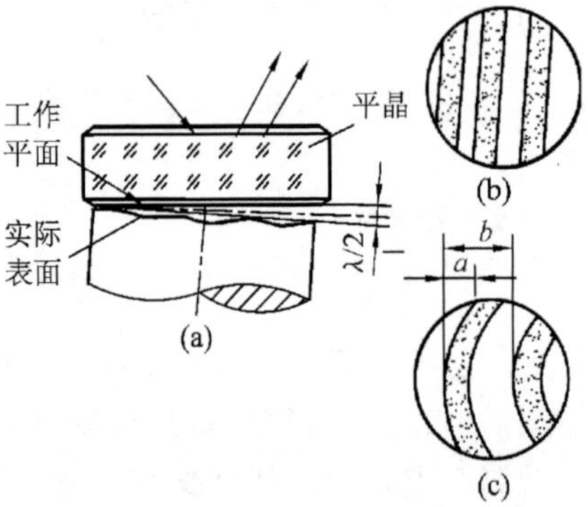

图 3-12　平晶干涉法测量平面度误差

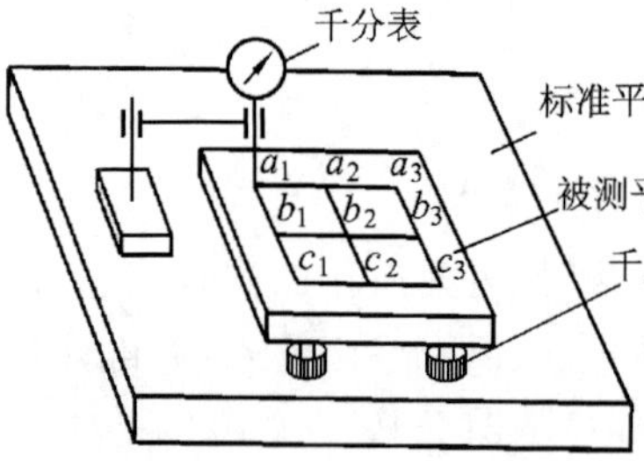

图 3-13　以标准平板为基准测量平面度误差

（2）用标准平板和带指示表的表架测量

图 3-13 是将被测零件用可调千斤顶安置在标准平板上，以标准平板为测量基面，按三点法（或四点法）调整被测面与平板平行。用带指示表的表架沿实际表面逐点或沿几条直线方向进行测量。用布点测量平面度误差时，均先测得各测点的数据，而后可按要求进行数据处理，求平面度误差值，常用的布点方法如图 3-14 所示，测量按图中箭头方向依次进行，前两种常用测微计、水平仪等测量，数据处理也较方便。图 3-14c 的布点常用于平板检定、用自准直仪测量，经数据处理可较精确地得到其平面度误差值。

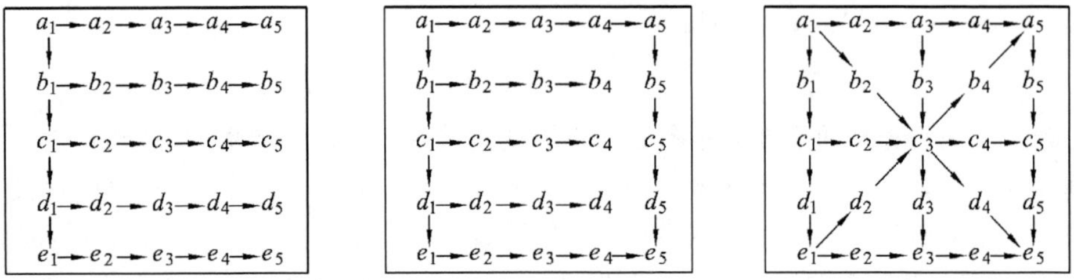

(a) 网格布点一　(b) 网格布点二　(c) 对角线布点

图 3-14　测量平面度误差时的布点方法

一、实验目的

（1）掌握平面度误差的测量方法。

（2）掌握用坐标转换法求解平面度误差值。

二、实验设备及测量内容

（1）实验设备

标准平板、测微计、千斤顶等。

（2）测量内容

测量小平板的平面度误差。

三、实验步骤

（1）擦净被测平板，按图 3-14c 的布点方式（四周离边缘 10 mm），在被测表面上标定测点，并进行编号。

（2）将被测平板如图 3-13 所示安置在标准平板的 3 个千斤顶上，3 个千斤顶应位于被测平板上相距最远的 3 点。

（3）用测微计调整被测平板表面最远 3 点，使其与标准平板等高，此时，即以这 3 个点（或有 4 个点）建立的平面作为拟合基准面。

（4）用测微计在被测平板的整个表面上沿所布的测点移动，得到各测点的读数值。可将指示表的最大与最小读数的差值近似地作为平面度误差值。

（5）分别按对角线平面和最小包容区域平面评定平面度误差值 f_1 和 f_2。

（6）对 f_1 和 f_2 值进行分析比较，完成实验报告。

（7）整理现场。

四、数据处理

1. 平面度误差的评定方法

（1）按最小包容区域平面评定

如图 3-15 所示，由两个平行平面包容实际被测表面时，若实际被测表面各测点中至少有 4 个测点分别与这两个平行平面接触，且满足下列条件之一，则这两个包容平面之间的区域称为最小包容区域。最小包容区域的宽度即为平面度误差值。

① 三角形准则：至少有三点与一包容平面接触，有一点与另一包容平面接触，且该点的投影能落在上述三点连成的三角形之内（图 3-15a）；或者落在该三角形的一条边上。

② 交叉准则：至少各有两个高极点和两个低极点分别与两个平行的包容平面接触，且两个高极点的连线和两个低极点的连线在空间呈交叉状态（图 3-15b）。

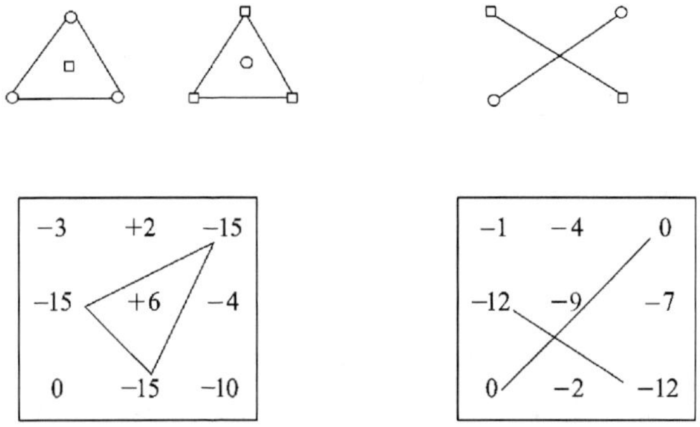

f=21
(a) 三角形准则

f=12
(b) 交叉准则

○—高极点；□—低极点

图 3-15　平面度误差最小包容区域差别准则

（2）按对角线平面评定

用通过实际被测表面的一条对角线且平行于另一条对角线的平面作为评定基准，以各测点对此评定基准的偏离值中的最大偏离值与最小偏离值的代数差作为平面度误差值。

2. 应用举例

图 3-16 为实际被测平板的表面上布有的 9 个测点，以标准平板作为测量基准由测微计测得的测量数据。下面分别以按最小包容区域平面评定和按对角线平面评定来进行数据处理，求平面度误差值。

0 (a_1)	+47 (a_2)	+4 (a_3)
−32 (b_1)	+75 (b_2)	−3 (b_3)
+6 (c_1)	−47 (c_2)	−10 (c_3)

图 3-16　实际被测表面 9 个测点的测量数据

评定平面度误差值时，首先将测量数据进行坐标转换，把实际被测表面上各测点对测量基准的坐标值转换为对评定方法所规定的评定基准的坐标值。各测点之间的高度差不会因基准转换而改变。在空间直角坐标系里，取第一条横向测量线为 x 轴，第一条纵向测量线为 y 轴，测量方向为 z 轴，第一个测点 a_1 为原点 O，测量基准为 xOy 平面。换算各测点的坐标值时，以 x 轴和 y 轴作为旋转轴。设绕 x 轴旋转的单位旋转量为 q，绕 y 轴旋转的单位旋转量为 p，则当实际被测表面绕 x 轴旋转、再绕 y 轴旋转时，实际被测表面上各测点的综合旋转量如图 3-17 所示（位于原点的第一个测点 a_1 的综合旋转量为 0）。各测点的原坐标值加上综合旋转量，就求得坐标转换后各测点的坐标值。

0	p	$2p$	$\cdots$	np	→ x
q	$p+q$	$2p+q$	$\cdots$	$np+q$	
$2q$	$p+2q$	$2p+2q$	$\cdots$	$np+2q$	
$\vdots$	$\vdots$	$\vdots$	$\vdots$	$\vdots$	
mq	$p+mq$	$2p+mq$	$\cdots$	$np+mq$	
↓ y					

图 3-17　各测点的综合旋转量

(1) 按对角线平面评定平面度误差值

按图 3-16 所示的数据，为了获得对角线平面，使 a_1，c_3 两点和 a_3，c_1 两点旋转后分别等值，由图 3-16 和图 3-17 得出下列关系式

$$\begin{cases}-10+2p+2q=0\\4+2p=6+2q\end{cases}$$

经求解，得到绕 y 轴和 x 轴旋转的单位旋转量分别为 $p=+3\ \mu m$，$q=+2\ \mu m$（正、负号表示旋转方向）。

因此，求得各测点的综合旋转量如图 3-18a 所示，把图 3-16 和图 3-18a 中的对应数据分别相加，则求得第一次坐标转换后各测点的数据，如图 3-18b 所示。

由图 3-18b 可知，对角线平面（评定基准）为通过 $a_1(0)$，$c_3(0)$两个角点的连线，且平行于 $a_3(+10)$，$c_1(+10)$两个角点连线的平面，因此按对角线平面评定平面度误差值 f_1 为

$$f_1=(+80)-(-40)=120\ \mu m$$

(2) 按最小包容区域平面评定平面度误差值

分析图 3-18b 所示 9 个测点的数据，初步判别实际表面属凸形表面，下包容面通过 3 个极值点 $a_3(+10)$，$b_1(-30)$，$c_2(-40)$，上包容面通过 $b_2(+80)$，且点 $b_2(+80)$的投影在 a_3，b_1，c_2 所组成的三角形之中，符合三角形准则，处理数据时使 a_3，b_1，c_2 三点旋转后等值，由图 3-18b和图 3-17 得出下列关系式

$$+10+2p=-30+q=-40+p+2q$$

经求解，得到绕 y 轴和 x 轴旋转的单位旋转量分别为 $p=-10\ \mu m$，$q=+20\ \mu m$。

0 (a_1)	+3 (a_2)	+6 (a_3)
+2 (b_1)	+5 (b_2)	+8 (b_3)
+4 (c_1)	+7 (c_2)	+10 (c_3)

(a) 各测点的综合旋转量

0 (a_1)	+50 (a_2)	+10 (a_3)
−30 (b_1)	+80 (b_2)	+5 (b_3)
+10 (c_1)	−40 (c_2)	0 (c_3)

(b) 第一次坐标转换后各测点的数据

图 3-18　按对角线平面评定平面度误差值(μm)

因此，求得各测点的综合旋转量如图 3-19a 所示，把图 3-18b 和图 3-19a 中的对应数据分别相加，则求得第二次坐标转换后各测点的数据，如图 3-19b 所示。

0 (a_1)	−10 (a_2)	−20 (a_3)
+20 (b_1)	+10 (b_2)	0 (b_3)
+40 (c_1)	+30 (c_2)	+20 (c_3)

(a)各测点的综合旋转量

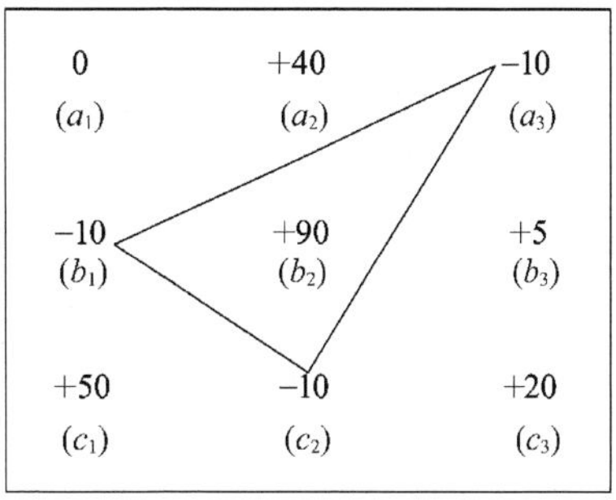

(b) 第二次坐标转换后各测点的数据

图 3-19　按最小包容区域平面评定平面度误差值(μm)

由图 3-19b 的数据看出，a_3，b_1，c_2 符合三角形准则。按最小包容区域平面评定平面度误差值 f_2 为

$$f_2=(+90)-(-10)=100\ \mu m$$

上例说明，用不同的方法求得的 f 值不相同，按最小包容区域平面评定的误差值小于或等于按对角线平面或其他方法评定的误差值，因此按最小包容区域平面评定平面度误差值可以获得最佳的经济效益。

实验 3.3　方向、位置误差的测量

预备知识

方向公差主要有平行度、垂直度、倾斜度及带基准时的线轮廓度和面轮廓度；位置公差主要有同轴度、对称度、位置度及带基准的线轮廓度和面轮廓度。方向误差是指被测提取要素对一具有确定方向的拟合要素的变动量，拟合要素的方向由基准确定；位置误差是指被测提取要素对一具有确定位置的拟合要素的变动量，拟合要素的位置由基准和理论正确尺寸确定。在实际测量中，作为拟合基准要素(简称基准)的点、线(包括中心线、轴线)、面等，可以用模拟法、直接法、分析法和目标法来体现。实验是采用实物模拟基准，如以平板、仪器平台的工作面模拟基准平面；以心轴的轴线模拟基准轴线，以方箱模拟基准平面或基准直角；以顶尖或V形块模拟基准轴线等。方向、位置误差的测量也是按五项检测原则测出各被测实际要素对模拟实物基准的变动量。

一、实验目的

(1) 掌握用通用计量器具和检测工具测量“飞铁座架”的各项方向、位置误差。

(2) 理解各项方向、位置公差的实际含义。

二、实验设备及测量内容

(1) 实验设备

方向、位置误差测量一般常用平台测量工具及专用的检具。

① 杠杆百分表。其主要技术规格：刻度值 0.01 mm，示值范围±0.4 mm，装上表架的测量范围 0～180 mm。

② 平板。用作测量基准，用以放置测量工件和器具。

③ V形块。模拟基准平面与面垂直，用以放置测量工件，附有固定架。

④ 带指示表的测量架。装有指示表，作相对尺寸测量用。

⑤ 检验心棒。心棒插入孔中，用以模拟孔的轴线，有 ϕ 7 mm 心棒。

⑥ 专用检具。装上定位装置(钢珠)，可供测量时轴向定位用。

(2) 测量内容

调速器飞铁座架位置公差标注如图 3-20 所示(供实验测量用)，测量项目见表 3-4。

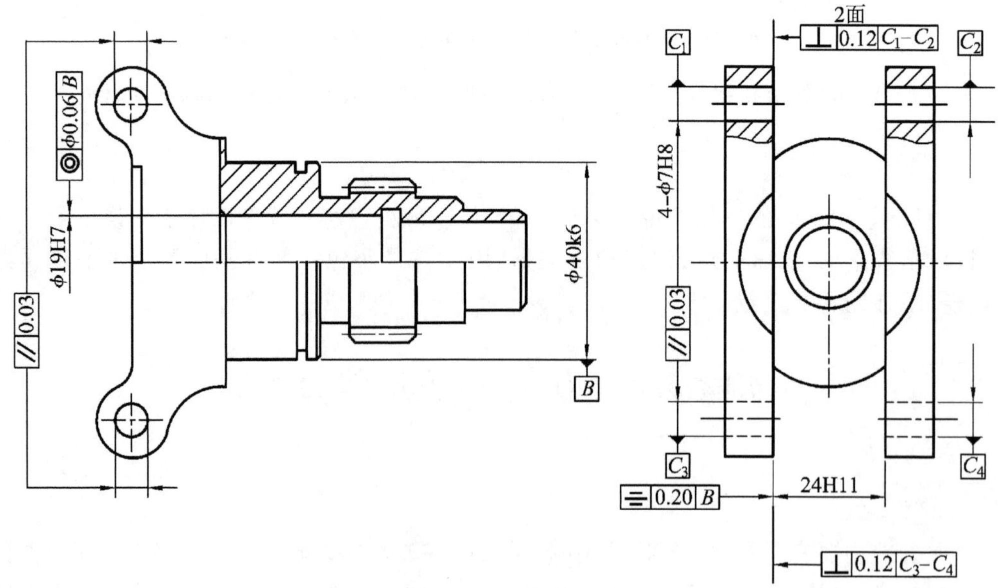

图 3-20 被测零件(调速器飞铁座架)零件图

① 测量ϕ 7H8 公共轴线 C_1-C_2、C_3-C_4 在两个水平、垂直方向的平行度误差。

② 测量 24H11 内侧面对轴线 C_1-C_2（或 C_3-C_4）的垂直度误差。

③ 测量 24H11 两内侧面的中心平面对ϕ 40k6 轴线的对称度误差。

④ 测量ϕ 19H7 轴线对外圆ϕ 40k6 轴线的同轴度误差。

表 3-4 测量项目表

序号	形位公差代号	说明			
		实验检测要求		工件安装示例	测量参考示例
1	// 0.03	二轴线平行度（互为基准）	垂直方向	图 3-21a	例 3-2
			水平方向	图 3-21b	例 3-2
2	⊥ 0.12 C_1-C_2	测量 24H11 内侧面对轴线 C_1-C_2（或 C_3-C_4）的垂直度误差；		图 3-22	例 3-3
3	⌯ 0.20 B	测量 24H11 两内侧面的中心平面对 ϕ 40k6 轴线（基准 B）的对称度误差		图 3-22	例 3-4
4	◎ ϕ0.06 B	可用跳动误差的方法测量（内孔圆度误差可忽略）		图 3-23	例 3-6

三、实验步骤

（1）熟悉和理解图 3-20 被测零件图上所标注的方向、位置公差。

（2）对照被测零件熟悉检测要求。

（3）熟悉实验所提供测量器具和专用检具。

（4）按所标注的方向、位置公差要求逐项测量出被测零件的误差值，将测量结果记录在实验报告中。

① 垂直方向的平行度误差测量。如图 3-21a 所示，将工件放于 V 形块 3 的 V 形面上，用螺钉 1 夹紧工件ϕ 40 的外圆柱面，为了保护工件ϕ 40 的外圆柱面，夹紧螺钉 1 下垫上铜片 2，要求测量ϕ 7 孔的公共轴线 C_1-C_2、C_3-C_4 的平行度误差。任选轴线 C_1-C_2、C_3-C_4 其中之一为基准，调成水平。如调平轴线 C_1-C_2：装上检验心棒 4，4′，观察使轴线 C_1-C_2 大致水平，锁紧螺钉 1（不要太紧），松开表架 6 的粗调锁紧螺钉 7，使杠杆百分表的测量头在检验心棒 4 的一端最高点，锁紧螺钉 7，调节微调螺钉 5，使表中指针压上半圈以上，转动表盘置读数为零；再移动表架 6，使杠杆百分表的测量头在检验心棒 4 的另一端最高点，记下示值 a，判断心棒两端点的高低情况。将杠杆百分表的测量头放在检验心棒 4 的低点端，用竹夹子敲检验心棒 4 的高点端，使心棒 4 的两端点示值相同，再锁紧螺钉 1，调平轴线 C_1-C_2 完成。然后移动表架 6，使杠杆百分表的测量头在检验心棒 4′的两端点分别记下示值 b，b'，则示值 $|b-b'|$ 即为 C_1-C_2，C_3-C_4 的垂直方向的平行度误差值。

② 水平方向的平行度误差测量。将工件如图 3-21b 放置，装上检验心棒 4，4′，移动表架 6 分别在检验心棒 4，4′的两端记下 4 个示值 a，a'，b，b'。利用“同向相减，异向相加”进行数据处理，即若 $a>a'$，$b>b'$ 或 $a<a'$，$b<b'$，则 $||a-a'|-|b-b'||$ 为水平方向的平行度误差值；若 $a>a'$、$b<b'$ 或 $a<a'$、$b>b'$，则 $||a-a'|+|b-b'||$ 为水平方向的平行度误差值。

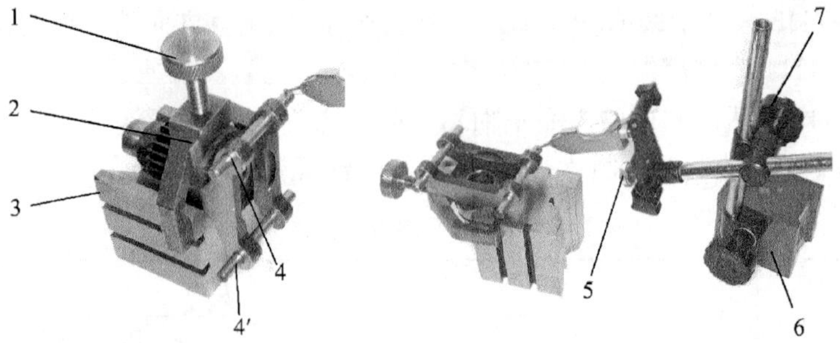

(a) 垂直方向的平行度误差测量　　　　(b) 水平方向的平行度误差测量

1—夹紧螺钉；2—铜片；3—V 形块；4,4′—检验心棒；5—微调螺钉；6—表架；7—粗调锁紧螺钉

图 3-21　平行度误差的测量

③ 垂直度误差测量。如图 3-22 所示，将调平好的检验心棒 4 取出，将 V 形块 3 放于 120°V 形块(或圆柱体零件)上，将杠杆百分表的测量头放在工件轴线 C_1-C_2 的 ϕ 7 孔周围转动一圈，记下表中示值的变化值，即为轴线 C_1-C_2 与内侧面 A 的垂直度误差值。

④ 对称度误差测量。如图 3-22 所示，将内侧面 A 调成水平(调法同调平轴线 C_1-C_2)，然后记下示值 a，将 V 形块 3 和工件一起翻转 180°，记下内侧面 B 的值 a'，由于 B 面存在平面度的误差，a'是一个变化值，则最大的$|a-a'|$为对称度的误差值。

⑤ 同轴度误差的测量。如图 3-23 所示，将工件放于 V 形块的 V 形面上，把小球 3 放在定位装置 1 的定位处，通过松开锁紧螺钉 2，使定位小球 3 与工件轴线等高，并使工件轴向定位，保证绕 V 形块的 V 形面平稳旋转，将杠杆百分表的测量头放在工件内孔 ϕ 19 的最低处，转动杠杆百分表的表盘置示值为零，让工件绕 V 形面平稳旋转一周，记下表中示值的变化值，即为同轴度的误差值。

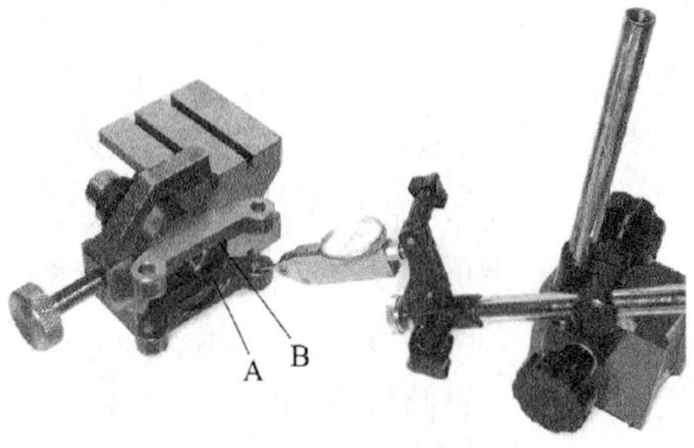

图 3-22　垂直度、对称度误差测量

1—定位装置；2—锁紧螺钉；3—小球

图 3-23　同轴度误差的测量

(5) 数据整理及分析评定。

(6) 整理现场，完成实验报告。

知识链接

常用形状和位置误差的测量

为便于检测，现摘录部分 GB/T 1958—2004《产品几何量技术规范(GPS) 形状和位置公差 检测规定》中的检测方法，供实验时参考。

【例 3-2】 平行度误差的测量

如图 3-24a 所示，ϕD_1 被测孔的轴线对 ϕD_2 基准孔的轴线 A 在水平方向和垂直方向都有平行度要求。测量时，如图 3-24b 所示，基准轴线和被测轴线均由心轴模拟。将基准心轴放置在可调支承上，用测微计调整基准心轴两端与平板等高，然后在被测心轴距离为 L_2 的两个位置上测量，测得数值分别为 M_1 和 M_2。则垂直方向的平行度误差为 $f=\frac{L_1}{L_2}|M_1-M_2|$，其中 L_1 为被测轴线的长度。将被测零件回转 90°，按上述方法测量水平方向的平行度误差。

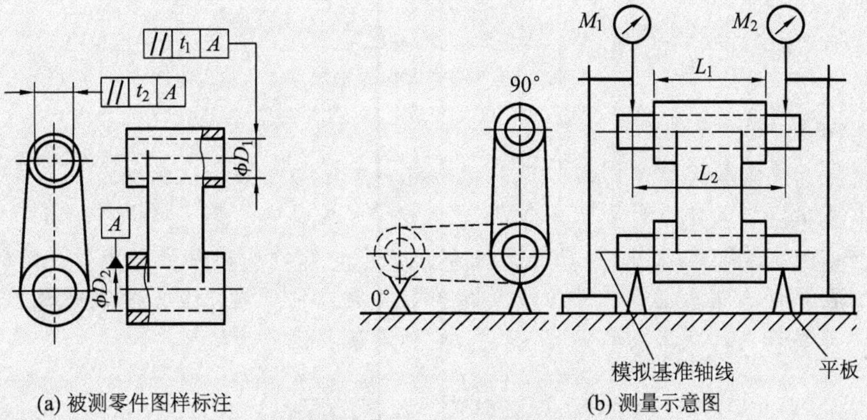

图 3-24 平行度误差的测量

【例 3-3】 垂直度误差的测量

图 3-25a 所示零件上被测平面对基准轴线 A 的垂直度公差值为 t。测量时，将被测零件放置在导向块内(如图 3-25b 基准轴线由导向块模拟)，然后测量整个被测表面，并记录示值。取最大示值差作为零件的垂直度误差。

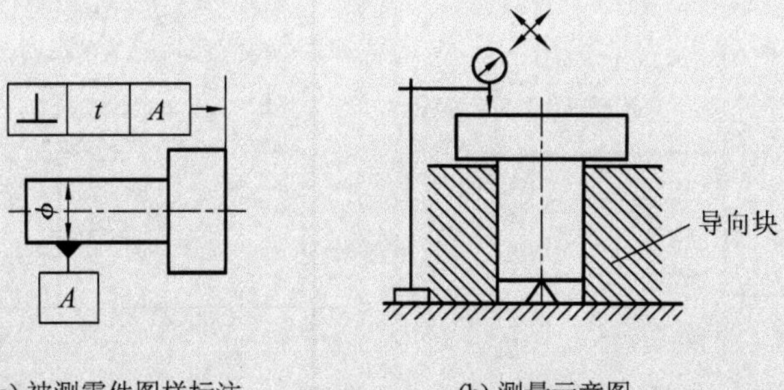

图 3-25 垂直度误差的测量

【例 3-4】 对称度误差的测量

对称度误差是定位误差的一种，是指被测提取对称要素对已确定位置的基准要素的变动量，因此在检测时首先应确定基准的位置。图 3-26b 是将心轴插入基准孔，安装在中心架上固定。实际应用中也可安置在两等高 V 形块或专用装置上，对基准轴线定位，然后进行测量。测量时调整被测量面与平板平行，记下指示表示值。不改变指示表位置，将零件转 180°后重复上述测量，取两次示值之差即为对称度误差。

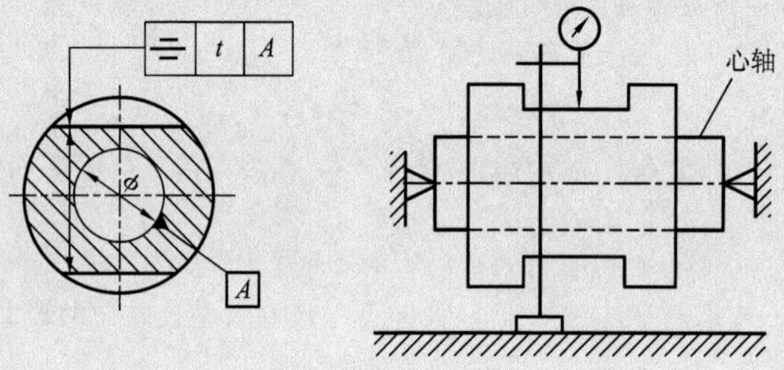

(a) 被测零件图样标注　　(b) 测量示意图

图 3-26　对称度误差的测量

【例 3-5】 对称度误差的测量

图 3-27a 所示轴键槽两侧面的中心平面对 ϕd 圆柱面的基准轴线 A 有对称度要求。图 3-27b 所示以平板作为测量基准，V 形块模拟 ϕd 圆柱面的基准轴线，它平行于平板，被测键槽中心平面由定位块模拟，调整被测零件使定位块沿径向与平板平行。在键槽长度两端的径向截面内测量定位块至平板的距离。再将零件旋转 180°后重复上述测量，得到两径向测量截面内的距离差之半 Δ_1 和 Δ_2，对称度误差按下式计算：

$$f=\frac{2\Delta_2 h+d(\Delta_1-\Delta_2)}{d-h}$$

式中：d——轴的直径；

h——键槽深度。

注意　上式中以绝对值大者为 Δ_1，小者为 Δ_2。

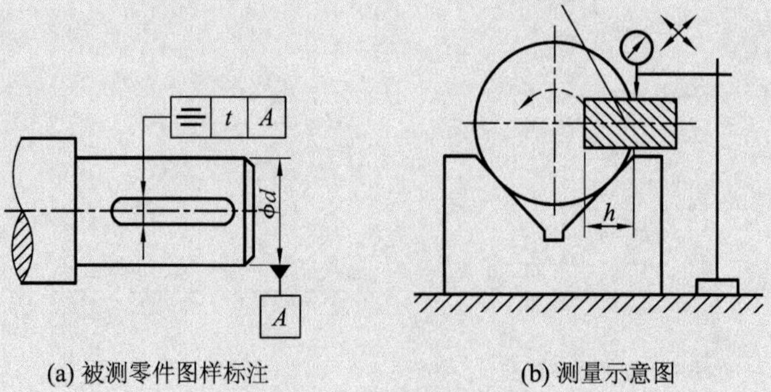

(a) 被测零件图样标注　　(b) 测量示意图

图 3-27　对称度误差的测量

【例 3-6】 跳动误差测量

图 3-28a 所示，被测面对基准 A 有径向圆跳动要求。图 3-28b 为最常用的径向跳动的测量方法，测量时将被测零件安装在两顶尖之间。① 在被测零件回转一周中，指示表读数最大差值即为单个测量面的径向圆跳动；② 按上述方法，测若干个截面，取其中的最大值作为该零件的径向圆跳动。

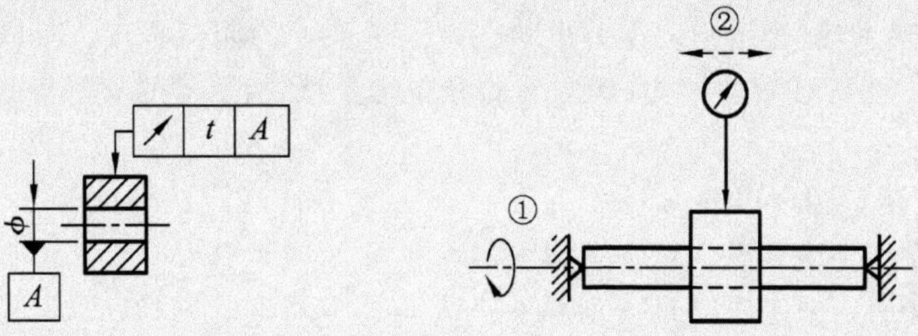

(a) 被测零件图样标注　　(b) 测量示意图

图 3-28　跳动误差测量(轴心线为基准)

图 3-29a 所示，被测面对基准轴 A 有轴向圆跳动要求。当以轴为基准时，则可将基准轴支承在 V 形块上，并在轴向固定，如图 3-29b 所示。

① 在被测件回转一周过程中，指示计示值最大差值即为单个测量圆柱面上的轴向圆跳动。

② 按上述方法，测量若干个圆柱面，取各测量圆柱面上测得的跳动量中的最大值作为该零件的轴向圆跳动。

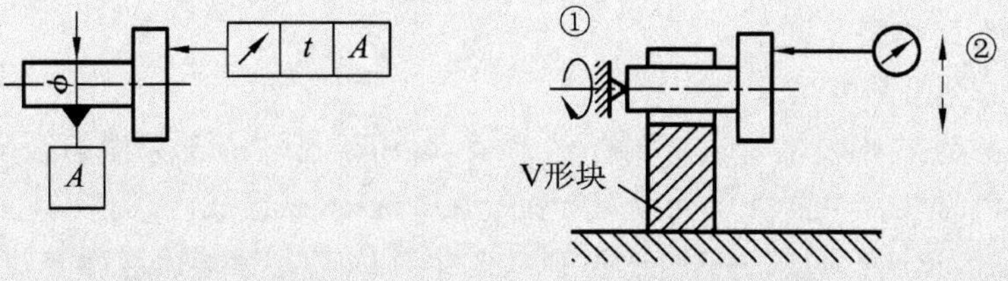

(a) 被测零件图样标注　　(b) 测量示意图

图 3-29　跳动误差测量(轴为基准)

实验 3.4　圆度误差的测量

预备知识

圆度误差是指在回转体同一横截面内，被测提取圆对其拟合圆的变动量。测量方法有半径测量法(圆度仪测量)、直角坐标法(运用直角坐标装置)、特征参数测量法(即用两点法和三点法组合测量)等。其中用圆度仪测量圆度误差是一种高精度的测量法，符合第一检测原则。两点法和三点法组合测量圆度误差是采用第三检测原则——特征参数测量法，是一种近似的测量法。因为它所测量的直径差虽然在一定程度上反映了圆度的特征，但并不符合国家标准中有关圆度误差的概念。由于该法设备简单、测量方便，尤其对于一些精度要求不太高的零件，采用两点、三点法要比用圆度仪测量更为经济合理，因而在生产部门广为采用。

两点、三点法测量的圆度误差值可由下式确定：

$$f=\frac{\Delta}{F}$$

式中：Δ——特征参数，指直径的两极限测量值之差；

F——反映系数，表示圆度误差反映在特征参数上的明显程度。反映系数的大小与轮廓的棱数、测量装置的结构（如测砧的分布位置）和指示器的安置方式（如是否对称）等因素有关。

（1）两点法测量圆度误差

两点法也称直径测量法，用符号“2”表示，是在直径上对置的一个固定测量支承和一个可在测量方向上移动的测头之间所进行的测量，如图3-30所示。在垂直于圆柱面轴线的横截面内实际圆周轮廓的360°范围内测量直径的变化量，取直径变化量最大的一半作为圆度误差值，$\Delta=d_{\max}-d_{\min}$，反映系数$F=2$，则两点法的圆度误差为

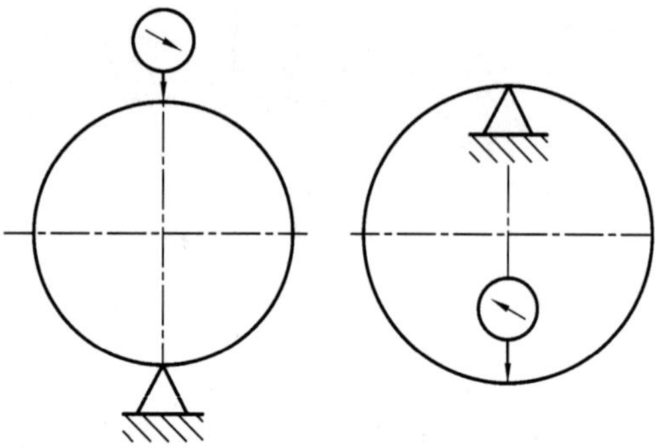

图3-30　两点法测量圆度误差

$$f=\frac{\Delta}{F}=\frac{d_{\max}-d_{\min}}{2}$$

两点法适用于测量被测轮廓为偶数棱的圆度误差。而对于奇数棱圆，若采用两点法测量，则难以反映出真实的圆度误差值。如正三棱圆形状，在各个方向上的直径都相等，因此就无法用直径来反映圆度误差。

（2）三点法测量圆度误差

三点法也称为V形块测量法，用符号“3”表示，用于已知为奇数棱的圆度误差测量。这种方法所用的测量装置主要由V形块（V形支承）和指示表组成，如图3-31所示。V形块测量法的结构型式可分为顶点式对称安置、顶点式非对称安置和鞍式对称安置3种，分别用于测量内、外轮廓。

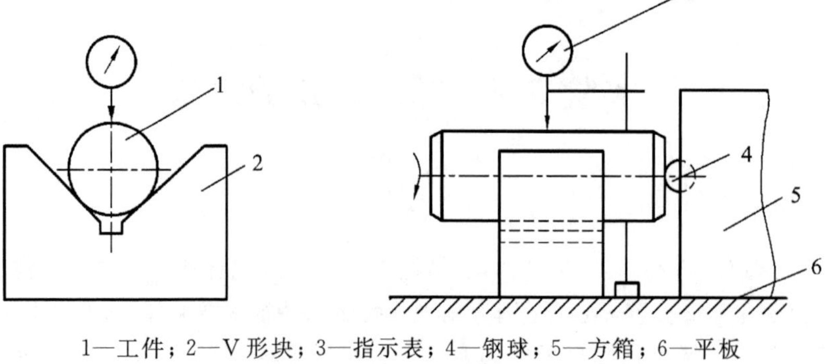

1—工件；2—V形块；3—指示表；4—钢球；5—方箱；6—平板

图3-31　顶点式对称装置测量外圆柱圆度误差

图 3-31 为顶点式对称装置，指示表测头位于两固定测量支承夹角之外，且测量方向与两固定测量支承的夹角的平分线重合。为了保证在同一截面上测量，以钢球作轴向定位，工件安置在 V 形块上，回转一周，测微计上最大、最小示值之差值即为特征参数 Δ，除以相应的反映系数 F，即得圆度误差

$$f=\frac{\Delta}{F}$$

(3) 两点、三点法组合测量圆度误差

两点与三点法组合可用于测量未知棱数轮廓的圆度误差。GB/T 4380—2004《圆度误差的评定 两点、三点法》对这种方法作了具体规定。常用的组合方案为“2＋3s90°＋3s120°”和“2＋3s72°＋3s108°”两种，其代号的含义：“2”——两点法；“3”——三点法；“s”——顶式测量；“3sα”——对称顶点式三点测量，α 有 90°、120°、72°、108°等。

测量时，对同一截面分别用两点法、三点法进行测量，则一组组合方案可得 3 个测得值 Δ，取此 3 个测得的 Δ 值中的最大值 Δ_{max}，再除以组合方案的平均反映系数 F_{av}，计算出圆度误差值 f，即

$$f=\frac{\Delta_{max}}{F_{av}}$$

组合方案不同，平均反映系数 F_{av} 也不同，数值见表 3-5。

表 3-5 组合方案的反映系数

棱数 n	组合方案			
	2＋3s90°＋3s120°		2＋3s72°＋3s108°	
	反映系数 F			
n 未知 $2\leqslant n\leqslant 22$	最大值 平均(F_{av}) 最小值	2.41 1.95 1.00	最大值 平均(F_{av}) 最小值	2.62 2.09 1.38

A. 两点、三点法测量圆度误差

一、实验目的

掌握用两点、三点法组合测量圆度误差值。

二、实验设备及测量内容

(1) 实验设备

杠杆齿轮比较仪，主要技术规格：刻度值 0.001 mm，示值范围±100 μm，测量范围0～180 mm。

(2) 测量内容

用改装的杠杆齿轮比较仪，采用“2＋3s90°＋3s120°”的组合测量方案测量轴类零件的圆度误差值。

被测工件零件图如图 3-32 所示，测量阶梯轴的 φ40 段外圆的圆度误差。

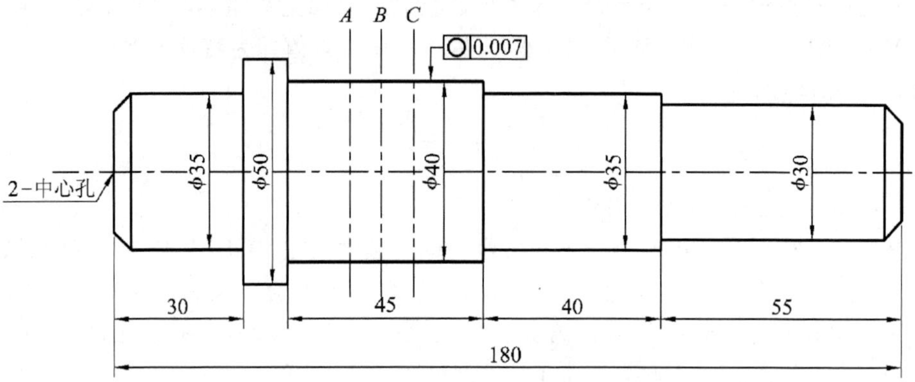

图 3-32　被测工件零件图

三、实验步骤

(1) 两点法测量，如图 3-33a 所示。具体操作方法：

① 粗调，松开定位锁紧螺钉 8，调节定位装置 5 使其移至立柱的下端，横向放置工件(如图 3-33a 所示)，使工件的测量面在工作台 1 上，松开粗调锁紧旋钮 7，调节粗调旋钮 6，使测量头 9 与工件测量面最高点相接触；一边转动工件，一边调节旋钮 6，使读数指针的最大值在表上出现，锁紧粗调锁紧旋钮 7；② 中调，转动工件，调节中调螺母 10，使表中的最大值指向表盘刻度的零位附近；③ 读数，转动工件(类似于立式光学计的尺寸测量)，读出表中最大读数，要求同一截面读出多个方向的最大值，至少 3 个方向的直径。测得的读数的最大变化值为两点法测量的 Δ 值，用 Δ_1 表示。

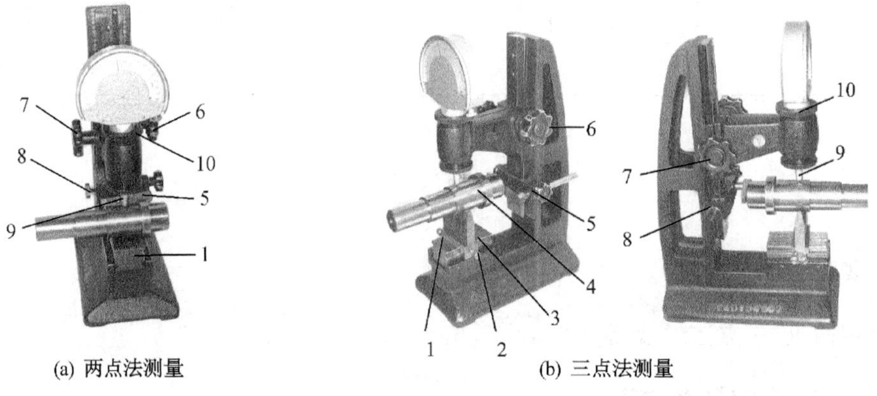

1—工作台；2—V 形块锁紧螺钉；3—V 形块；4—工件；5—定位装置；6—粗调旋钮；7—粗调锁紧旋钮；8—定位锁紧螺钉；9—测量头；10—中调螺母

图 3-33　改装的杠杆齿轮比较仪

(2) 三点法测量，如图 3-33b 所示。具体操作步骤如下：

① 安装并调整 V 形块。松开粗调锁紧旋钮 7，调节粗调旋钮 6，使横臂移至立柱的上端；分别将 90°及 120°的 V 形块 3 先后安置在仪器的工作台 1 上，使 V 形块 3 与测量头 9 在同一测量垂直面上，用 V 形块锁紧螺钉 2 固定 V 形块 3；放上工件，松开定位装置锁紧螺钉 8，上下

移动定位装置5,用工件中心孔与定位装置上的小球定位,保证工件水平绕V形块平稳旋转。

② 调整零位。粗调,松开粗调锁紧旋钮7,调节粗调旋钮6,使测量头9与工件测量面接触,使表上出现指针;中调,调节螺母10,使指针指向表的零刻度线附近;微调,旋转刻度表盘,使指针指向零刻度线。

③ 测量并读数。使工件在V形块上回转一周,读出表中最大值和最小值,记下示值最大值和最小值的差值为Δ;则Δ_2、Δ_3分别为三点法90°和120°的V形块测量出的值。

(3) 取Δ_1,Δ_2,Δ_3中的最大值Δ_{max}除以平均反映系数F_{av}(查表3-5,得$F_{av}=1.95$),即圆度误差$f=\frac{\Delta_{max}}{1.95}$。

(4) 在圆柱面上测量3～5个截面,取最大的f值作为该圆柱面的圆度误差值,与公差值相比较,进行分析评定。

(5) 整理现场,完成实验报告。

B. 圆度仪测量圆度误差

一、实验目的

(1) 通过实验了解圆度仪的结构原理,掌握仪器的基本调整和使用方法。

(2) 学会用仪器所带的同心圆模板,按最小包容区域判别准则评定圆度误差的方法。

二、实验设备及测量内容

(1) 实验设备

HYQ 014A圆度仪,其主要技术规格:不同的测杆刻度值不同,最小刻度值0.2 μm,最大测量内外圆直径ϕ350 mm。

(2) 测量内容

应用HYQ 014A圆度仪测量轴类零件的圆度误差值,并评定其是否合格。

被测工件零件图如图3-34所示。

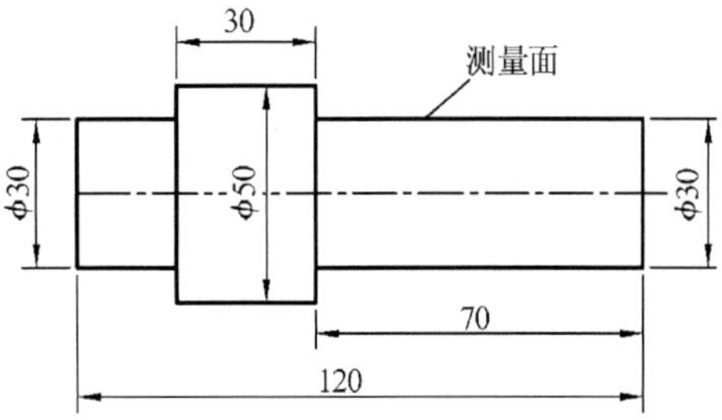

图3-34 被测工件零件图

三、仪器及测量原理说明

1. 圆度仪

实验用型号为HYQ 014A的圆度仪如图3-35所示,主要由基座、工作台、立柱、拖板、记录器、头架、主轴传动变速箱、主轴、传感器、测量放大器组成。该仪器主要用于测量内、外圆的圆度,也可用于测量在同一截面或各平行截面上各内、外圆的同心度,端面或凸肩面的垂直度、平面度及各端面或凸肩面间的平行度,圆柱母线的直线度。

测量原理:本仪器是传感器回转型,用半径法测量圆度误差的圆度仪。它将传感器的测量头安装在回转主轴上,测量时,被测工件静放在工作台上,传感器的测量头与被测实际表面保持接触,并做回转运动。传感器在绕被测工件回转一周的过程中,可测出被测截面上的半径变化量,通过电子放大器和滤波器将上述变化量以极大比例放大和选定滤波,自动地记录在圆形的火花记录纸上，根据记录图形就能清楚地判明被测截面的形状和误差。

2. 圆度误差的评定方法

评定圆度误差的方法有最小包容区域法、最小二乘圆法、最大内切圆法和最小外接圆法。

最小包容区域法评定圆度误差：如图 3-36 所示，由两个同心圆包容实际被测轮廓时，实际被测轮廓上至少有四个极点内、外相间地与这两个同心圆接触(至少有两个极点与内圆接触，有另外两个极点与外圆接触)，则这两个同心圆之间的区域即为最小包容区域，该区域的宽度即两个同心圆的半径差就是符合定义的圆度误差值 f。

本实验应用仪器所附带的透明的同心圆模板(图 3-37 所示)试凑包容轮廓误差曲线。同心圆模板上刻有一组间距为 2 mm 的同心圆，其格值代表特定的半径差值。把模板覆盖在半径变化量的折线上，并不断移动模板，直到该折线上至少有内、外相间的四点分别与该模板上两个同心圆接触为止。此时两个同心圆的半径差为最小，该两同心圆构成的最小包容区域其半径差即为圆度误差 f。根据所用测杆长度及选用的放大倍率，从表 3-6 可知记录纸每格的示值精度。

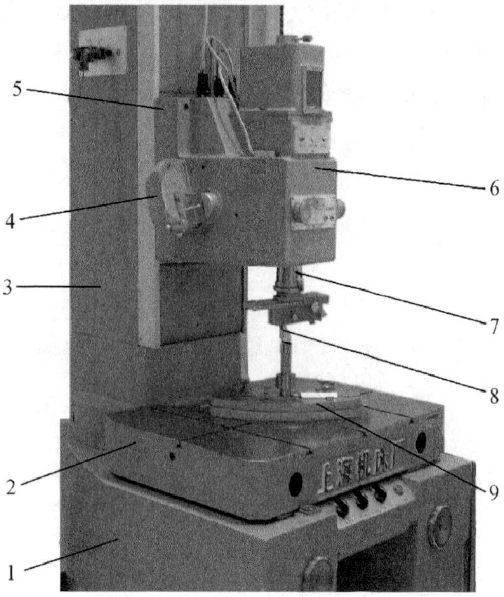

1—基座；2—工作台；3—立柱；4—记录器；5—拖板；6—头架(主轴传动变速箱在头架内)；7—主轴；8—传感器；9—辅助夹具

图 3-35 圆度仪外形图

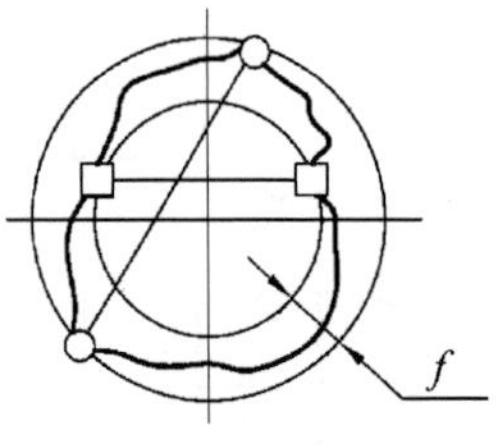

○交极点；□低极点

图 3-36 最小包容区域法评定圆度误差

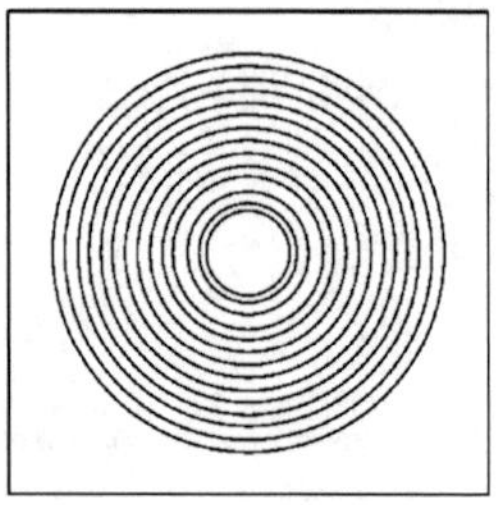

图 3-37 同心圆模板

表 3-6 测杆长度及放大倍率和记录纸每格示值的关系

测杆		档次	1	2	3	4	5	6
名称	名义长度/mm							
短测杆	62.5	放大率/×	200	400	1000	2000	4000	10000
		格值/(μm/格)	10	5	2	1	0.5	0.2
中测杆	125	放大率/×	100	200	500	1000	2000	5000
		格值/(μm/格)	20	10	4	2	1	0.4
长测杆	250	放大率/×	50	100	250	500	1000	2500
		格值/(μm/格)	40	20	8	4	2	0.8

如用短测杆，选用放大率为 10000，从表 3-6 中可知此记录纸每格示值精度为 0.2 μm。若记录图形半径差为 5 格，即被测件的圆度误差值为 0.2 μm×5=1 μm。

3. 测量放大器旋钮位置的选择

测量放大器面板布置如图 3-38 所示。

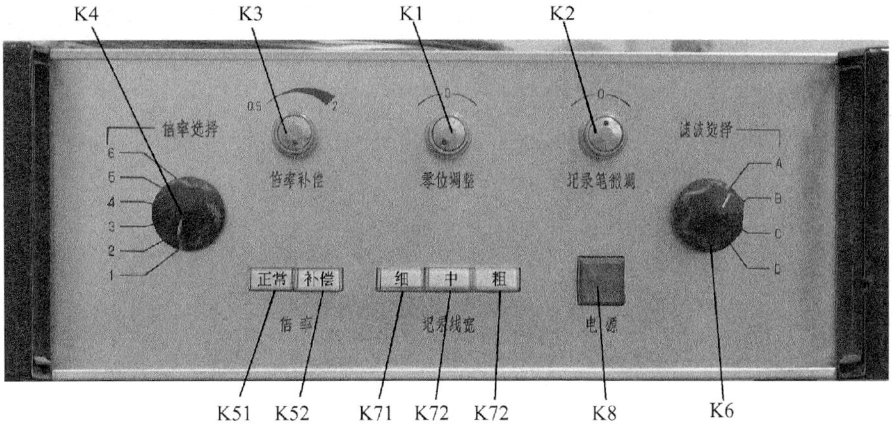

图 3-38 测量放大器面板

(1) 滤波的选择(K6)

滤波器分四档：1 个全通(A)，2 个低通(B,C)和 1 个高通(D)。操作时，可根据需要进行选择。滤波特性的选择旋钮 K6 通常置“A”位，此时滤波器不起滤波作用，传感器所测得的信号皆反映在记录纸上，当使用低通时，则能滤除高频率的信号，而只让低频率的信号通过，这样就能在记录图上滤除短波距误差的影响，使清楚地看到工件的大波距宏观形状误差。在测量圆度时，如不需观察工件轮廓断面的实际图形，应尽量采用低通。相反，当使用高通时，只让较高频率的信号通过，使在记录图上去除大节距的形状误差，而清楚地观察波度之类的短节距误差。

在使用滤波挡时，一定要先将 K6 置“A”位，并调整记录笔使其在选定的放大率下能在记录幅面上对称地扫动，然后再将 K6 转至所需滤波挡。当放大率变换时，仍应先将 K6 置“A”位，待调整好记录笔位置后，再将 K6 转至所需滤波挡。

(2) 倍率选择(K4)

传感器发出的电信号是通过放大器放大后在记录纸上显示的，本放大器有六挡放大率，其间的比例分别为 1,2,5,10,20,50。但实际的放大率由 K_4 的位置和采用的测杆长度而决定。对于三种不同名义长度的测杆，其放大率和记录纸每格示值的关系见表 3-6。

当使用表 3-6 中标准测杆时，应按下倍率“正常”按钮(K51)。

(3) 倍率补偿(K3)

当使用非表 3-6 中所列的测杆时，则放大率与各挡标称值不同，为使其与某挡的标准值相同，则需要旋转 K3，K3 的位置应根据 L_1/L_2 的比值来确定。L_1 为表内的标准测杆长度，L_2 为所用测杆长度(都是指名义长度，即摆动支点到测头之间的距离)，在用 K3 时应按下倍率“补偿”按钮 K52。

四、实验步骤

(1) 接通电源，先开稳压电源，稳压在 220 V 后开主机电源开关和测量放大器开关。

(2) 根据仪器操作程序调整好仪器，要求被测轴线与主轴轴线对准。

(3) 装记录纸。

(4) 将记录按钮(3AQ)轻轻按下，注意笔尖应在记录纸幅面内摆动，进而按下按钮，记录开始，记录一圈后，记录电流自动切断，指示灯(DY_1)灭。

(5) 取下记录纸，在记录纸上填入被测件名称、采用的测杆长度、放大率和滤波挡。

(6) 将记录图形贴附在同心圆模板(仪器所附)下面，按最小包容区域评定被测件的圆度误差值，记入实验报告。

(7) 完成实验报告，并作适用性结论。

(8) 清理仪器，整理现场。

4 表面粗糙度轮廓的测量

在机械加工的过程中，刀具或砂轮切削后遗留的刀痕、切削过程中切屑分离时的塑性变形及机床的振动等会使被加工零件的表面存在一定的几何形状误差。其中，造成零件表面的凹凸不平、形成微观几何形状误差的较小间距（通常波距小于 1 mm）的峰谷，称为表面粗糙度轮廓。它与表面形状误差（宏观几何形状误差）和表面波纹度的区别，大致可按波距划分。通常波距在 1～10 mm 的属于表面波纹度，波距大于 10 mm 的属于形状误差，如图 4-1 所示。

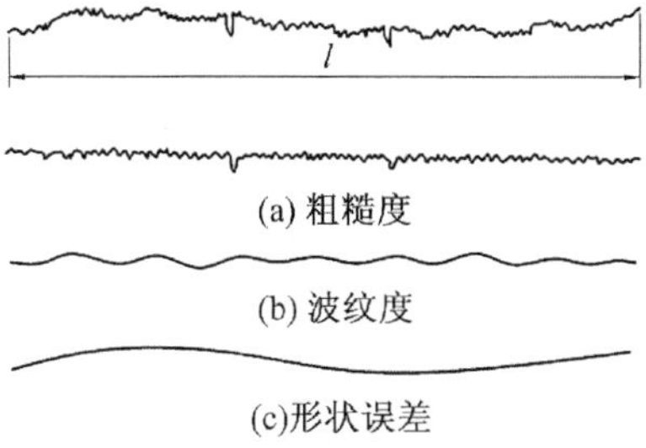

图 4-1　表面几何形状误差分析

表面粗糙度轮廓对机械零件的耐磨性、配合性质、抗疲劳强度、接触刚度、抗腐蚀性等使用性能及其寿命影响较大，尤其对在高温、高速和高压条件下工作的机械零件影响更大。此外，表面粗糙度轮廓大小和对零件结合的密封性，对流体流动的阻力，对机器、仪器的外观质量及测量精度等都有很大影响。

表面粗糙度轮廓的检测方法主要有比较法、针描法、光切法和显微干涉等。

表面粗糙度轮廓的最简单测量方法是粗糙度轮廓样板比较法。这种方法是用一组粗糙度轮廓样板（如图 4-2 所示）作为比较标准，样板上需标出粗糙度轮廓数值，并注明加工方法。

图 4-2　表面粗糙度轮廓标准样块

测量的时候把被测零件和样板靠近在一起，用肉眼或借助放大镜或低倍率的显微镜观察比较，或感触抚摸，或指甲划动的感觉，或流体比较，凭检验者的经验来判断工件的粗糙度轮廓值。通常被测表面较粗糙时（$Ra>2.5\ \mu m$），用目测比较；当被测表面较光滑时（$Ra=0.32\sim2.5\ \mu m$），可借助 5～10 倍的放大镜比较；被测表面很光滑时（$Ra<0.32\ \mu m$），借助于比较仪或立体显微镜进行比较，以提高检测精度。

比较时，所用的样板在形状、加工方法和所用的材料等方面，都要与被测零件相近，这样才能得到比较正确的结果。比较法简单实用，适合于车间条件下判断较粗糙的表面。比较法的判断准确程度与检验人员的技术熟练程度有关。

对于高精度或需要测定粗糙度轮廓参数值的零件，可借助仪器，应用光切法、光波干涉法、触针法及压模法等方法进行测量。随着激光技术和电子技术的发展，粗糙度轮廓的测量技术也在不断地发展，表面形貌测量仪器便是常用的一种新仪器。本实验是根据现有的设备应用光切显微镜、干涉显微镜和粗糙度仪测量零件的表面粗糙度轮廓值。

实验 4.1　用光切显微镜测量表面粗糙度轮廓 Rz

一、实验目的

(1) 了解用光切显微镜测量表面粗糙度轮廓的基本原理,掌握仪器的使用和调整方法。
(2) 掌握用轮廓的最大高度 Rz 来评定表面粗糙度轮廓。
(3) 学会用标准线纹尺测定仪器的刻度值。

二、实验设备及测量内容

(1) 实验设备
光切显微镜,主要技术规格:测量 Rz 的范围 1.0～125 μm。
(2) 测量内容
应用光切显微镜测量所给试件轮廓的最大高度 Rz 值。

三、仪器及测量原理说明

本实验应用光切法原理,测量轮廓的最大高度 Rz 值。光切法是利用"光切原理"测量表面粗糙度轮廓的方法,使用的仪器为光切显微镜。光切显微镜是一种非接触法测量的光学仪器,其结构示意图如图 4-3 所示。底座 7 上装有立柱 2,显微镜的主体通过横臂 5 和立柱连接,转动升降螺母 6 将横臂 5 沿立柱上下移动,此时,显微镜进行粗调焦,并用锁紧螺钉 3 将横臂紧固在立柱上。显微镜的光学系统压缩在一个封闭的壳体 14 内,在壳体上装有可替换的物镜组 12(它们插在滑板上用手柄 13 借弹簧力固紧)、测微目镜 16、光源 1 及照相机的插座 18 等。微调手轮 4 用于显微镜的精细调焦。松开工作台固定螺钉 9,仪器的坐标工作台 11 可作 360°转动。对平的工件,可直接放在工作台上进行测量;对圆柱形的工件,可放在仪器工作台上的 V 形块(图中没装)上进行测量。

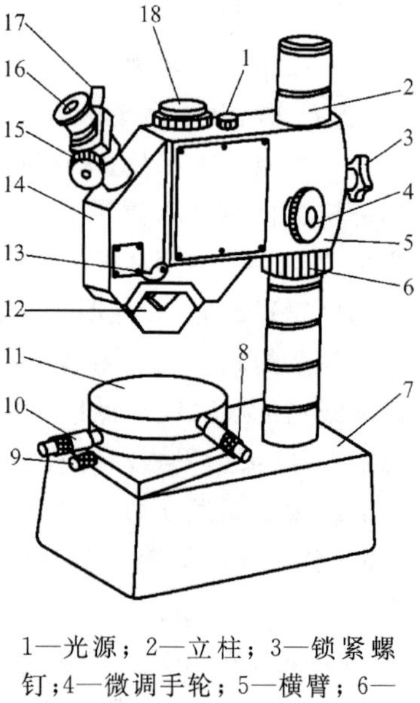

1—光源; 2—立柱; 3—锁紧螺钉;4—微调手轮; 5—横臂; 6—升降螺母; 7—底座; 8—工作台纵向移动千分尺;9—工作台固定螺钉;10—工作台横向移动千分尺;11—工作台;12—物镜组;13—手柄;14—壳体;15—测微鼓轮;16—测微目镜头;17—紧固镙钉;18—照相机插座

图 4-3　光切显微镜的结构示意图

光切显微镜的原理如图 4-4 所示。从光源 3 发出的光经狭缝 4 以 $\alpha=45°$ 的角度射向被测表面后,又以 $\alpha=45°$ 的角度反射出来,则在观察管中可看到一条光带,当被测表面有微观不平度时,则光带为曲折形状,如图 4-4 中的 A 向视图所示,光带曲折的程度即为被测表面微观不平度的放大。当被测表面的微小峰谷差为 H 时,观察管上的 b 为

$$b=\frac{H}{\cos\alpha}\cdot N \qquad (4\text{-}1)$$

式中: N——物镜系统放大倍数。

由式(4-1)可知,当 $\alpha=45°$ 时,则 $b=\sqrt{2}NH$。

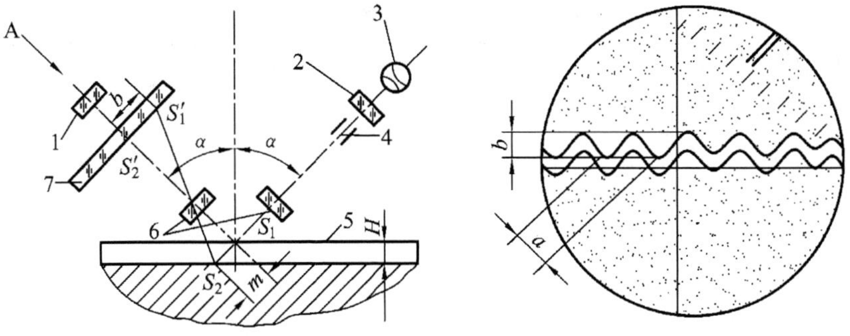

(a) 光路　　(b) 光带

1—目镜；2—聚光镜；3—灯源；4—狭缝；5—工件表面；6—物镜；7—目镜分划板

图 4-4　光切显微镜的工作原理

由图 4-3 所示，在观察管上装有测微目镜头 16 用以读数，测微目镜头中目镜分厘尺的结构原理如图 4-5a 所示，刻度套筒旋转一圈，活动分划板 2 上的双刻线相对于固定分划板 1 上的刻线移动 1 格；而活动分划板 2 上的双刻线是在十字线的角平分线上，由此可见活动分划板上十字线与测微丝杆轴线成 45°，所以当测量 b 时，转动刻度套筒使十字交叉线之一分别与波峰或波谷对准，双刻线和十字线是沿与光带波形高度 b 成 45°方向移动，如图 4-5b 所示。所以 b 与在目镜分厘尺中读取的数值 a 之间有如下的关系：

$$a=\frac{b}{\cos\alpha} \tag{4-2}$$

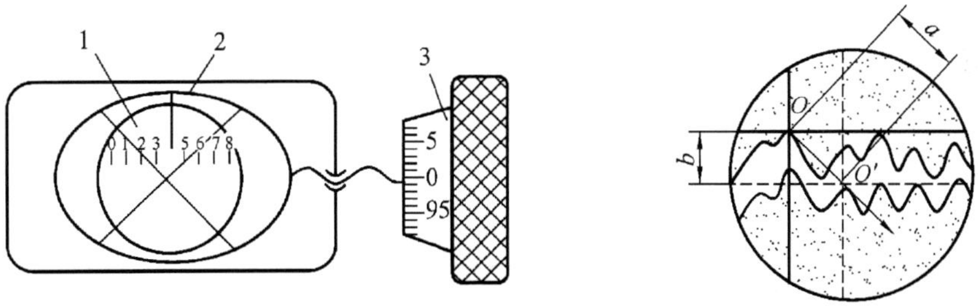

(a) 测微目镜分尺结构　　(b) 双刻线和十字线移动方向

1—固定分划板；2—活动分划板；3—测微鼓轮

图 4-5　读数目镜示意图

由式(4-2)得，当 $\alpha=45°$时，$a=\sqrt{2}b$，又知 $b=\sqrt{2}NH$，则

$$a=\sqrt{2}\times\sqrt{2}NH=2NH$$

$$H=\frac{a}{2N}$$

设 i 为目镜分厘尺刻度套筒上圆周刻度的刻度值，其值为 $i=\frac{1}{2N}(\mu\text{m})$，则表面不平度的高度为

$$H=a\cdot i(\mu\text{m})$$

由此可知，目镜分厘尺的刻度值 i 随所用可换物镜的放大倍数 N 而异，实验用光切显微镜可换物镜的应用参数见表 4-1。

表 4-1　光切显微镜的可换物镜

可换物镜的放大倍数 N	7×	14×	30×	60×
物镜的视野范围直径/mm	2.5	1.3	0.6	0.3
物镜的工作距离/mm	17.8	6.8	1.6	0.65
物镜可测的表面粗糙度轮廓范围 Rz/μm	125～16	32～4.0	8.0～2.0	4.0～1.0
目镜分厘尺计算刻度值/(μm/格)	1.3	0.65	0.30	0.13
总放大倍数(包括目镜 15)	60×	120×	260×	520×

注：使用时，目镜分厘尺的实际刻度值应用仪器所附带的标准线纹尺进行测定。

四、实验步骤

(1) 了解仪器的结构原理和操作程序。

(2) 采用比较法估计或比较被测工件的表面粗糙度轮廓范围，参照表 4-1 选用放大倍数合适的可换物镜组，优先用低倍数，并装入仪器。

(3) 查表 4-2，确定取样长度 lr 和评定长度 ln。

表 4-2　Ra、Rz 参数值与取样长度 lr 和评定长度 ln 的对应关系(摘自 GB/T 1031—2009)

轮廓算术平均偏差 Ra/μm	轮廓最大高度 Rz/μm	取样长度 lr/mm	评定长度 $ln=5lr$/mm
≥0.008～0.02	≥0.025～0.10	0.08	0.4
>0.02～0.1	>0.10～0.50	0.25	1.25
>0.1～2.0	>0.50～10.0	0.8	4.0
>2.0～10.0	>10.0～50.0	2.5	12.5
>10.0～80.0	>50～320	8	40

(4) 如图 4-3 所示，接通电源，调节测微目镜头 16，使视野中的刻线最清晰。

(5) 将被测工件放在工作台上(注意工件表面加工痕迹与光带垂直)，松开锁紧螺母 3，调节升降螺母 6，使光带的一个边界最清晰，再锁紧螺钉 3。

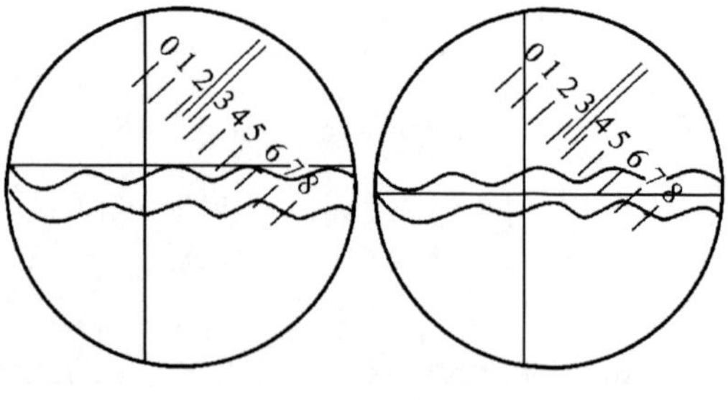

图 4-6　活动分划板上的十字线之一与光带中心平行

(6) 转动目镜分厘尺，使可活动分划板上的十字线之一与光带中心平行(如图 4-6 所示)，移动工作台纵向移动千分尺 8，分划板上的十字线之一与光带中心仍然保持平行，转动目镜分厘尺的刻度套筒，使横线与轮廓影像的清晰边界在按标准规定的取样长度范围内，与一个最高点(峰)相切，记下数值 Zp，如图 4-7 所示，再移动横线与同一轮廓影像的最低点(谷)相切，记下数值 Zv。Rp 和 Rv 数值是相对于某一基准线(平行于轮廓中线)的高度，如图 4-8 所示。设中线 m 到基准线的高度为 R，则

$$Rp=Zp-R,\ Rv=R-Zv$$

$$Rz=Rp+Rv=Zp-Zv(\text{格})$$

$$=i\cdot(Zp-Zv)(\mu m)$$

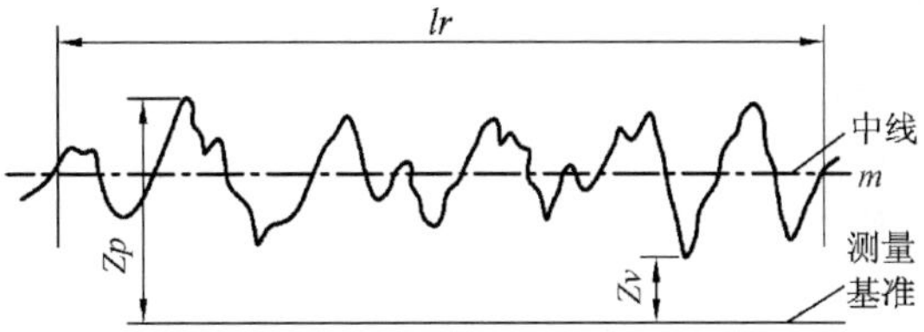

图 4-7 最高点和最低点至基准的距离

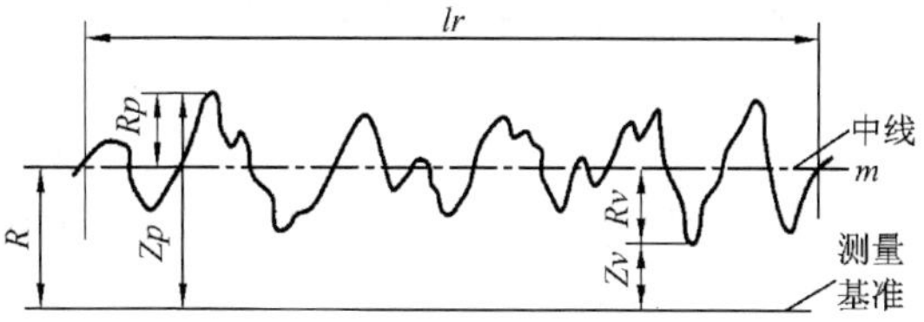

图 4-8 表面轮廓的最大高度

（7）根据工件表面粗糙轮廓情况确定评定长度，通常评定长度取 5 倍的取样长度；移动工作台纵向移动千分尺 8，选取另一个取样长度，测量出 Rz，同理共取 5 个取样长度，将所得 5 个取样长度下测出的最大 Rz 作为轮廓的最大高度 Rz 来评定。

（8）测定目镜分厘尺的刻度值 i。

测定刻度值的目的是确定每台仪器各对可换物镜组的实际放大倍数，以计算目镜分厘尺的实际刻度值 i，其方法是用仪器测量标准线纹尺。标准线纹尺是将 1 mm 长度等分为 100 格，刻在长方形玻璃板中部直径为ϕ 10 mm 圆圈的中心位置，如图 4-9 所示。

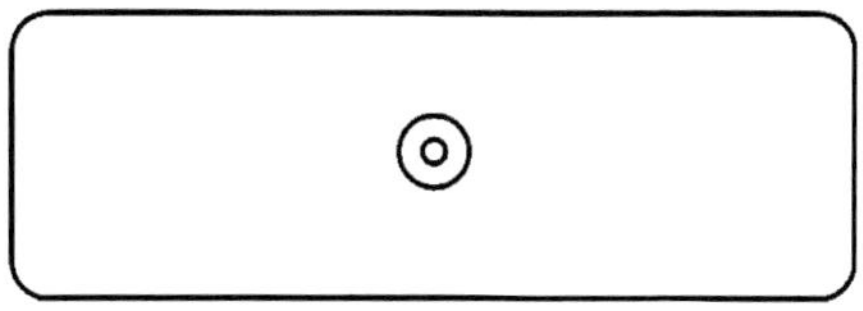

图 4-9 标准线纹尺

测定步骤如下：

① 将线纹尺放在工作台台面上，根据仪器操作程序，松开锁紧螺母 3，调节升降螺母 6，使光带出现在视场中间，再锁紧螺钉 3；

② 移动玻璃线纹尺（或移动工作台纵横向移动千分尺），在视场中找到线纹尺的刻线，使刻线与光带垂直（图 4-10）；

③ 转动目镜分厘尺，使十字线与光带交叉，在移动十字线时，其交点应与标尺刻线的所有端点在同一位置相交（图 4-11）；

④ 按表 4-3 选择标准线纹尺的格数 Z，将十字线交点（图 4-11）在线纹尺上移动 Z 格，并分别记下目镜分厘尺的读数 A_1、A_2，则光切显微镜的实际放大倍数为

$$N=\frac{|A_1-A_2|}{Z\times 0.01}$$

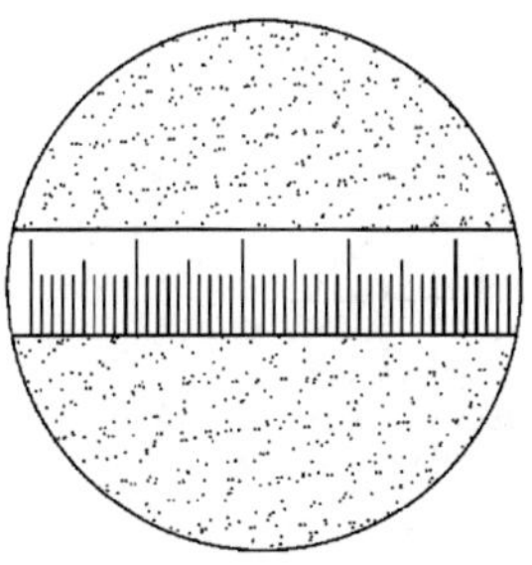

图 4-10 刻线与光带垂直

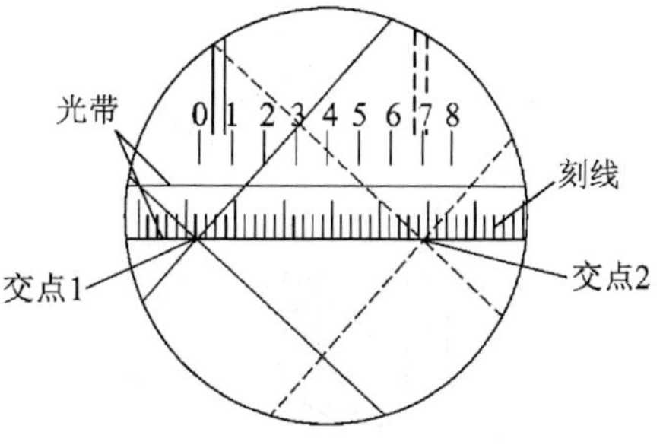

图 4-11 移动十字线交点

则目镜分厘尺的刻度值为

$$i=\frac{1}{2N}=\frac{Z\times 0.01\times 1000}{2|A_1-A_2|}(\mu\text{m/格})$$

【例 4-1】 当用 60 倍物镜时，取 $Z=20$，测得 $A_1=17$，$A_2=790$，计算得：

$$i=\frac{20\times 0.01\times 1000}{2\times(790-17)}=0.1294(\mu\text{m/格})$$

表 4-3 线纹尺上移动格数

可换物镜放大倍数	7×	14×	30×	60×
线纹尺上应移过的格数 Z	100	50	30	20

⑤ 测定完毕，升起悬臂，取出标准线纹尺，放在专用盒中，将悬臂降至最低位置。

(9) 整理计算，得出被测工件表面粗糙度轮廓 Rz。

实验 4.2 用干涉显微镜测量表面粗糙度轮廓 Rz

一、实验目的

(1) 了解干涉显微镜的结构原理；

(2) 学会用该类仪器测量表面粗糙度轮廓 Rz 的方法。

二、实验设备及测量内容

(1) 实验设备

干涉显微镜，主要技术规格：测量 Rz 的范围为 $Rz\leqslant 0.01\ \mu\text{m}$。

(2) 测量内容

应用 6JA 型干涉显微镜测量零件表面轮廓的最大高度 Rz。

三、仪器及测量原理说明

用光学平晶检验被测工件表面时，若被测工件表面的微观平面性很好，则所得的是一组平行的等厚干涉条纹(图 4-12)，若被测表面粗糙不平，干涉带即成弯曲形状(图 4-13)，则测出两相邻干涉带距离 b 及干涉带弯曲高度 a 后，根据光程差每增加光波波长(λ)的 1/2 即形

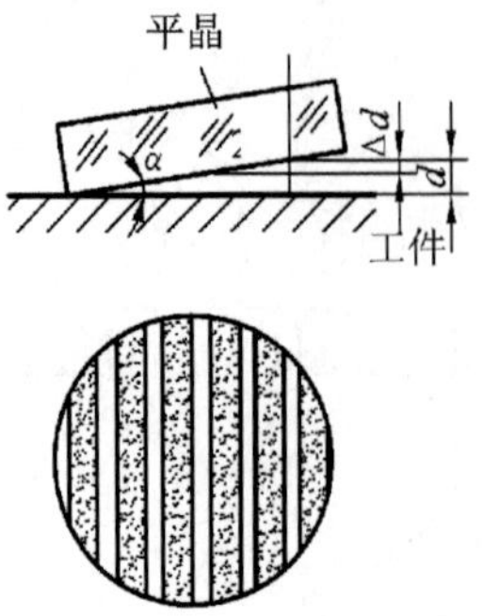

图 4-12 等厚干涉条纹

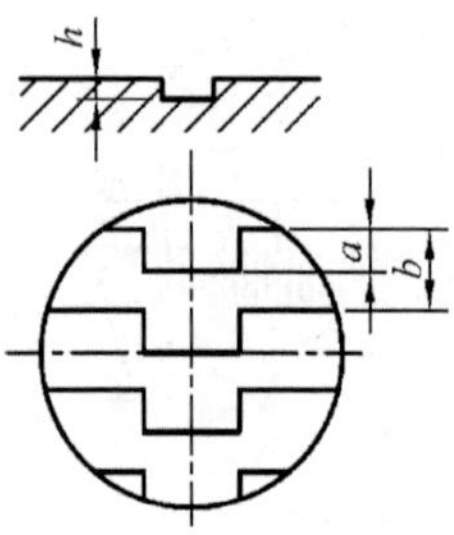

图 4-13 弯曲形状干涉带

成一条干涉带的原理可知，被测表面微观平面度的实际高度为：$h=\frac{a}{b}\times\frac{\lambda}{2}$。应用这一原理制成的干涉显微镜，具有高放大倍数和高鉴别率，因此本实验用以测量的表面粗糙度轮廓的范围为 $Rz\leqslant 1.0\ \mu m$。实验用 6JA 型干涉显微镜的光路原理如图 4-14 所示。

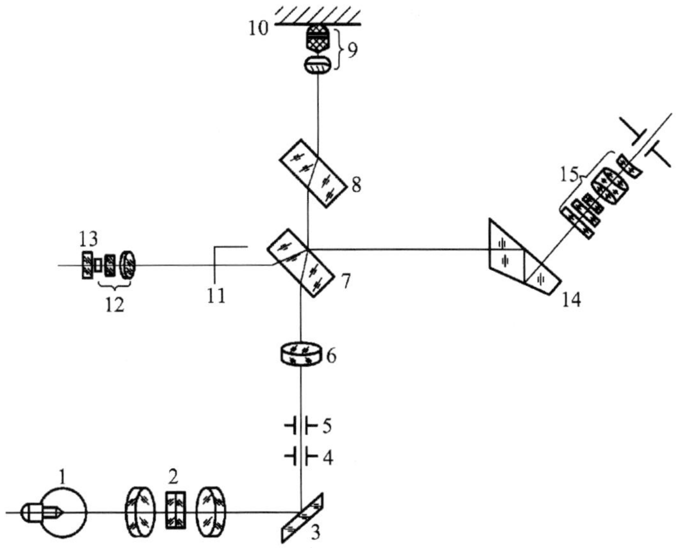

1—光源；2,6—聚光镜组；3—反光镜；4—孔径光阑；5—视场光阑；7—分光镜；8—补偿镜；9,12—物镜；10—被测工件；11—遮光板；13—标准镜；14—转向棱镜；15—目镜组

图 4-14　6JA 型干涉显微镜光路原理图

如图 4-14 所示，从光源 1 发出的光束经聚光镜组 2 变成平行光束，由反光镜 3 转向后，经分光镜 7 分成两路：一路透过分光镜 7 经补偿镜 8、物镜 9 射向被测工件表面 10，并从工件表面 10 反射后经原路回至分光镜 7；另一路由分光镜 7 反射后通过物镜 12 射向标准镜 13，再由标准镜镜面反射后通过物镜 12至分光镜 7，在此它与第一路光线相遇，产生干涉，此干涉条纹经转向棱镜 14、目镜组 15，射向观察目镜，在目镜视野中可以看到这种明暗相间的干涉条纹(图 4-15)。根据光波干涉原理，只要测出干涉条纹的弯曲量 a 与两相邻干涉条纹之间的距离 b(它代表这两个干涉条纹间距相差 $\lambda/2$)，如光波波长为 λ，则被测工件表面的轮廓的最大高度：

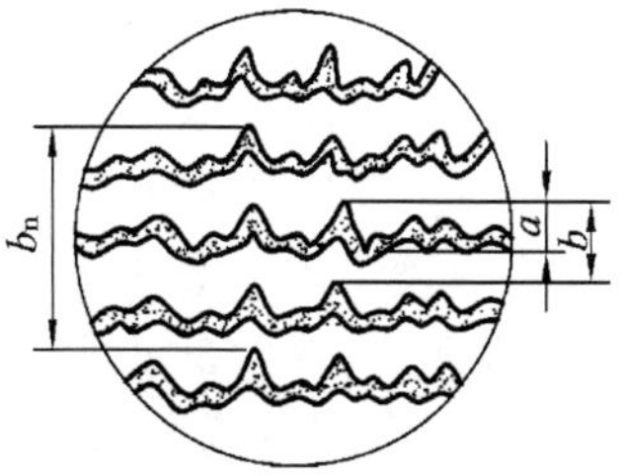

图 4-15　干涉条纹

$$H=\frac{a}{b}\cdot\frac{\lambda}{2}$$

按 Rz 定义，应在 n 个取样长度内，取 H 的最大值来计算评定 Rz 值。

四、实验步骤

(1) 了解仪器的结构原理(图 4-16)和操作程序。

(2) 接通电源，使光源 7 照亮，预热 15～30 min，根据各人的视力调整目镜焦距，使视场中的刻线很清晰。

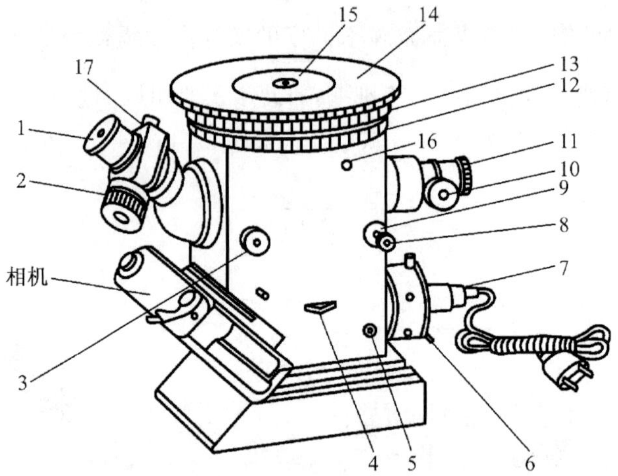

1—目镜头；2—目镜测微鼓轮；3—手轮；4—光阑调节手轮；5—手柄；6—螺钉；7—光源；8,9,10,11—手轮；12,13,14—滚花轮；15—工作台；16—遮光板调节手柄(显微镜背面)；17—螺钉

图 4-16　6JA 型干涉显微镜的外形结构图

(3) 将手轮 3 转到目视位置,同时转动遮光板调节手柄 16,使遮光板移出光路,此时从目镜头 1 中可看到明亮的视场。若视场亮度不均匀,可转动螺钉 6 来调节。

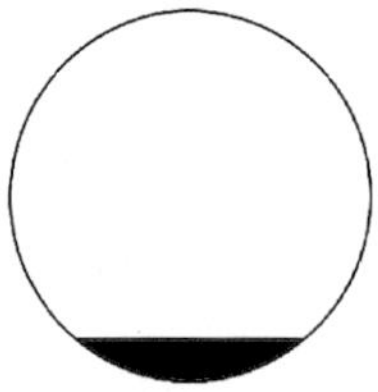

图 4-17　弓形直边图

(4) 转动手轮 10,使目镜视场下方的弓形直边最清晰,如图 4-17 所示。松开螺钉 17,取下目镜头 1,从目镜管直接观察到两个灯丝像。转动光阑调节手轮 4,使孔径光阑开至最大。转动手轮 8 和 9,使两个灯丝像完全重合,同时旋转螺钉 6,使灯丝像位于孔径光阑的中央。然后,装上目镜头 1,旋紧螺钉 17。

(5) 将被测工件清洗干净后放在工作台 15 上,被测表面向下对准物镜。转动手柄 16,使遮光板遮住标准镜,推动滚花轮 14,使工作台在任意方向移动。转动滚花轮 12,使工作台升降,即调焦,直到在目镜视场中观察到清晰的工件表面加工痕迹像为止。再转动遮光板调节手柄 16,使遮光板移出光路。

(6) 找干涉带,将手柄 5 向左推到底,此时采用单色光。慢慢地来回转动手轮 11,直至视场中出现清晰的干涉条纹为止。将手柄 5 向右推到底,就可以采用白光,得到彩色干涉条纹。转动手轮 8 和 9,并配合转动手轮 10 和 11,可以得到所需亮度和宽度的干涉条纹。

(7) 转动滚花轮 13,使被测表面加工纹理方向和干涉条纹方向垂直。松开螺钉 17,转动目镜头 1,使视场中十字线中一条直线与干涉条纹平行,然后把目镜头 1 固紧。

(8) 转动目镜分厘尺,使目镜十字线之一与干涉条纹相平行(图 4-5)。

(9) 测量条纹间隔,转动目镜分厘尺,使水平十字线对准相邻的两条干涉条纹中心,则目镜分厘尺两次读数之差值即为条纹间距 b。为了减少瞄准带来的误差,可使十字线对准 n 个间隔的两条干涉条纹,将测得的读数差除以 n,即为条纹间距 $b=b_n/n$。

(10) 测量峰谷值,由表 4-2 查出取样长度,在取样长度内,以目镜分划板水平方向十字线分别对准最高峰值和最低谷值,在测微鼓轮上的读数值即为 $a_{峰}$ 和 $a_{谷}$,即 $a=|a_{峰}-a_{谷}|$。

(11) 利用公式 $H=\frac{a}{b}\cdot\frac{\lambda}{2}$(式中,$\lambda$ 为仪器中绿色干涉滤色片波长,$\lambda=0.53\ \mu m$)求得 H

及轮廓的最大高度 Rz 的数值，Rz 通常是在 5 个取样长度里计算出的 H 的最大值。完成实验报告。

(12) 切断电源，清洗仪器，整理现场。

实验 4.3 用粗糙度仪 3^+ 测量表面粗糙度轮廓 Ra

一、实验目的

(1) 了解轮廓算术平均偏差 Ra 的测量方法。

(2) 了解粗糙度仪 3^+ 的测量原理。

(3) 学会用粗糙度仪 3^+ 接触法测量所需粗糙度轮廓参数。

二、实验设备及测量内容

(1) 实验设备

粗糙度仪 3^+，其主要技术规格：可测表面粗糙度轮廓的 Ra，Rz，Sm 等参数，测量 Ra 的范围通常为 0.02～5 μm。

(2) 测量内容

应用粗糙度仪 3^+ 测量所给零件表面的参数 Ra 值。

三、仪器及测量原理说明

粗糙度仪 3^+ 是一种体积小、携带方便的表面粗糙度轮廓测量仪器。可测量油泵油嘴、曲轴、凸轮轴、较深的沟槽、缸体缸盖的配合面、缸套、缸孔、活塞孔和车身喷漆的表面粗糙度轮廓。粗糙度仪 3^+ 仅手掌大小，便于携带到任何需要测量表面粗糙度轮廓的地方。内置电池驱动，在操作过程中不需要电源。测量过程通过按键控制，采用"菜单选择方式"，简单易行。测量结果可输出到打印机，或通过 RS232 接口输出到外部处理器，测量值在行程结束后，两秒钟内自动显示。粗糙度仪 3^+ 具有多种探头及附件，能满足各种条件下工件的测量。

触针法粗糙度仪的工作原理如图 4-18 所示。将一个金刚石触针沿被测表面以等速缓慢地滑行，工件表面的微观不平度使触针做上下运动，将这种微小位移通过传感器变成电信号，并通过电路加以放大和运算处理，即可得到被测工件表面粗糙度轮廓值；也可通过记录器描绘出表面轮廓图形，再进行数据处理，进而得出表面粗糙度轮廓值。

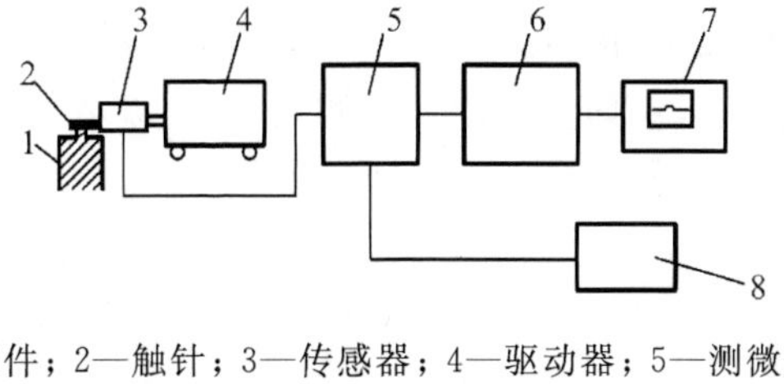

1—被测件；2—触针；3—传感器；4—驱动器；5—测微放大器；
6—信号分离与运算器；7—显示器；8—记录器

图 4-18 触针法工作原理

触针法粗糙度仪按其传感器工作原理的不同，可分为感应式、电容式及压电式几类。本实验所用粗糙度仪 3^{+} 采用压电式传感器，其外形图如图 4-19 所示。它是将很尖的金刚石触针，垂直安置在被测表面上做横向移动，由于被测工作表面粗糙不平，因而触针将随着被测表面轮廓形状做垂直起伏运动。这种方法所测出的表面轮廓信息即触针圆心的移动轨迹，而轨迹的半径即等于针尖半径和实际表面轮廓曲线的曲率半径之和。因此，影响这种测量方法准确度的因素主要是触针的形状和测量力。

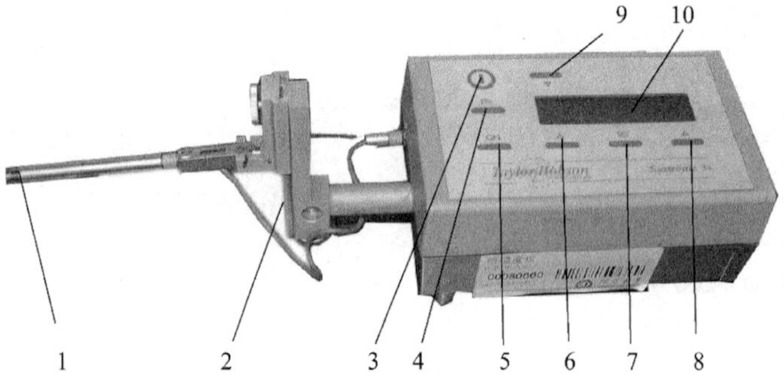

1—传感器；2—调节旋钮；3—测量按钮；4—打印按钮(PRI)；
5—电源开关(ON)；6—参数选择按钮(△)；7—设置按钮(SET)；
8—读数精度选择按钮(△)；9—翻页选择按钮(▽)；10—液晶显示屏

图 4-19 粗糙度仪 3^{+} 的外形图

四、实验步骤

(1) 熟悉仪器的结构，如图 4-19 所示。

(2) 将被测表面与传感器 1 的触针垂直接触，按电源开关 5(ON)开机，显示仪器原有设置。

(3) 根据初步估计的粗糙度轮廓参数值，按下参数选择按钮 6(△)，选择所需的测量参数，有参数 Ra,Rz,Ry,Rq,Sm 等；按设置键 7(SET)，选取取样长度，按翻页选择按钮9(▽)，米制单位时，取样长度 lr 为 0.25,0.8,2.5 mm，当用英制单位时，取样长度 lr 为 0.01,0.03,0.1 in；按设置按钮 7(SET)选取评定长度 ln 数值，当取样长度 lr 值改变时，ln 将依 ISO 标准 ISO 默认为 $n=5$；按读数精度选择按钮 8(△)，有_ _ _._1(保留两位小数)，_ _ _.1(保留一位小数)，_ _1(保留整数)，完成测量参数的设置。

本实验参数的设置：测量参数 Ra，取样长度 $lr=0.8$ mm，评定长度 $ln=4.0$ mm，读数精度 Rang 为_ _ _.1；

(4) 按测量按钮 3 进行测量，测量结果显示在液晶显示屏 10 上。

(5) 考虑测量的准确性，一个面中不同部位测量 3 次，读数结果记录在实验报告中。

(6) 实验结束后，整理好仪器。

知识拓展

Axio CSM700 共聚焦显微镜测量表面粗糙度轮廓

Axio CSM700 真实色共聚焦显微镜(图 4-20)以共聚焦光学为基本原理,使用高速线扫描为成像方法,并采用氙灯为真实色光源,能够快速提供工业零部件表面彩色三维轮廓,并且完全不接触测试样品其特点为:共聚焦、线扫描、白光源。由于采用了共聚焦成像原理,Axio CSM700 将传统光学分辨率提高 1.4 倍,其 X 方向和 Y 方向线分辨率达到 160 nm。同时,在充分利用共聚焦能提供高度信息的基础上,Axio CSM700 配备了精度高、重复性好的 Z 轴自动步进装置,最小步进精度达到 10 nm,这使得高度上亚微米,甚至纳米尺度的非接触式精确测量成为可能。

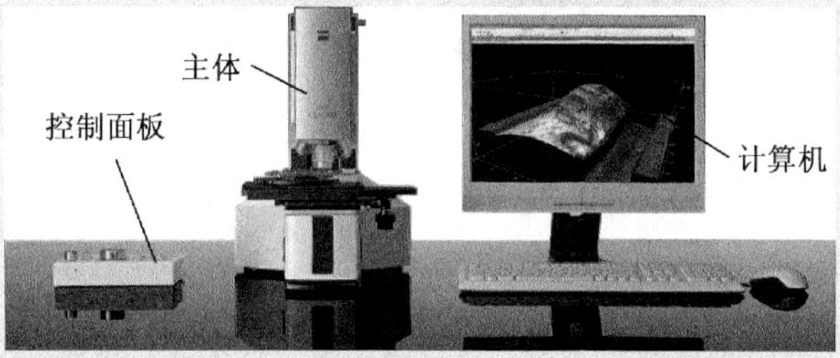

图 4-20

表面粗糙度轮廓测量操作步骤:

(1) 开机。

(2) 时间校准(timing setting)。

(3) 样品扫描。

调节显微镜镜体的粗调到适宜高度,放上待测的样品,从 10 倍开始粗调焦直到清晰后锁住,再细调到样品像清晰(图 4-21),需要高倍观察的则转动物镜转盘切换物镜并调焦清晰。此时把控制面板调到“Confal”模式,能看到像的颜色发生改变。

图 4-21

设置一个参考平面(Ref),转动细调旋钮设置扫描样品的上限(Up)和下限(Down)(设置上、下限最好在上、下表面信号恰好消失时为准),并设置扫描步进(Resolution)或者扫描的时间(Scan time)。按控制面板上的“Start”并点击“OK”开始扫描(图 4-22)。扫描结束后得到扫描后的图像。

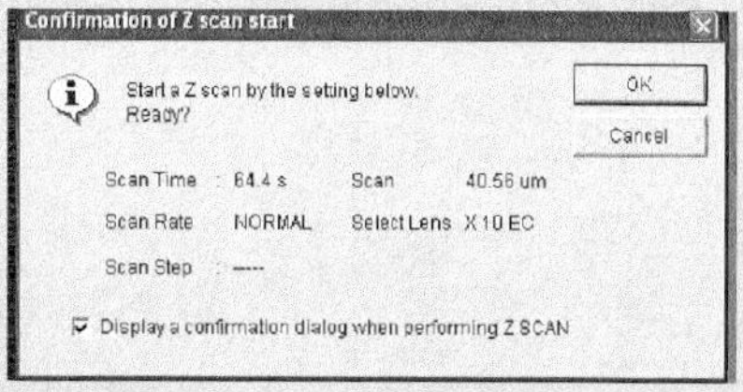

图 4-22

(4) 扫描图像的校平与曲线补偿。

扫描结束后关掉预览窗口,点击状态栏按钮,此时显示为二维图(图 4-23)。

为了进行校平先把 F 切换到 Z 方向的高度图  (图 4-24)。

在 Z 方向图中选择 Image Processing—Geometric Conversion—Leveling Z image 进入对图像的校平。选择自动或者手动校平(图 4-25)。

校平结束后,点击切换到 F 方向进行测量。

图 4-23

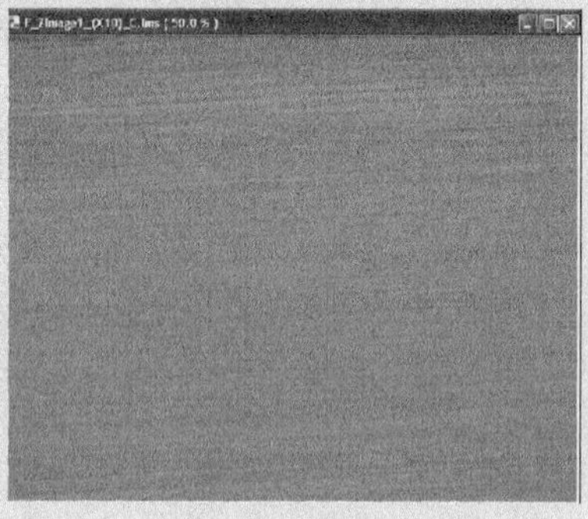

图 4-24

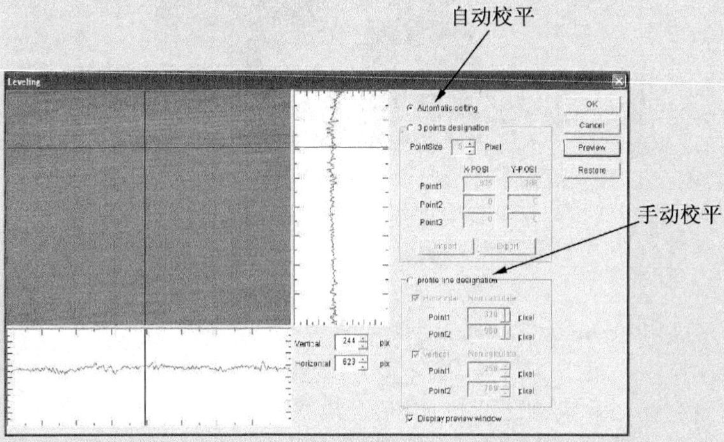

图 4-25

对于曲线测粗糙度轮廓时需要对其做曲线补偿,选择一块感兴趣的区域点击粗糙度轮廓测量按钮,此时会弹出粗糙度轮廓结果的窗口(图 4-26)。

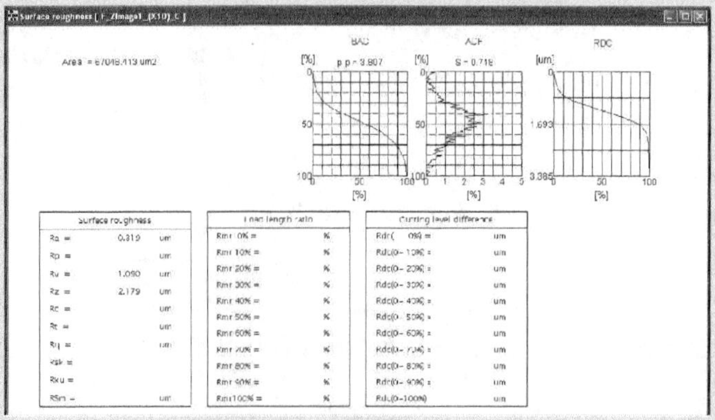

图 4-26

在弹出的结果窗口中点击鼠标右键选择“Set Measurement Conditions”选项，然后在新窗口中选择 Curvature compensation，这样以后再测量线粗糙度轮廓时就会弹出曲线补偿的窗口(图 4-27)，从而避免测量线值的影响(图 4-28)。

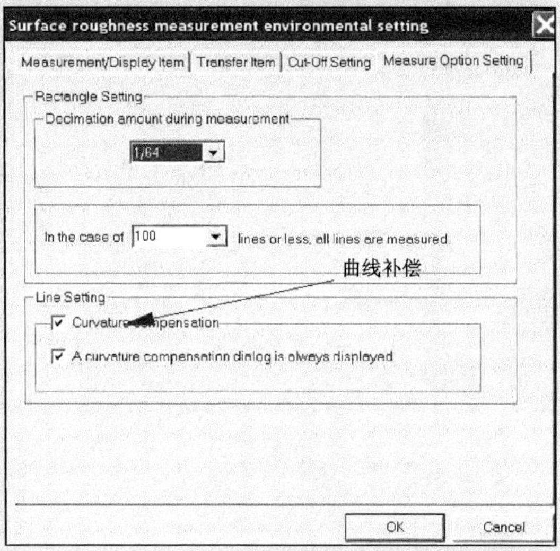

图 4-27

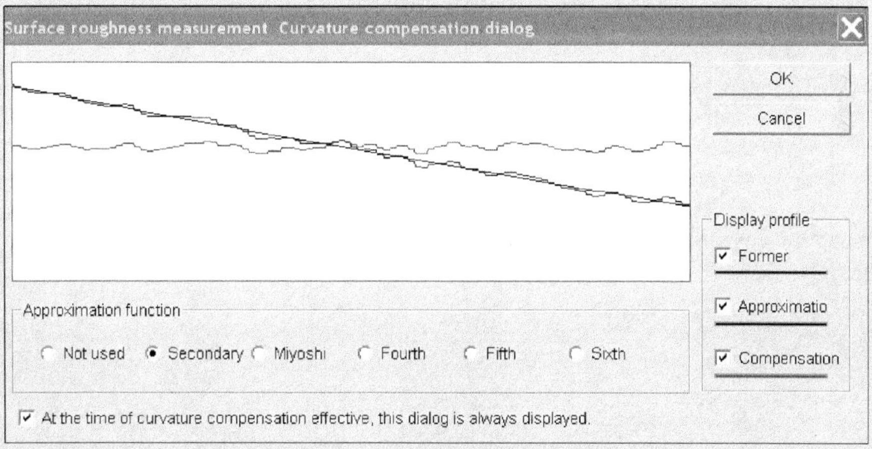

图 4-28

(5) 测量结果的输出与保存。

数据的输出与保存分为多种形式，如将多组结果放在同一个表格中对比，将多个参数放在同一张 A4 纸上输出为图片格式，对单幅图的保存等。

单击鼠标右键，选择“Transfer to sheet”，可将测量结果保存为表格形式。

再次单击鼠标右键，选择“Transfer to sheet”，就可以把两次测量的结果放到一个表格中(图 4-29)。

(6) 测量完成,关闭系统。

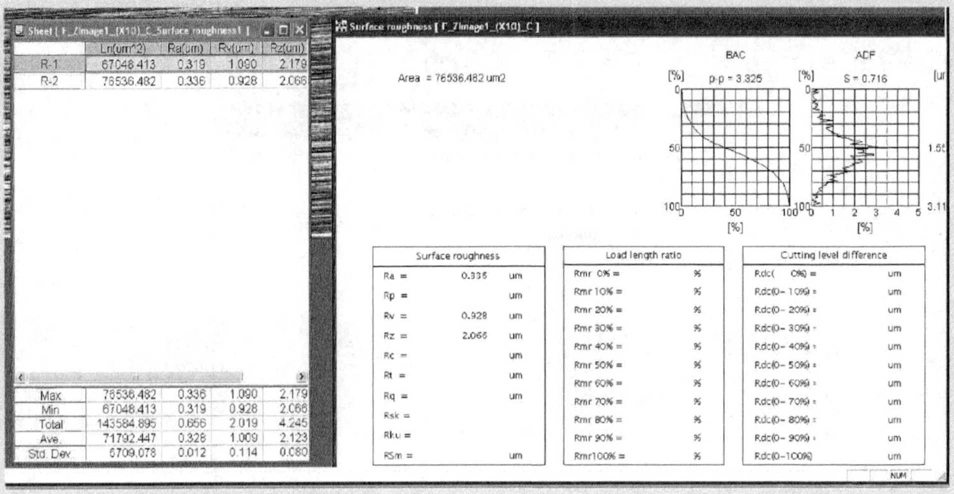

图 4-29

5 螺纹测量

螺纹测量分为综合测量和单项测量。综合测量是用螺纹量规进行测量的，它只能判断螺纹合格与否。综合测量适用于一般螺纹零件制造过程中的检验，对一些高精度螺纹，仅用综合测量不能满足测量精度要求，而必须采用单项测量。单项测量主要用于高精度的螺纹量规、各种测微螺钉、大螺纹制件，以及对螺纹加工误差进行工艺分析时的测量。单项测量需对影响螺纹配合性质的螺距、中径与牙侧角 3 个主要参数进行测量。本章实验应用工具显微镜测量各单项指标，用三针法和螺纹千分尺测量螺纹中径。

实验 5.1　用工具显微镜测量外螺纹参数

一、实验目的

（1）了解工具显微镜的结构原理及操作测量方法。

（2）掌握用工具显微镜测量螺纹单项指标的方法，通过计算进一步加深对作用中径的理解。

二、实验设备及测量内容

（1）实验设备

大型工具显微镜和小型工具显微镜，它们的主要技术规格见表 5-1。

表 5-1　工具显微镜的主要技术规格

实验设备	长度测量刻度值/mm	纵向移动范围/mm	横向移动范围/mm	角度测量刻度值/(′)	转动范围/(°)
大型工具显微镜	0.01	0～150	0～50	1	0～360
小型工具显微镜	0.01	0～75	0～25	1	0～360

（2）测量内容

应用大型（或小型）工具显微镜，测量四级精度的螺纹工件的中径、螺距及牙侧角，由测量结果计算其作用中径。

三、仪器及测量原理说明

工具显微镜是一种光学计量仪器，用作直线尺寸和角度的测量，对外形复杂的工件如螺纹刀具、样板等尤为适用。仪器按测量的范围和精度可分为小型、大型、万能及重型等多种，目前还有在仪器上附有微处理机和数显等装置，其读数精度和测量效率都大有提高。

仪器的光路原理，如图 5-1 所示。由光源 1 发出的光，经滤色片 2、可变光阑 3、反射镜 4、聚光镜 5形成平行光束投射在工作台 6 上，当在工作台上放置被测零件时，一部分光被被测零件遮掉，因此被测工件的外形轮廓通过物镜 7、正像棱镜 8 而在分划板 9(又称刻度盘)上形成正像影像，并由目镜 10观察瞄准，利用工作台上的纵横向测微器的移动来测得长度尺寸，由测角目镜 11 测出角度值。

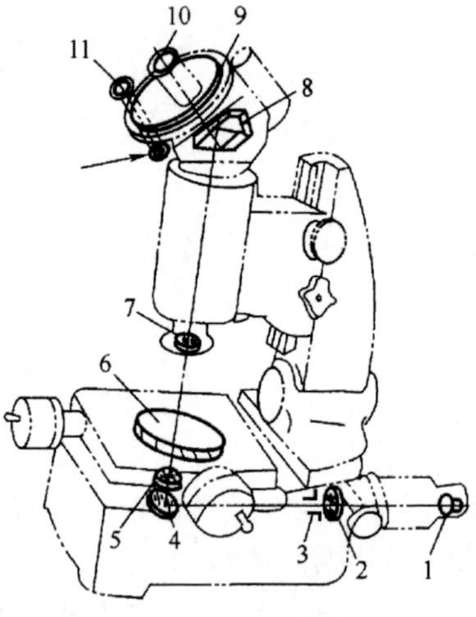

1—光源；2—滤色片；3—光阑；4—反射镜；5—聚光镜；6—工作台；7—物镜；8—正像棱镜；9—分划板；10—目镜；11—测角目镜

图 5-1　工具显微镜光路原理

纵横向测微器的螺距为 1 mm、刻度套筒上的等分为 100 格，故其刻度值为 0.01 mm，固定套管上的刻度为 25 mm，加块规后大型工具显微镜的纵向测量长度为 150 mm，横向测量长度为 50 mm；小型工具显微镜的纵向测量长度为 75 mm，横向测量长度为 25 mm。

大型工具显微镜的目镜按不同的用途分为测角目镜、双像目镜、轮廓目镜等数种。一般测量长度或角度都采用测角目镜(又称细线网目镜)来瞄准和测量读数。如图 5-2a 所示，测角目镜中分划板的刻线有：① 相互垂直的两根虚线——又称十字虚线；② 与十字虚线之一平行的四根虚线(两对对称虚线)；③ 两根交叉成 60°的细实线，与上述四根虚线平行的十字虚线交叉成 30°；④ 沿分划板圆周边缘部分有 0～360°的刻度线，刻度值为 1°，在其上部有一片固定的细分度分划板，将圆周上 1°的弧长细分为 60 等分，如图 5-2b 所示，故其刻度值为 1′，图中的角度读数为 30°15′。

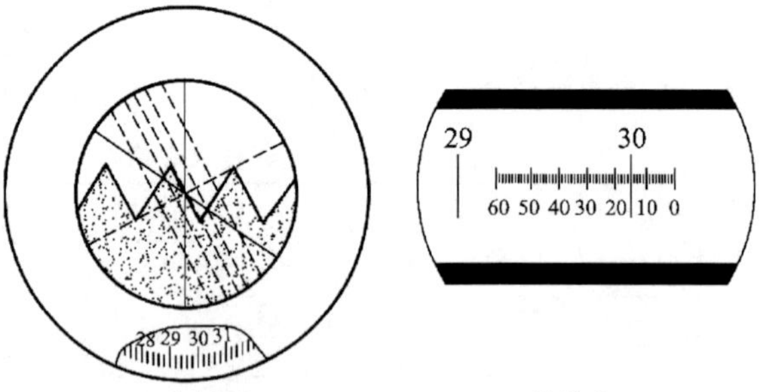

(a) 分划板　　(b) 读数为30° 15′

图 5-2　测角目镜

测角目镜中分划板的中心与光轴(即光路中光束的轴线)重合。分划板可沿此中心回转，当角度读数为 0°时，分划板上的五条平行虚线垂直于纵向滑板的移动方向，故在螺纹的测量中，当螺纹轴线与纵向滑板移动方向一致时，可直接用虚线对准读出牙侧角。

在工具显微镜上测量螺纹可采用影像法、轴切法及干涉法等。本实验采用影像法，即利用主显微镜目镜分划板的十字虚线配合工作台的纵、横向移动使之与被测螺纹牙型相切，在读数机构上读出数值，然后借助于工作台移动被测部位，使十字虚线与对应螺纹牙型相切，两次读数之差即为被测尺寸(长度或角度)。

测量时仪器的立柱应顺着螺旋线方向倾斜，以得到清晰的影像。测量时，对线方法一般有重叠对线法(即压线法)和间隙对线法。图 5-3a 为重叠对线法，即使分划板上的虚线与轮廓影像边缘正好重叠，对线时以米字线的交点为依据，而以虚线的延长线作为参考，此法适用于长度测量。间隙对线法如图 5-3b，是使虚线与轮廓影像保持狭窄的光缝的均匀性来确定对准的精确度，此法适用于角度测量。

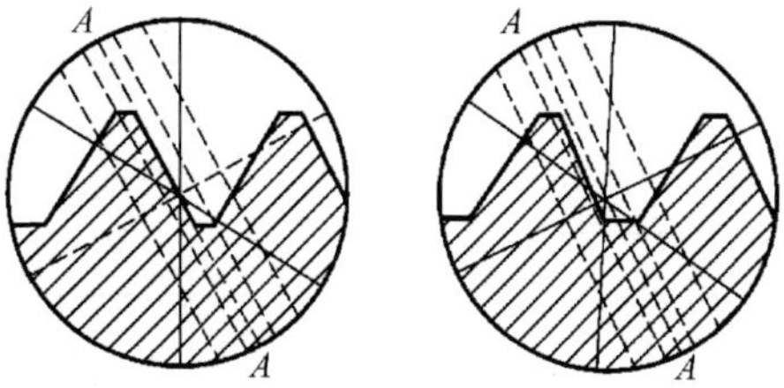

(a) 重叠对线法　　(b) 间隙对线法

图 5-3　对线法

四、实验步骤

(1) 了解仪器结构，如图 5-4 所示，熟悉测量原理和操作程序。

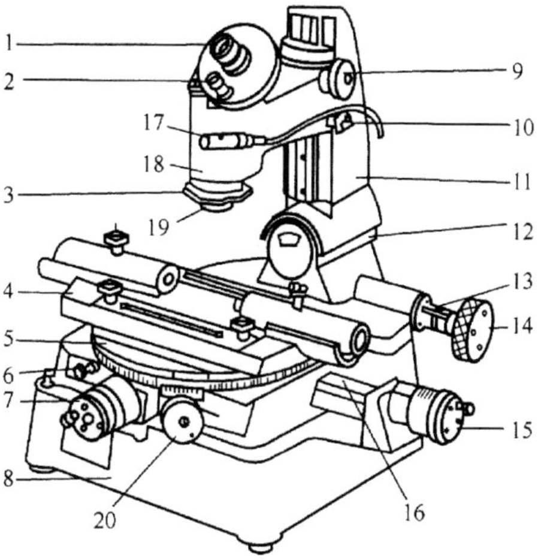

1—中央目镜；2—角度读数目镜；3—微调焦环；4—顶针架；5—回转工作台；6—回转工作台紧固螺钉；7—横向测微器；8—底座；9—升降手轮；10—紧固螺钉；11—立柱；12—立柱转轴；13—立柱倾角刻度管；14—手轮；15—纵向测微器；16—量块；17—角度目镜照明器；18—悬臂；19—物镜；20—回转工作台手轮

图 5-4　大型工具显微镜外形结构

(2) 根据被测螺纹的尺寸及精度，查表 5-2 得中径的极限尺寸。

表 5-2　4 h 外螺纹的极限尺寸(摘自 GB/T 15756—2008)　　mm

公称直径 d	螺距 P	大径		中径		小径(参考) d_{3max}
		d_{max}	d_{min}	d_{2max}	d_{2min}	
10	0.75	10.000	9.910	9.513	9.450	9.080
	1	10.000	9.888	9.350	9.279	8.773
	1.25	10.000	9.868	9.188	9.113	8.466
	1.5	10.000	9.850	9.026	8.941	8.160

续表

公称直径 d	螺距 P	大径		中径		小径(参考)
		d_{max}	d_{min}	d_{2max}	d_{2min}	d_{3max}
11	0.75	11.000	10.910	10.513	10.450	10.080
	1	11.000	10.888	10.350	10.279	9.773
	1.5	11.000	10.850	10.026	9.941	9.160
12	1	12.000	11.888	11.350	11.275	10.773
	1.25	12.000	11.868	11.188	11.103	10.466
	1.5	12.000	11.850	11.026	10.936	10.160
	1.75	12.000	11.830	10.863	10.768	9.853
14	1	14.000	13.888	13.350	13.275	12.773
	1.5	14.000	13.850	13.026	12.936	12.160
	2	14.000	13.820	12.701	12.601	11.546
15	1	15.000	14.888	14.350	14.275	13.773
	1.5	15.000	14.850	14.026	13.936	13.160
16	1	16.000	15.888	15.350	15.275	14.773
	1.5	16.000	15.850	15.026	14.936	14.160
	2	16.000	15.820	14.701	14.601	13.546
17	1	17.000	16.888	16.350	16.275	15.773
	1.5	17.000	16.850	16.026	15.936	15.160
18	1	18.000	17.888	17.350	17.257	16.773
	1.5	18.000	17.850	17.026	16.936	16.160
	2	18.000	17.820	16.701	16.601	15.546
	2.5	18.000	17.788	16.376	16.270	14.933
20	1	20.000	19.888	19.350	19.275	18.773
	1.5	20.000	19.850	19.026	18.936	18.160
	2	20.000	19.820	18.701	18.601	17.546
	2.5	20.000	19.788	18.376	18.270	16.933
22	1	22.000	21.888	21.350	21.275	20.773
	1.5	22.000	21.850	21.026	20.936	20.160
	2	22.000	21.820	20.701	20.601	19.546
	2.5	22.000	21.788	20.376	20.270	18.933
24	1	24.000	23.888	23.350	23.270	22.773
	1.5	24.000	23.850	23.026	22.931	22.160
	2	24.000	23.820	22.701	22.595	21.546
	3	24.000	23.764	220.51	21.926	20.319

注：黑体数字为粗牙螺距。

(3) 接通电源，检查光路系统，根据被测螺纹中径大小和牙型角，查表 5-3，调整光圈值。转动目镜头，使视场中分划板上的刻线最清晰。

表 5-3 光阑孔径（牙型角 $\alpha=60^\circ$）

螺纹中径 d_2/mm		10	12	14	16	18	20	25	30
光阑孔径/mm	大型工具显微镜（JGX-2 型）	11.9	11	10.4	10	9.5	9.3	8.6	8.1
	小型工具显微镜（JGX-1 型） 大型工具显微镜（德国）	9.6	9.0	8.6	8.2	7.9	7.6	7.1	6.7

（4）顶针架 4 上装好仪器附件调焦棒，松开紧固螺钉 10，转动升降手轮 9，使调焦棒中的刀刃清晰（调物镜焦距）；转动纵向测微器，使工作台纵向移动方向与调焦棒中刀刃一致（调基准），如图 5-5 所示。

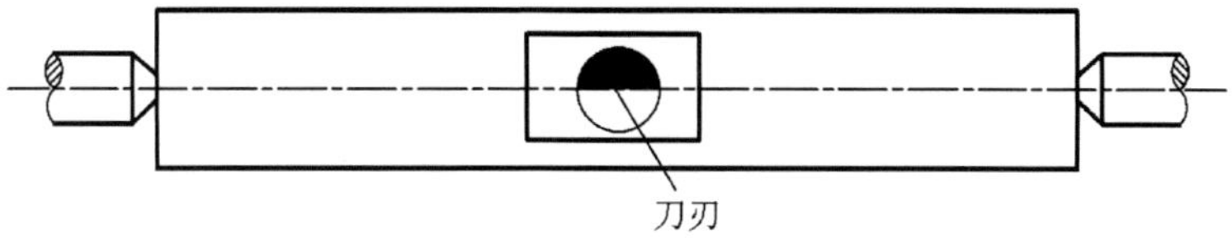

图 5-5 工作台纵向移动方向与调焦棒中刀刃边缘一致

（5）顶针架上将调焦棒换成被测螺纹，转动手轮 14，倾斜立柱与被测螺纹螺旋升角方向一致，角度 $\varphi=\arctan\dfrac{P}{\pi\cdot d_2}$（单头螺纹），其中 P 为螺距，d_2 为中径（或由螺纹外径查表 5-4），此时螺纹牙型清晰。

表 5-4 立柱倾斜角 φ（单头螺纹）

螺纹外径 d/mm	10	12	14	16	18
螺距 P/mm	1.5	1.75	2	2	2.5
立柱倾斜角 φ	3°01′	2°56′	2°52′	2°29′	2°47′
螺纹外径 d/mm	20	22	24	27	30
螺距 P/mm	2.5	2.5	3	3	3.5
立柱倾斜角 φ	2°27′	2°13′	2°27′	2°10′	2°17′

（6）螺纹参数测量，分别测量外螺纹中径、螺距及螺牙半角。

① 外螺纹中径的测量

螺纹中径是指螺纹截成牙凸和牙凹宽度相等并和螺纹轴线同心的假想圆柱直径。对于单头螺纹，它的中径也等于在轴截面内，沿着与轴线垂直的方向量得的两个相对牙型侧面间的距离。

测量时如图 5-6 所示，先使目镜分划板中平分 60°夹角的虚线与螺牙影像一个侧边重合（用压线法），且使其交叉点大致落在侧边中点上。如图中 Ⅰ 位置，记下横向测微器上的读数 $Ⅰ_{横}$（此时纵向测微器不动）；转动横向测微器，使另一

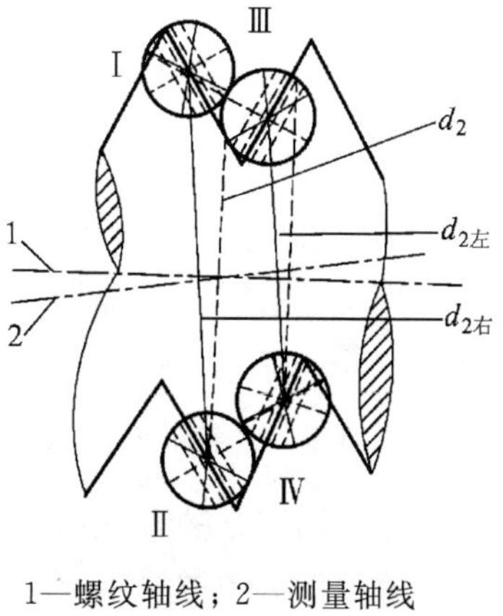

1—螺纹轴线；2—测量轴线

图 5-6 螺纹中径的测量

侧对应牙边与分划板上的同一虚线重合，注意立柱倾斜方向的调整，保证牙型影像清晰，如图中Ⅱ位置，记下横向测微器读数 $Ⅱ_{横}$。此两次读数差$|Ⅱ_{横}-Ⅰ_{横}|$就等于此螺纹的中径。

由于被测螺纹存在安装误差，使螺纹轴线与工作台纵向导轨方向（测量轴线）不重合，即其轴线不能与横向导轨绝对垂直。为了消除这种安装误差对测量结果的影响，实际测量时，还应测出相邻的另一（反向）牙面上的中径（图中Ⅲ－Ⅳ位置），然后取其平均值，即

$$d_2{}'=\frac{d_{2左}+d_{2右}}{2}$$

式中：$d_{2左}=|Ⅱ_{横}-Ⅰ_{横}|$，$d_{2右}=|Ⅳ_{横}-Ⅲ_{横}|$；$Ⅰ_{横}$，$Ⅱ_{横}$，$Ⅲ_{横}$，$Ⅳ_{横}$分别为图中Ⅰ，Ⅱ，Ⅲ，Ⅳ这 4个位置的横向测微器上的读数。

② 螺距 P 的测量

采用影像法测量如图 5-7 所示，先将目镜分划板上的平分 60°夹角的虚线与螺牙一侧边重合（压线法），且使其交叉点大致落在侧边中点上，如图 5-7 中Ⅰ的位置，记下纵向测微器读数$Ⅰ_{纵}$（横向测微器不动）；转动纵向测微器，使螺纹影像移过 n 个螺距后（n 可按螺纹旋入长度的不同取 3～6 牙），使另一牙的同侧边与分划板同一虚线相重合，图中Ⅱ的位置，记下纵向测微器的读数$Ⅱ_{纵}$，这两次读数之差$|Ⅱ_{纵}-Ⅰ_{纵}|$，即为此螺纹 n 个牙（图中为 3 个牙）的螺距 $P_{n左}$。一般应测出螺纹副在任意旋合长度内最大的螺距累积误差 ΔP_n。

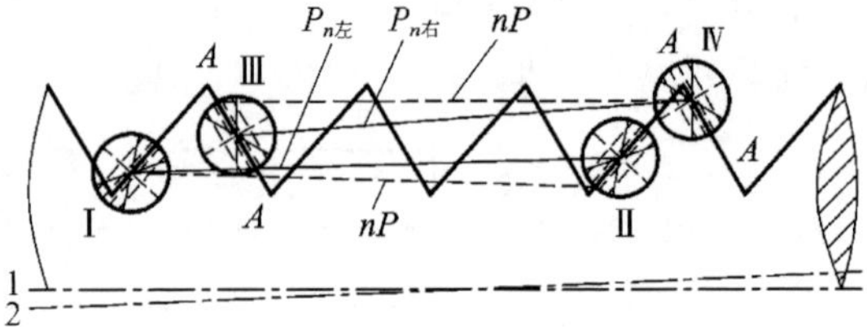

1—螺纹轴线；2—测量轴线

图 5-7　螺纹螺距的测量

同理，为了消除螺纹安装误差的影响，实际测量时，还应测出相邻的另一（反向）牙面的螺距（Ⅲ－Ⅳ）位置，然后取其平均值：

$$P_n=\frac{P_{n左}+P_{n右}}{2}$$

式中：P_n——n 个牙的实际螺距；

$P_{n左}$——左牙面 n 个牙的实际螺距，$P_{n左}=|Ⅱ_{纵}-Ⅰ_{纵}|$；

$P_{n右}$——右牙面 n 个牙的实际螺距，$P_{n右}=|Ⅳ_{纵}-Ⅲ_{纵}|$。

$Ⅰ_{纵}$，$Ⅱ_{纵}$，$Ⅲ_{纵}$，$Ⅳ_{纵}$分别为Ⅰ，Ⅱ，Ⅲ，Ⅳ位置上的纵向分厘尺读数值。

$$\Delta P_n=|P_n-nP|$$

式中：ΔP_n——n 个牙的螺距误差；

nP——n 个牙的公称螺距。

③ 牙侧角$\frac{\alpha}{2}$的测量

用影像法测量牙侧角时，先使分划板上平分 60°夹角的虚线与被测牙型轮廓的一侧边重合，测量时可用间隙对线法，且使交叉点大致落在侧边中点上，如图5-8中Ⅰ的位置，记下角度读数目镜中的角度读数$\frac{\alpha_Ⅰ}{2}$（即左牙侧角）；调节纵横测微器及分划板，使螺牙另一侧边与上述分划板上的虚线重合，图中Ⅱ的位置，记下角度读

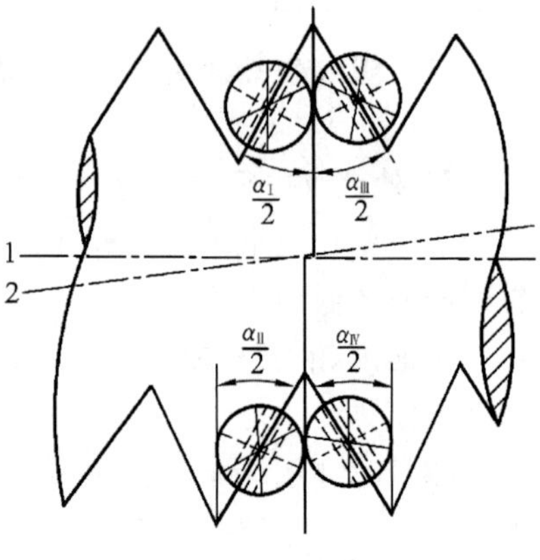

1—螺纹轴线；2—测量轴线

图 5-8　螺纹牙侧角的测量

数$\frac{\alpha_{Ⅱ}}{2}$(即右牙侧角)。测量时注意立柱倾斜方向的正确,保证牙型影像清晰。

同理,如果螺纹轴线与测量轴线不一致,则由同一螺旋面所形成的前、后边牙侧角会不相等,即

$$\frac{\alpha_{Ⅰ}}{2}\neq\frac{\alpha_{Ⅳ}}{2},\frac{\alpha_{Ⅱ}}{2}\neq\frac{\alpha_{Ⅲ}}{2}$$

为了消除安装误差的影响,再测出另一边的左、右半角,图中的Ⅲ、Ⅳ位置,右半角为$\frac{\alpha_{Ⅲ}}{2}$,左半角为$\frac{\alpha_{Ⅳ}}{2}$。

此螺纹的实际左右半角应如下计算:

$$\frac{\alpha_{左}}{2}=\frac{\frac{\alpha_{Ⅰ}}{2}+\frac{\alpha_{Ⅳ}}{2}}{2}(分)$$

$$\frac{\alpha_{右}}{2}=\frac{\frac{\alpha_{Ⅱ}}{2}+\frac{\alpha_{Ⅲ}}{2}}{2}(分)$$

牙侧角偏差为将它们与牙侧角公称值$\frac{\alpha}{2}$比较,对于公制螺纹$\frac{\alpha}{2}=30°$

$$\Delta\frac{\alpha_{左}}{2}=\frac{\alpha_{左}}{2}-\frac{\alpha}{2}=\frac{\alpha_{左}}{2}-30°(分)$$

$$\Delta\frac{\alpha_{右}}{2}=\frac{\alpha_{右}}{2}-\frac{\alpha}{2}=\frac{\alpha_{右}}{2}-30°(分)$$

(7) 将测量结果记入实验报告,进行精度评定。由于螺纹的各单项误差会综合影响螺纹的旋入性,所以将测量结果按例 5-1 计算出螺纹的作用中径与标准规定的公差及偏差相比较,得出适用性结论。

(8) 实验结束,切断电源,整理现场。

五、数据处理

作用中径是指螺纹配合时实际起作用的中径,它是与作用尺寸相似的概念。当外螺纹有了螺距误差和牙侧角误差时,相当于外螺纹的中径增大了,这时它只能与一个中径较大的理想内螺纹旋合。这个假想内螺纹的中径叫做外螺纹的作用中径,用 d_{2m}表示,它等于外螺纹的单一中径 d_{2s}与螺距误差及牙侧角误差的中径当量之和,即作用中径计算公式:

$$d_{2m}=d_{2s}+(f_p+f_{\frac{\alpha}{2}})$$

其中,螺距误差中径当量计算公式:

$$f_p=1.732\Delta P_n \qquad (\Delta P_n \text{ 为 } n \text{ 个牙螺距误差})$$

牙侧角中径当量计算公式:

$$f_{\frac{\alpha}{2}}=0.073P\left(K_1\left|\Delta\frac{\alpha_1}{2}\right|+K_2\left|\Delta\frac{\alpha_2}{2}\right|\right)$$

系数 K_1,K_2 的数值分别取决于$\Delta\frac{\alpha_1}{2}$,$\Delta\frac{\alpha_2}{2}$的正负号。对于外螺纹,$\Delta\frac{\alpha_1}{2}$或$\Delta\frac{\alpha_2}{2}$为负时,相应的 K_1 或 K_2 取 3;$\Delta\frac{\alpha_1}{2}$或$\Delta\frac{\alpha_2}{2}$为正时,相应的 K_1 或 K_2 取 2。对于内螺纹,$\Delta\frac{\alpha_1}{2}$或$\Delta\frac{\alpha_2}{2}$

为负值时，相应的 K_1 或 K_2 取 2；$\Delta\frac{\alpha_1}{2}$ 或 $\Delta\frac{\alpha_2}{2}$ 为正时，相应的 K_1 或 K_2 取 3。

对于普通螺纹来说，没有单独规定螺距及牙侧角的公差，只规定了一个中径公差。这个公差同时用来限制单一中径、螺距及牙侧角三个要素的误差。因此，中径公差是衡量螺纹互换性的主要指标。

判断螺纹合格性的准则应遵循泰勒原则，即实际螺纹的作用中径不能超出最大实体牙型的中径，而实际螺纹上任何部位的单一中径不能超出最小实体牙型的中径。

对于外螺纹，作用中径不大于中径最大极限尺寸，单一中径不小于中径最小极限尺寸，即 $d_{2m} \leqslant d_{2max}$ 且 $d_{2s} \geqslant d_{2min}$。

【例 5-1】 有一外螺纹在图纸上标记为 M24×3—4h，今测得单一中径 $d_{2s}=21.950$ mm，螺距累积误差 $\Delta P_n=0.04$ mm，牙侧角误差分别为 $\Delta\frac{\alpha_{左}}{2}=-35'$，$\Delta\frac{\alpha_{右}}{2}=+20'$。试计算该螺纹的作用中径 d_{2m}，并判断中径的合格性。

解：(1) 确定中径的极限尺寸

由表 5-2 查得中径的极限尺寸为：

$$d_{2max}=22.051\ \text{mm}$$

$$d_{2min}=21.926\ \text{mm}$$

(2) 计算作用中径

由螺距误差中径当量计算公式：

$$f_p=1.732\Delta P_n=1.732\times 0.04=0.069\ \text{mm}$$

由牙侧角中径当量计算公式：

$$f_{\frac{\alpha}{2}}=0.073P\left(K_1\left|\Delta\frac{\alpha_1}{2}\right|+K_2\left|\Delta\frac{\alpha_2}{2}\right|\right)=0.073\times 3(3\times|-35'|+2\times|+20'|)$$

$$=31.755\ \mu\text{m}=0.032\ \text{mm}$$

由作用中径计算公式：

$$d_{2m}=d_{2s}+(f_p+f_{\frac{\alpha}{2}})=21.950+(0.069+0.032)=22.051\ \text{mm}$$

(3) 判断中径合格性

$$d_{2s}=21.950\ \text{mm}>d_{2min}=21.926\ \text{mm}$$

且 $d_{2m}=22.051\ \text{mm} \leqslant d_{2max}=22.051$ mm，所以该外螺纹中径合格。

实验 5.2 用三针法测量外螺纹中径

一、实验目的

掌握用三针法测量螺纹中径的原理和方法。

二、实验设备及测量内容

(1) 实验设备

杠杆千分尺，主要技术规格：刻度值 0.001 mm，测量范围 0～25 mm，25～50 mm。

(2) 测量内容

应用杠杆千分尺以三针法测量螺纹的实际中径。

三、仪器及测量原理说明

三针法测量螺纹中径是间接测量法，它是测量螺纹中径比较精密的一种方法。测量时，将三根等直径的精密量针对称地放在被测螺纹的牙槽中，如图 5-9 所示。然后用具有两个平行测量面的接触式量具或仪器(如外径百分尺、杠杆千分尺、比较仪、测长仪等)测出跨线尺寸 M。

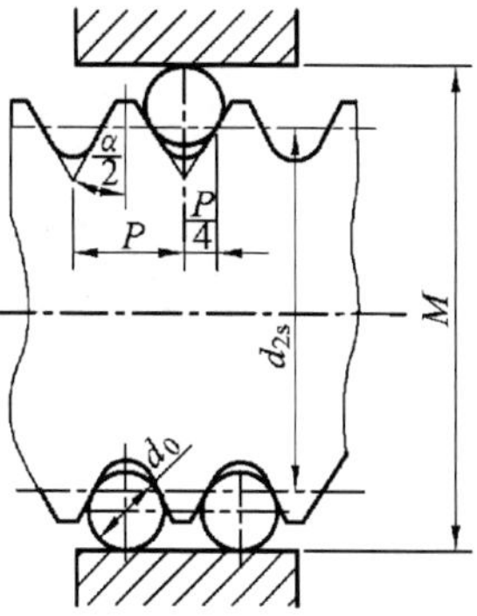

图 5-9　用三针法测量螺纹中径

本实验采用杠杆千分尺测量外螺纹的单一中径，杠杆千分尺和悬挂式二针测量螺纹中径的装置，如图 5-10 所示。杠杆千分尺与外径千分尺有些相似，由螺旋测微部分和杠杆齿轮机构部分组成。杠杆千分尺的测量范围有 0～25 mm，25～50 mm，50～75 mm，75～100 mm 4 种，螺旋测微部分的转动刻度筒 4 的分度值为 0.01 mm；杠杆齿轮机构部分的分度值为 0.001 mm 或 0.002 mm，由指示表 7 指示其示值。杠杆千分尺的示值是千分尺固定刻度筒 3、转动刻度筒 4 与指示表 7 三者的示值之和。

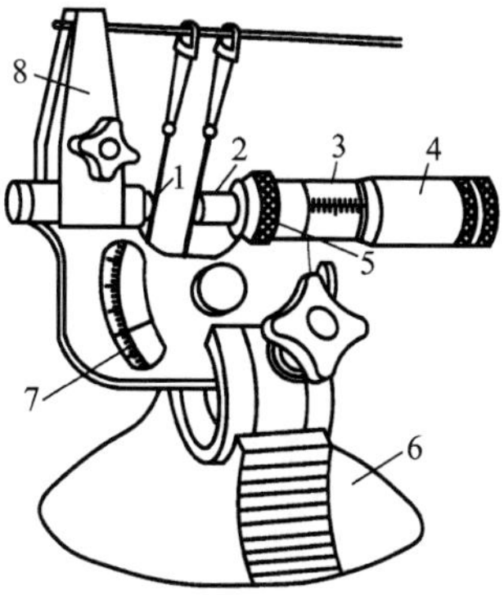

1—固定量针；2—测杆；
3—固定刻度筒；4—转动刻度筒；
5—活动量针锁紧环；6—尺座；
7—指示表；8—三针挂架

图 5-10　杠杆千分尺和悬挂式二针测量螺纹中径的装置图

螺纹中径 d_2 的计算公式：

$$d_2 = M - d_0\left[1 + \frac{1}{\sin(\alpha/2)}\right] + \frac{P \cdot \cot(\alpha/2)}{2}$$

式中：d_2——螺纹单一中径，mm；

M——测量得到的尺寸值，mm；

d_0——量针直径，mm；

α——螺纹牙型角，(°)；

P——螺纹公称螺距，mm。

常用螺纹三针法测量单一中径的计算公式见表 5-5。

表 5-5　三针法测量单一中径的计算公式

螺纹类型	d_2 计算公式	三针直径
普通螺纹($\alpha=60°$)	$d_2=M-3d_0+0.866P$	$d_0=0.57735P$
英制螺纹($\alpha=55°$)	$d_2=M-3.1657d_0+0.9605P$	$d_0=0.56369P$
梯形螺纹($\alpha=30°$)	$d_2=M-4.8637d_0+1.866P$	$d_0=0.51764P$
圆柱管螺纹($\alpha=55°$)	$d_2=M-3.1657d_0+0.9605P$	$d_0=0.56369P$

在测量时，当量针与螺纹的接触点正好位于螺纹中径的外圆柱面时，此时螺纹的半角误差将不影响测量结果，满足这一要求的量针直径称为最佳直径，量针最佳直径可按下式计算：

$$d_0 = \frac{P}{2\cos(\alpha/2)}$$

当 $\alpha=60°$时，$d_0=0.577P$。

在实际应用时，最佳量针直径可按表 5-6 查得，如没有与最佳直径相符的量针，可选用直径略微大一些的量针。

目前量针的型式有悬挂式和座砧式两种(图 5-11)。本实验选用悬挂式量针。

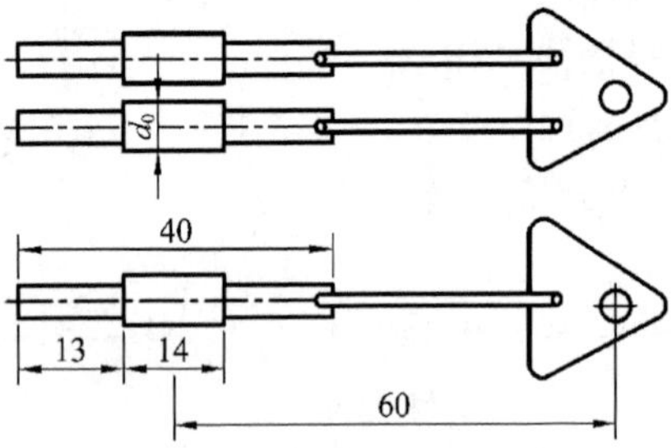

(a) 悬挂式量针

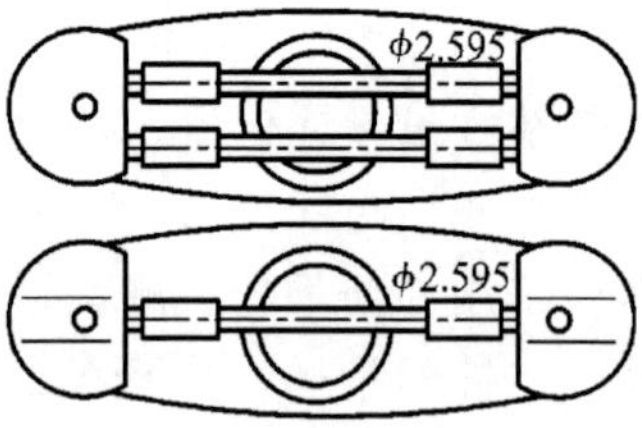

(b) 座砧式量针

图 5-11 量针

量针有两个精度等级：0 级用于测量中径公差 4 μm≤T_{d_2}≤8 μm 的螺纹量规或工件；1 级用于测量中径公差 T_{d_2}>8 μm 的螺纹量规或工件。

表 5-6 三针法测量公制螺纹的最佳量针直径

螺距 P/mm	0.2	0.25	0.3	0.35	0.4	0.45	0.5	0.6
最佳量针直径 d_0/mm	0.118	0.142	0.170	0.201	0.232	0.260	0.291	0.343
螺距 P/mm	0.7	0.75	0.8	1.0	1.25	1.5	1.75	2.0
最佳量针直径 d_0/mm	0.402	0.433	0.461	0.572	0.742	0.866	1.008	1.157
螺距 P/mm	2.5	3.0	3.5	4.0	4.5	5.0	5.5	6.0
最佳量针直径 d_0/mm	1.441	1.732	2.020	2.311	2.595	2.866	3.177	3.468

四、实验步骤

(1) 根据被测螺纹查出其中径的极限尺寸。

(2) 根据被测件的螺距，选择最佳直径的量针。

(3) 在尺座上安装杠杆千分尺和三针。

(4) 擦净仪器和被测螺纹，校正杠杆千分尺的零位。

(5) 按图 5-9 位置将三针放在被测螺纹工件的牙凹中，转动杠杆千分尺的套筒 4，使两测头 1，2 与三针接触，读出尺寸 M 值。

(6) 在螺纹旋合长度内，互相垂直的两个截面上测量，每个截面测 3 个 M 值。读数时，要轻轻摆动被测螺纹，使找到正确的位置进行读数，并记入实验报告。

(7) 整理实验报告，按实测的 M 值，计算出被测螺纹的实际中径 d_2，并作适用性结论。

(8) 清理量仪，整理现场。

五、数据处理

【例 5-2】 在杠杆千分尺上，用三针法测量 M18×2.5－4h 普通螺纹的单一中径。

解：(1) 查表 5-2 得该螺纹中径的极限尺寸：$d_{2max}=16.376$ mm，$d_{2min}=16.270$ mm。

(2) 根据被测螺纹的螺距 2.5 mm，查表 5-6，所对应量针的最佳直径为 1.441 mm，选用该尺寸的量针。

(3) 假设根据以上的实验步骤，测取 6 处针距的实际尺寸 M 分别为

18.520 mm，18.521 mm，18.519 mm，18.515 mm，18.516 mm，18.517 mm

(4) 按公式 $d_2=M-3d_0+0.866P$ 计算该普通螺纹单一中径的最大值和最小值。

$$d_{2max}=M_{max}-3d_0+0.866P=18.521-3\times1.441+0.866\times2.5=16.363\text{ mm}$$

$$d_{2min}=M_{min}-3d_0+0.866P=18.515-3\times1.441+0.866\times2.5=16.357\text{ mm}$$

它们在螺纹中径极限尺寸范围内，该普通螺纹中径合格。

实验 5.3 用螺纹千分尺测量外螺纹中径

一、实验目的

熟悉螺纹千分尺测量外螺纹中径的原理和方法。

二、实验设备及测量内容

(1) 实验设备

实验用螺纹千分尺，主要技术规格：刻度值为 0.01 mm，测量范围 0～25 mm。

(2) 测量内容

用螺纹千分尺测量外螺纹中径。

三、仪器及测量原理说明

用螺纹千分尺测量外螺纹中径。这种螺纹千分尺备有一套可换的测量头，每对测量头只能用来测量一定螺距范围内的螺纹。它的规格有 0～25 mm，25～50 mm 直至 325～350 mm等。螺纹千分尺测量头均由一个凹螺纹形测头和一个圆锥形测头组成，是根据牙型角和螺距的标准尺寸制造的，测得的单一中径不包含螺距误差和牙侧角误差的补偿值，故只用于低精度螺纹或工序间的检验。

螺纹千分尺的外形如图 5-12 所示。它的构造与外径千分尺基本相同，只是在测量砧和测量头上装有特殊的测量头 1 和 2，用它来直接测量外螺纹的中径。螺纹千分尺的分度值为 0.01 mm。测量前，用尺寸样板 3 来调整零位。使用时根据被测螺纹的螺距大小，按螺纹千分尺测量被测螺纹的螺距及牙型角来选择测量头，测量时可由螺纹千分尺直接读出螺纹中径的实际尺寸。

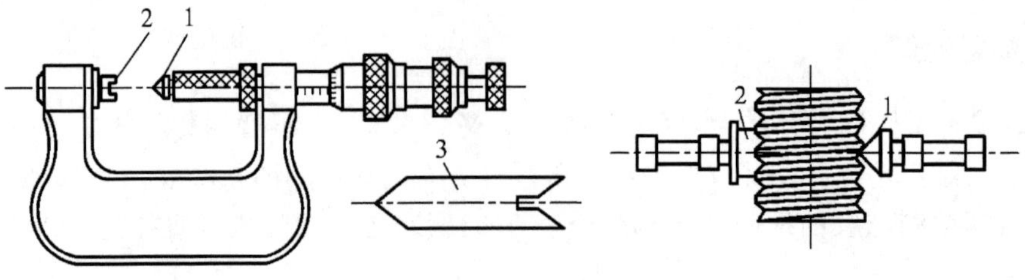

1,2—测量头；3—尺寸样板

图 5-12　螺纹千分尺

四、实验步骤

(1) 根据被测螺纹查出其中径的极限尺寸。

(2) 根据被测件的螺距,选取一对测量头。

(3) 装上测量头,擦净仪器和被测螺纹,校准千分尺的零位。

(4) 将被测螺纹放入两测量头之间,分别在同一截面相互垂直的两个方向上测量中径,取它们的平均值作为螺纹的实际中径。读数时,要轻轻摆动被测螺纹,使找到正确的位置进行读数,并记入实验报告。

(5) 整理实验报告,并作适用性结论。

(6) 清理量仪,整理现场。

6 齿轮测量

齿轮测量分为综合测量和单项测量。在中、小批量生产时，为了进行工艺分析，提高齿轮加工的质量，宜采用单项测量。综合测量能连续地反映齿轮整个啮合上的误差，因而能比较全面地评定齿轮的使用质量。近年来，在单面啮合综合检查仪上进行齿轮“整体误差”的测量分析，更提高了齿轮综合测量的优越性。本实验是为配合课堂教学，要求按实验提供的齿轮的有关参数选定检验项目，并进行测量评定，最后全面地综合评定所测齿轮是否合格。

被测齿轮的零件图如图 6-1 所示，其参数及精度如下。

第一种直齿圆柱齿轮：$m=5$，$z=24$，$\alpha=20°$，$\chi=0$，$b=20$ mm；

第二种直齿圆柱齿轮：$m=4$，$z=30$，$\alpha=20°$，$\chi=0$，$b=20$ mm；

精度等级为 8 - 7 - 7 GB/T 10095.1—2008。

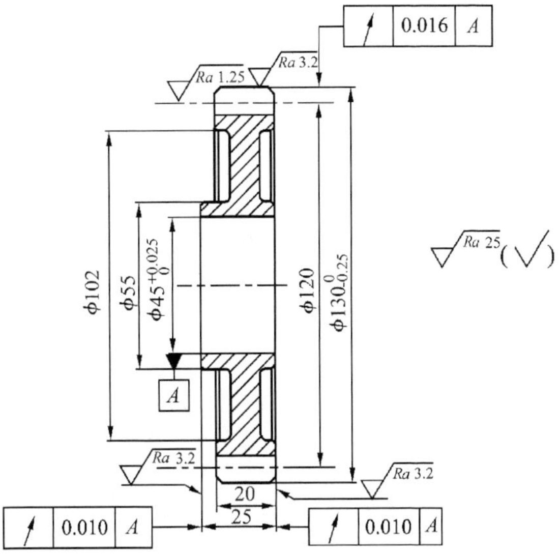

模数	m	5(4)
齿数	z	24(30)
标准压力角	α	20°
定位系数	χ	0
精度等级		8—7—7 GB/T 10095.1—2008
齿距累积总偏差允许值	F_p	0.055
单个齿距偏差允许值	$\pm f_{pt}$	±0.013
齿廓总偏差允许值	F_α	0.019
螺旋线总偏差允许值	F_β	0.015
公法线长度：跨齿数	k	3(4)
公法线长度：公法线长度及极限偏差	$W^{+E_{ws}}_{+E_{wi}}$	$38.583^{-0.091}_{-0.192}$ ($43.011^{-0.091}_{-0.192}$)
齿轮径向跳动	F_r	0.044

图 6-1 被测齿轮零件图

实验 6.1 齿距累积总偏差 ΔF_p 和单个齿距偏差 Δf_{pt} 的测量

预备知识

齿距累积总偏差 ΔF_p 是评定齿轮传递运动准确性的精度时的强制性检测精度指标，单个齿距偏差 Δf_{pt} 是评定齿轮传动平稳性的精度时的强制性检测精度指标。

(1) 齿距累积总偏差 ΔF_p

齿距累积总偏差 ΔF_p 是指在齿轮端平面上，在接近齿高中部的一个与齿轮基准轴线同轴的圆上，任意两个同侧齿面间的实际弧长与理论弧长的代数差中的最大绝对值，如图 6-2a 所示。图中虚线为轮齿理想位置，粗实线为轮齿实际位置，轮齿 3 与轮齿 7 之间的实际弧长与公称弧长的差值最大，该值即为 ΔF_p。图 6-2b 为齿距累积误差曲线，ΔF_p 实质上反映了同一圆周上齿距偏差的最大累积值。

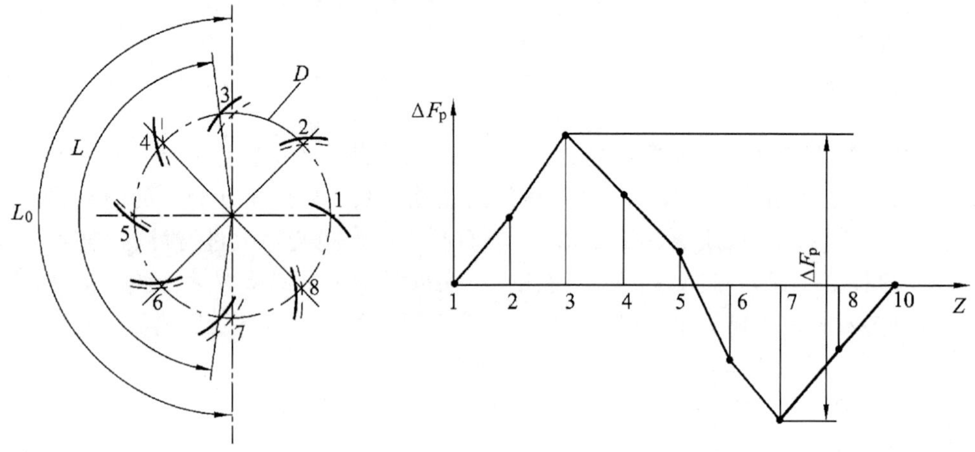

(a) 齿距在分度圆上的分布 (b) 误差曲线

L—实际弧长；L_0—理论弧长；D—接近齿高中部的圆；Z—齿序

图 6-2 齿轮齿距累积总偏差

(2) 单个齿距偏差 Δf_{pt}

单个齿距偏差 Δf_{pt} 是指在齿轮端平面上，在接近齿高中部的一个与齿轮基准轴线同轴的圆上，实际齿距与理论齿距的代数差，如图 6-3 所示。取其中绝对值最大的数值 Δf_{ptmax} 为评定值。齿距偏差可以用绝对法或相对法测量。

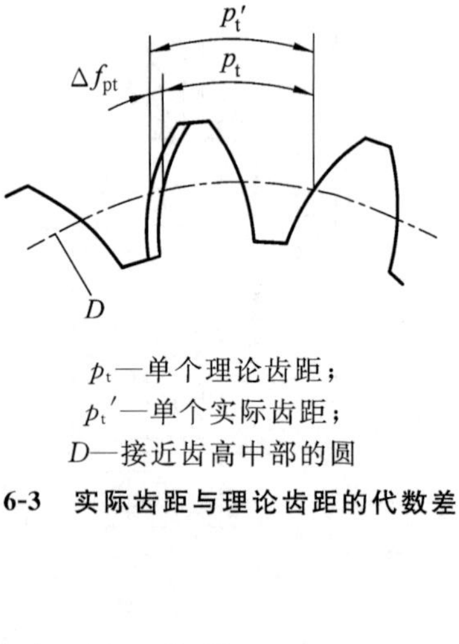

p_t—单个理论齿距；
p_t'—单个实际齿距；
D—接近齿高中部的圆

图 6-3 实际齿距与理论齿距的代数差

A. 用齿距检查仪按相对法测量齿轮齿距偏差

一、实验目的

(1) 进一步理解齿距累积总偏差 ΔF_p 的意义及其对齿轮传递运动准确性的影响，单个齿距偏差 Δf_{pt} 的意义及其对齿轮传动平稳性的影响。

(2) 掌握用相对法测量单个齿距偏差 Δf_{pt}、齿距累积总偏差 ΔF_p，以及其测量结果的处理方法。

二、实验设备及测量内容

（1）实验设备

齿轮齿距检查仪，主要技术规格：指示表的刻度值有 0.005 mm、0.001 mm，测量被测齿轮模数 m 的范围 3～15 mm、2～16 mm。

（2）测量内容

应用齿轮齿距检查仪以相对法测量齿轮的单个齿距偏差 Δf_{pt}、齿距累积总偏差 ΔF_p。

三、仪器及测量原理说明

本实验是用齿轮齿距检查仪以单齿相对测量法测量，如图 6-4 所示，图中可调式固定量爪 4 按模数确定，活动量爪 3 通过杠杆系统在指示表上反映其变化数值；为了保证在同一个圆周进行测量，用一对定位量爪 2 在齿顶圆上定位。

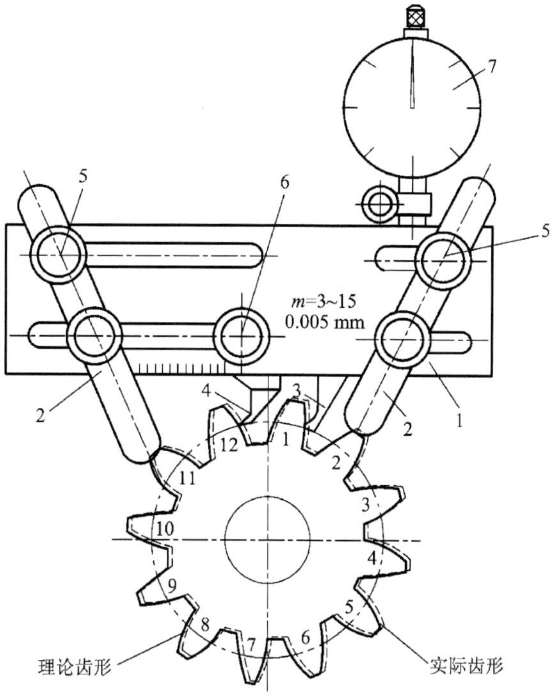

1—仪器本体；2—定位量爪；3—活动量爪；4—固定量爪；5—固紧螺钉；6—紧固螺钉；7—指示表

图 6-4　齿距检查仪测量齿距偏差

测量时是以被测齿轮本身任一实际齿距为基准，调整定位量爪，使固定量爪与活动量爪大约在分度圆上两相邻同名齿廓处相接触，并将指示表对准零位，随后逐齿测量，将测量结果进行数据处理，即可得到单个齿距偏差 Δf_{pt} 和齿距累积总偏差 ΔF_p。

四、实验步骤

（1）根据被测齿轮的参数、精度要求，查表 6-1 得齿轮齿距累积总偏差允许值 F_p，查表 6-2得齿轮单个齿距偏差允许值 $\pm f_{pt}$。

表 6-1　齿轮齿距累积总偏差允许值 F_p（摘自 GB/T 10095.1—2008）　μm

分度圆直径 d/mm	模数 m/mm	精度等级										
		2	3	4	5	6	7	8	9	10	11	12
$50<d\leqslant125$	$0.5\leqslant m\leqslant2$	6.5	9.0	13.0	18.0	26.0	37.0	52.0	74.0	104.0	147.0	208.0
	$2<m\leqslant3.5$	6.5	9.5	13.0	19.0	27.0	38.0	53.0	76.0	107.0	151.0	241.0
	$3.5<m\leqslant6$	7.0	9.5	14.0	19.0	28.0	39.0	55.0	78.0	110.0	156.0	220.0

表 6-2　齿轮单个齿距偏差允许值 $\pm f_{pt}$（摘自 GB/T 10095.1—2008）　μm

分度圆直径 d/mm	模数 m/mm	精度等级										
		2	3	4	5	6	7	8	9	10	11	12
$50<d\leqslant125$	$0.5\leqslant m\leqslant2$	1.9	2.7	3.8	5.5	7.5	11.0	15.0	21.0	30.0	43.0	61.0
	$2<m\leqslant3.5$	2.1	2.9	4.1	6.0	8.5	12.0	17.0	23.0	33.0	47.0	66.0
	$3.5<m\leqslant6$	2.3	3.2	4.6	6.5	9.0	13.0	18.0	26.0	36.0	52.0	73.0

(2) 将仪器安装在检验平板上(已装好)。

(3) 根据被测齿轮模数 m,调整固定量爪 4 的位置,即松开固定量爪的紧固螺钉 6,使固定量爪上的刻线对准壳体上的刻度(即模数)。例如,被测齿轮模数 $m=5$,则将固定量爪的刻线对准壳体上的刻线 5,对好后,拧紧紧固螺钉 6。

(4) 使固定量爪 4 和活动量爪 3 大致在被测齿轮的分度圆上与两相邻轮齿接触,同时将两定位量爪 2 都与齿顶圆接触(图 6-4),且使指示表指针有一定的压缩量(压缩一圈左右),对好后用 4 个螺钉 5 固紧。

(5) 手扶齿轮,使定位量爪 2 与齿顶圆紧密接触,并使固定量爪 4 和活动量爪 3 与被测齿面接触(用力均匀,力的方向一致),使指示表的指针对准零位(旋转表盘壳,使指示表指针与刻度盘的零位重合),可多次调整,直至示值稳定为止,以此实际齿距作为测量基准。

(6) 对齿轮逐齿进行测量,量出各实际齿距对测量基准的偏差(方法与步骤(5)相同,但不可转动表壳,应直接读出指示表示值),将所测得的数据逐一记入实验报告的表格内。

注意　齿轮测量一周后,回到作为测量基准的齿距上时,指示表示值应为 0,如变化过大,必须找出原因进行分析。

(7) 按要求整理测量数据,完成实验报告,并作出适用性结论。

合格条件　若 $|\Delta f_{ptmax}|\leqslant f_{pt}$,则合格;若 $\Delta F_p\leqslant F_p$,则合格。

(8) 清洁仪器、用具及工件,整理好现场。

五、数据处理

测量数据的处理方法可用计算法和作图法。现以 $m=4$,$z=12$ 的齿轮为例,计算单个齿距偏差 Δf_{pt}和齿距累积总偏差 ΔF_p。

(1) 计算法

测得的各齿齿距相对于测量基准的偏差值,即示值 ΔP_i,见表 6-3。

计算法处理测量数据的步骤如下:

① 将示值累加 $\left(\sum_{i=1}^{j}\Delta P_i, j=1,2,\cdots,12\right)$，求出平均齿距偏差即修正值 K，并记录于表 6-3 中。

$$K=\frac{\sum_{i=1}^{12}\Delta P_i}{12}=\frac{+18}{12}=+1.5\ \mu\text{m}$$

② 单个齿距偏差 f_{pt} 是指在分度圆上的实际齿距与公称齿距之差。用相对法测量时，公称齿距是指所有实际齿距的平均值。此例齿距偏差的最大值分别出现在第 6 齿和第 12 齿上，其值为 +3.5 μm 和 −3.5 μm。

③ 按齿距累积总偏差 ΔF_p 的定义，应为在分度圆上任意两同侧齿面间的实际弧长与公称弧长之差的最大绝对值。此例在第 5～11 齿序上有

$$\Delta F_p=+3.5-(-6.5)=10\ \mu\text{m}$$

表 6-3　相对法测量齿距的数据处理

μm

齿序	示值 ΔP_i	示值累加 $\sum_{i=1}^{j}\Delta P_i$ $(j=1,2,\cdots,12)$	修正值 K	$\Delta f_{pti}=\Delta P_i-K$	$\sum_{i=1}^{j}\Delta f_{pti}$ $(j=1,2,\cdots,12)$
1	0	0	+1.5	0−(+1.5)=−1.5	−1.5
2	+1	+1		1−(+1.5)=−0.5	−2
3	0	+1		0−(+1.5)=−1.5	−3.5
4	+1	+2		+1−(+1.5)=−0.5	−4
5	−1	+1		−1−(+1.5)=−2.5	−6.5
6	+5	+6		+5−(+1.5)=+3.5	−3
7	+3	+9		+3−(+1.5)=+1.5	−1.5
8	+4	+13		+4−(+1.5)=+2.5	+1
9	+2	+15		+2−(+1.5)=+0.5	+1.5
10	+3	+18		+3−(+1.5)=+1.5	+3
11	+2	+20		+2−(+1.5)=+0.5	+3.5
12	−2	+18		−2−(+1.5)=−3.5	0
修正值 $K=\frac{\sum_{i=1}^{12}\Delta P_i}{12}=\frac{+18}{12}=+1.5$				$\Delta f_{pt}=\pm 3.5$ $\Delta F_p=+3.5-(-6.5)=10$	

(2) 作图法

作图法处理测量数据的步骤如下：

① 以横坐标代表齿序，纵坐标为齿距偏差累积值；将读数值(即示值，以前一齿为起点)直接绘制在坐标图中，如图6-5 所示。

② 绘出如图 6-5 所示的折线，最后连接首尾两点，该线便是该齿轮齿距累积总偏差 ΔF_p 的相对坐标轴线，然后从折线的最高点 A 和最低点 B 分别向此斜线作平行于纵坐标的直线，和斜线相交于点 C 和点 D，$\overline{AC}$和$\overline{BD}$两线段之和则为齿距累积总偏差值，即

$$\Delta F_p=+3.5-(-6.5)=10\ \mu\text{m}$$

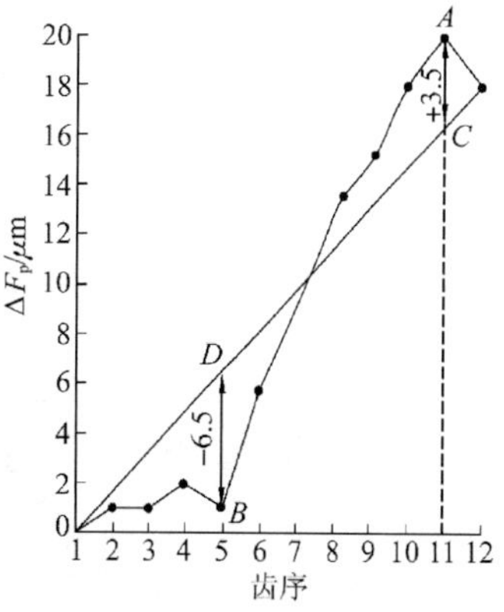

图 6-5　作图法

B. 用万能工具显微镜按绝对法测量齿轮齿距偏差

一、实验目的

(1) 掌握用万能工具显微镜测量齿轮齿距偏差的方法。

(2) 通过测量,了解万能工具显微镜的一些附件的使用方法。

二、实验设备及测量内容

(1) 实验设备

万能工具显微镜,主要技术规格:长度刻度值为 0.001 mm,纵向移动范围 0～200 mm,横向移动范围 0～100 mm,角度刻度值 1′,角度测量范围 0°～360°。

(2) 测量内容

用绝对法测量齿轮的单个齿距偏差 Δf_{pt}、齿距累积总偏差 ΔF_p。

三、仪器及测量原理说明

万能工具显微镜是机械制造厂中比较大型和复杂的光学仪器,它的基本原理与一般的大、小型工具显微镜类同,其主要区别是纵、横向导板上分别装有 200 mm 和 100 mm 的光栅尺,运用数显箱进行读数,其分度值为 0.001 mm,该仪器附有许多附件,可以对各种工件进行复杂的测量工作。因此这种仪器具有一定的万能性和灵活性。

用绝对法测量齿轮的齿距累积总偏差及单个齿距偏差,是利用测量齿轮齿距的角度值来确定齿距累积总偏差和单个齿距偏差。这种测量方法的测量装置包括两个基本部分:分度装置和定位装置。该仪器的分度装置为光学分度头,定位装置为光学灵敏杠杆,两者皆为万能工具显微镜的基本附件。

光学分度头如图 6-6 所示,用把手 5 固定光学分度头,手轮 3 可使工作台做 360°的旋转,对好测量位置后用定位螺钉 4 固定,爪头上 $S\phi$ 8 mm 的爪头圆球 1 在测量时与鸡心夹头一起转动,其主轴上有锥孔,可以装上顶尖 2,读数可以通过光源 7 的照明在目镜 6 上进行,其读数精度为 1′。

1—爪头圆球; 2—顶尖;3—手轮;4—定位螺钉;5—把手;6—目镜;7—光源

图 6-6 光学分度头

光学灵敏杠杆如图 6-7 所示，其紧固螺母 1 上有一凹槽，是光学灵敏杠杆的连接件，在使用时，把它套在显微镜的 3× 物镜的滚花环上加以固紧，在紧固螺母的右下方有滚花调整环 4，用来调整光学灵敏杠杆内标线的焦距，使通过照明器 5 所照射的双刻线在观察目镜视野内获得清晰的影像，灵敏杠杆测头 3 与被测表面接触时，双线标记的像就移动了。三条双线对称地穿过目镜分划板的刻线时，表示对准测量位置了。测量时需要用极小的测量力，操作时把标箭头的旋钮 2 转一下，此测量力就对某一方向作用了。

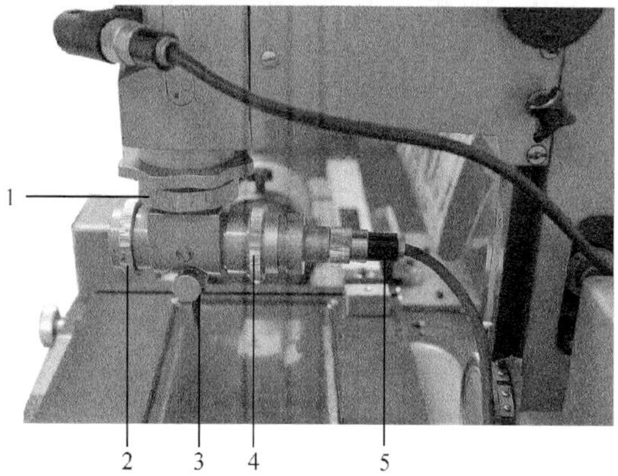

1—紧固螺母；2—旋钮；3—测头；4—调整环；5—照明器

6-7 光学灵敏杠杆

四、实验步骤

(1) 接通电源，将测角目镜中的角度值调到 0°，显微镜支柱倾斜角为 0°。

(2) 将齿轮安装在心轴上，并且置于顶尖与分度头之间，用夹持器将齿轮与分度头拨杆相连接，把分度头调到零位或某一整数值。

(3) 安装灵敏杠杆，使灵敏杠杆测量头的压力方向指向测量齿轮的被测面，测量头与轮齿的接触点大致通过仪器两顶点连线垂直平面。

(4) 移动纵向托架，将测量头引入齿槽中，并调到齿宽中的某一位置，记下数显箱上 X_0 的示值 A，固定纵向托架。

(5) 升降主显微镜，使灵敏杠杆测量头大致在齿轮分度圆附近，如图 6-8a 所示；移动横向托架，使目镜中网状水平线对准灵敏杠杆的双刻线中，如图 6-8b 所示。固定横向托架，记下分度头示值。然后拧转灵敏杠杆的旋钮 2，松开纵向托架，将灵敏杠杆移至齿轮端面外。

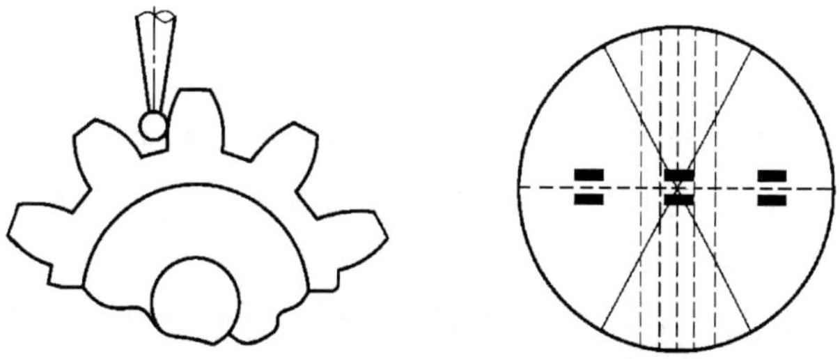

(a)灵敏杠杆测量头在分度圆附近　　(b)网状水平线对准双刻中

图 6-8 在万能工具显微镜上用灵敏杠杆测量齿距

(6) 转动分度头，使灵敏杠杆移至下一齿槽间位置，移动纵向托架到 A 位，固定纵向托架，再拧转灵敏杠杆滚花环、旋转分度头，使第二个同向齿面与灵敏杠杆测量头接触，且目镜网状水平线对准灵敏杠杆的双刻线中，记下分度头中的角度值，依次测出各齿，将测量结果填入实验报告中的表格中。

五、数据处理

利用上述方法测量 $m=5$，$z=9$ 的齿轮的齿距累积总偏差 ΔF_p 和单个齿距偏差 Δf_{pt} 的结果列于表 6-4，表中误差以角度值表示。

表 6-4　绝对法测量齿距的数据处理

齿序	理论角距值	实际角距值	角距值的累积误差 $\Delta\phi_{\Sigma i}$	角距值的偏差 $\Delta\phi_i$
1	0°	0°	0	
2	40°	40°1′	+1′	+1′
3	80°	80°1′	+1′	0
4	120°	120°2′	+2′	+1′
5	160°	160°1′	+1′	−1′
6	200°	199°59′	−1′	−2′
7	240°	240°	0	+1′
8	280°	279°59′	−1′	−1′
9	320°	320°1′	+1′	+2′
10	360°	360°	0	−1′

因测量结果为角度值，应按下式换算成线性尺寸值

$$\Delta F_p=\frac{m\cdot z}{6.88}(\Delta\phi_{\Sigma\max}-\Delta\phi_{\Sigma\min})=\frac{5\times 9}{6.88}\times[+2-(-1)]=19.6\ \mu\text{m}$$

$$\Delta f_{pt}=\frac{m\cdot z}{6.88}\Delta\phi_{\max}=\frac{5\times 9}{6.88}\times(\pm 2)=\pm 13\ \mu\text{m}$$

上式中，$\Delta\phi_{\Sigma\max}$，$\Delta\phi_{\Sigma\min}$，$\Delta\phi_{\max}$ 的单位为(′)。

实验 6.2　齿廓总偏差 ΔF_α 的测量

预备知识

齿廓偏差是实际齿廓对设计齿廓的偏离量，在齿轮端平面内且在垂直于渐开线齿廓的方向上计值，包容实际齿廓工作部分且距离为最小的两条设计齿廓之间的法向距离为齿廓总偏差 ΔF_α，如图 6-9 所示。

齿廓总偏差 ΔF_α 是评定齿轮传动平稳性精度时的强制性检测精度指标。

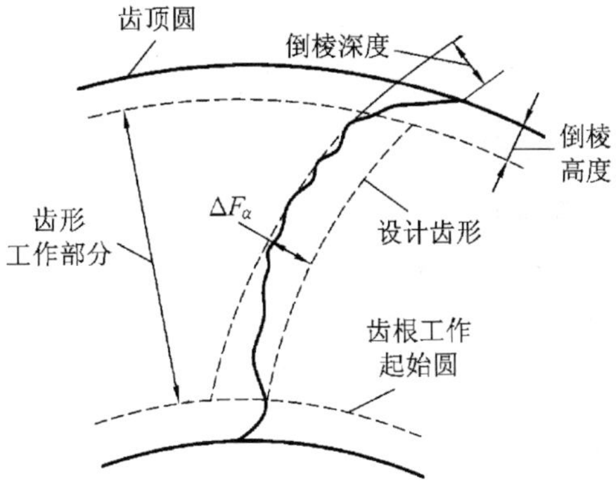

图 6-9 齿廓偏差

一、实验目的

(1) 从齿轮渐开线的形成原理，了解单盘式渐开线检查仪的结构原理和使用方法。

(2) 了解齿廓总偏差 ΔF_α 对齿轮传动平稳性精度的影响。

二、实验设备及测量内容

(1) 实验设备

单盘式渐开线检查仪，其主要技术规格：可测齿轮直径φ 60～φ 240 mm，可测齿轮模数 m 为 1～10 mm，可测齿轮精度 6 级以下，最大展开角±60°，指示表刻度值0.01 mm。

(2) 测量内容

应用单盘式渐开线检查仪和被测齿轮的基圆盘，检查被测齿轮的齿面在工作齿面内的齿廓偏差。

三、仪器及测量原理说明

齿轮的齿廓偏差，在单盘式渐开线检查仪上是以被测齿形与理想齿形相比较，在指示表上反映其误差的数值。而理想渐开线获得的原理如图 6-10 所示，当直尺 1 与基圆盘 2 相切，基圆盘滚动而直尺沿本身方向无滑动地移动时，直尺与基圆上原切点的相对运动轨迹，便形成理想的渐开线。按此原理组成的单盘式渐开线检查仪如图 6-11 所示，直尺 9 与被测齿轮的基圆盘 3 作纯滚动，形成理论渐开线，杠杆 1 的一端为与被测齿轮齿面接触的指示表 8，调整为“0”，由于被测齿轮 14 与基圆盘 3 同步旋转，故只要在仪器调整后，装上被测齿轮，并预先调整某一待测齿廓的起始展开角点通过上述原切点，则在直尺、基圆盘滚动时，指示表上示值之差即为该齿面齿廓偏差值。

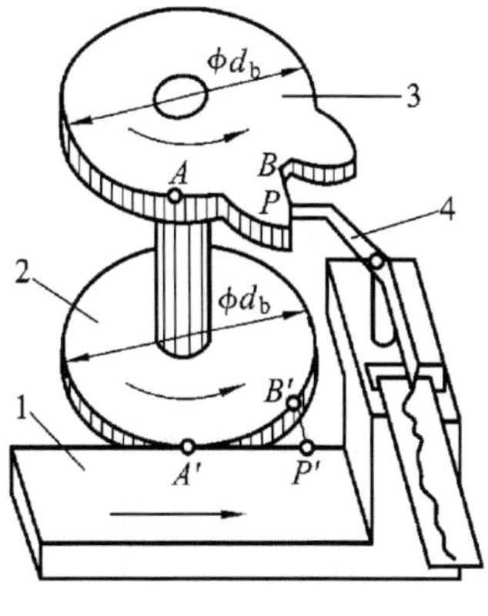

1—直尺；2—基圆盘；
3—被测齿轮；4—测头

图 6-10 渐开线的形成原理

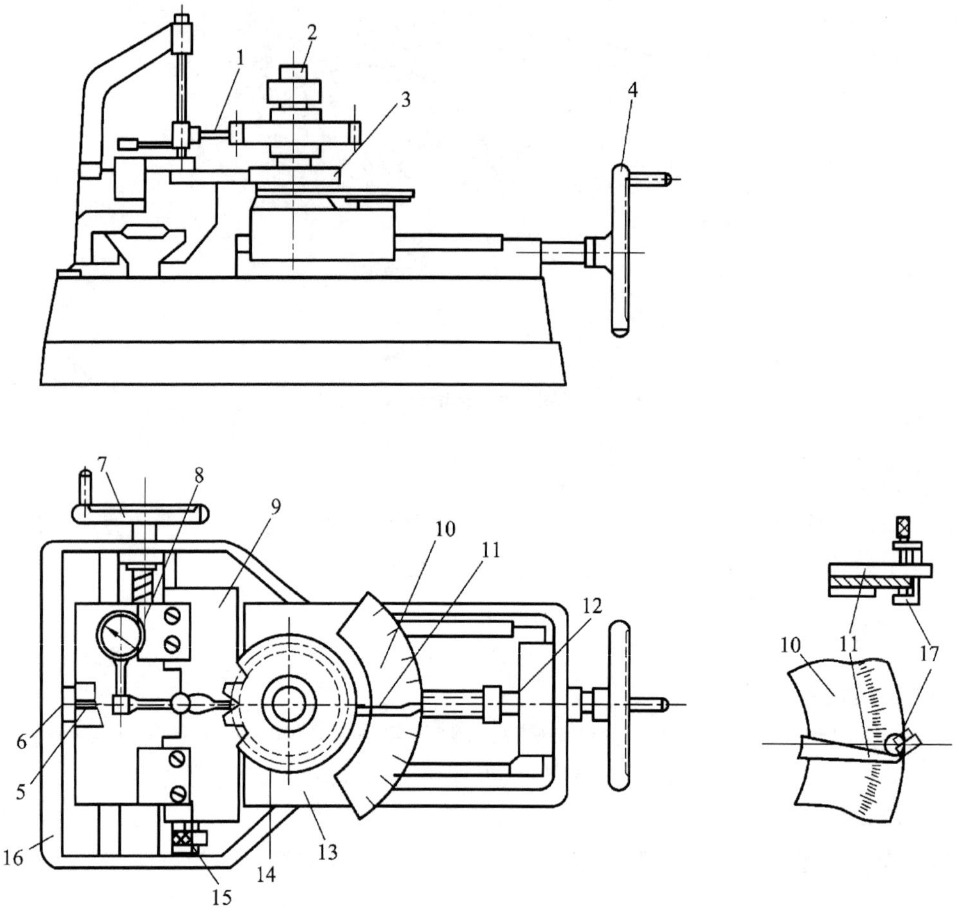

1—杠杆；2—心轴；3—基圆盘；4—手轮；5—纵向滑板中心指示线；6—底座中心指示线；
7—手轮；8—指示表；9—直尺；10—展开角指示盘；11—展开角指针；12—弹簧；
13—横向拖板；14—被测齿轮；15—螺钉；16—地座；17—指针夹

图 6-11　单盘式渐开线检查仪

四、实验步骤

(1) 根据被测齿轮的参数、精度要求，查表 6-5 得齿轮齿廓总偏差允许值 F_α。

(2) 熟悉仪器和操作程序。

(3) 按被测齿轮参数和精度，选用基圆盘。

(4) 确定齿廓的被测部位。测量齿廓总偏差时，只需测量齿面的工作部分。对于不同标准压力角 α 和变位系数 χ 的齿轮，单盘式检查仪以展开角来确定齿廓的测量范围。现将标准压力角为 20°的标准齿轮与齿条啮合计算得到的齿廓展开角列于表 6-6。

表 6-5 齿轮齿廓总偏差允许值 F_α(摘自 GB/T 10095.1—2008) μm

分度圆直径 d/mm	模数 m/mm	精度等级										
		2	3	4	5	6	7	8	9	10	11	12
$50<d\leqslant125$	$0.5\leqslant m\leqslant2$	2.1	2.9	4.1	6.0	8.5	12.0	17.0	23.0	33.0	47.0	66.0
	$2<m\leqslant3.5$	2.8	3.9	5.5	8.0	11.0	16.0	22.0	31.0	44.0	63.0	89.0
	$3.5<m\leqslant6$	3.4	4.8	6.5	9.5	13.0	19.0	27.0	38.0	54.0	76.0	108.0

表 6-6 直齿圆柱齿轮的 φ_a,φ_c 值($m=1,\alpha=20°$)

齿数 z	起点展开角 φ_a	终测点展开角 φ_c	测量点数 n	每一测点转角
21	3°52′21″	34°18′48″	10	3°
22	4°38′36″	33°47′41″	14	2°
23	5°20′55″	33°18′7″	14	2°
24	6°0′19″	32°51′29″	13	2°
25	6°35′45″	32°27′37″	13	2°
26	7°8′12″	32°5′15″	12	2°
27	7°38′42″	31°42′58″	12	2°
28	8°7′14″	31°23′24″	11	2°
29	8°33′47″	31°3′56″	11	2°
30	8°58′21″	30°47′10″	11	2°

(5) 调整仪器的零位:要求仪器的测量头与被测齿面接触点应落在直尺 9 与基圆盘 3 滚动的切点上,此时将指示表 8 调整到零位。

注意 实验时已调整好,仪器操作时,请先看仪器照片上的数字,如果指示表在自由状态下的示值有变化,转动表盘使其符合,在以后的操作过程中切勿再转动表盘。

(6) 用手轮 7 将纵向滑板中心指示线 5 与底座中心指示线 6 对准,展开角指针 11 固定在 φ_0 处,φ_0 应在展开角指示盘 5°位置左右。

(7) 用手轮 4 移出拖板后,将被测齿轮装上,旋上压紧螺母(暂不压紧)。

(8) 旋手轮 4 移动拖板,使直尺 9 与基圆盘 3 压紧,转手轮 7,使展开角指针顺时针方向展开 φ_a 的角度,即展开角为 $\varphi_0+\varphi_a$。

(9) 用手转动齿轮,使被测齿廓与测量头接触,使指示表的大小指针位置与仪器调整时测量头的标准位置一致(即记录卡上工作状态位置),压紧螺母,当压紧后指针略偏离零位时,可松一对螺钉 15,进行微调。

(10) 转动手轮 7,每展开 2°记一示值,一直测到测点展开角止。取整个展开角范围内,最大与最小示值之差即为齿廓总偏差 ΔF_α 的数值。

在被测齿轮圆周上测量 3 个轮齿左、右齿面的齿廓总偏差,取其中的最大值作为评定值。

(11) 结果记入实验报告,进行数据处理,作出适用性结论(若 $\Delta F_{\alpha max}\leqslant F_\alpha$,则合格)。

(12) 清洗仪器,整理现场。

实验 6.3　螺旋线总偏差 ΔF_β 的测量

预备知识

螺旋线偏差是评定轮齿载荷分布均匀性的强制性检测精度指标，它是指在端面基圆切线方向上测量得到的实际螺旋线偏离设计螺旋线的量。

对于直齿轮，轮齿螺旋角等于0°，因此其设计螺旋线为一条直线，它平行于齿轮基准轴线；在基圆柱的切平面内，在齿宽工作部分（轮齿两端的倒角或修圆部分除外）范围内包容实际螺旋线且距离为最小的两条设计螺旋线之间的法向距离为螺旋线总偏差 ΔF_β，如图 6-12 所示。

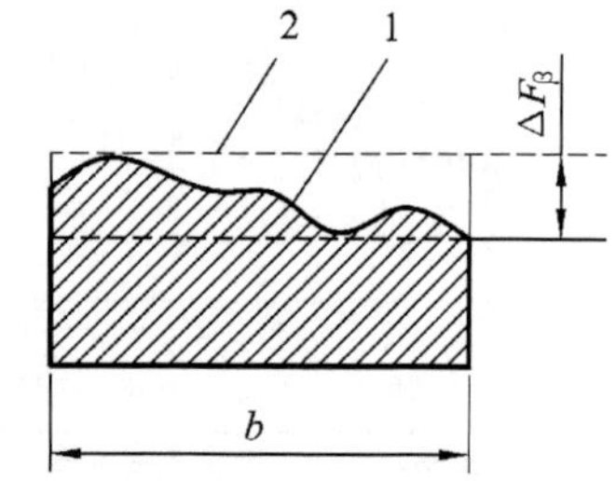

1—实际螺旋线；2—设计螺旋线（直线）；b—齿宽

图 6-12　螺旋线总偏差 ΔF_β

A. 用普通偏摆仪测量螺旋线总偏差 ΔF_β

一、实验目的

（1）掌握直齿圆柱齿轮螺旋线总偏差 ΔF_β 的测量方法。

（2）加深对齿轮螺旋线总偏差定义的理解。

二、实验设备及测量内容

（1）实验设备

偏摆检查仪，主要技术规格：可测齿轮最大直径ϕ 260 mm，指示表示值范围 0～5 mm，指示表刻度值 0.01 mm。

（2）测量内容

应用普通偏摆仪及标准圆柱，测量齿轮的螺旋线总偏差 ΔF_β。

三、仪器及测量原理说明

直齿圆柱齿轮的设计螺旋线为平行于轴心线的直线。其测量方法比较简单，凡有顶尖架并与指示表架之间能产生相对轴向移动的装置，都可进行测量。例如在齿轮跳动检查仪上，测量时，将指示表的测量头在齿高中部与齿面接触（尽可能垂直于齿面）并平行于齿轮轴线移动，测出沿齿宽两端面的示值差，即为螺旋线总偏差 ΔF_β。在万能工具显微镜上利用光学灵敏杠杆，甚至在精密车床或磨床上以及平板上用顶尖座和指示表架等简易设备均可测量。图 6-13 为在普通偏摆仪上测量螺旋线总偏差的一种方法，其

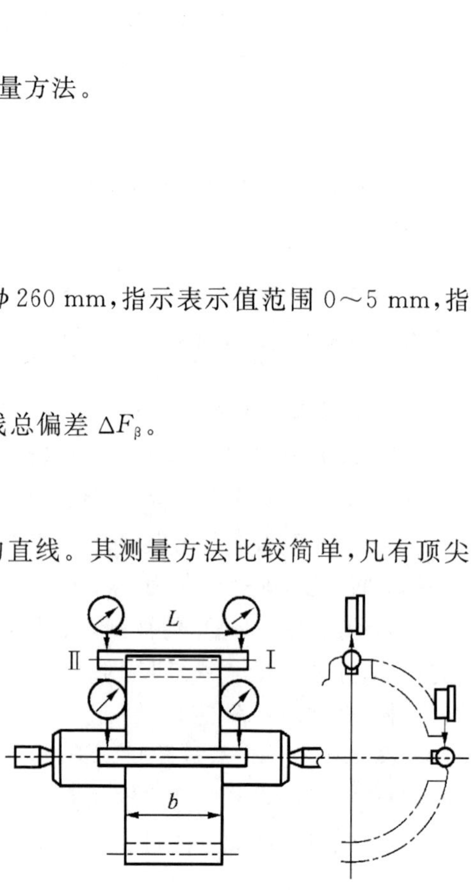

图 6-13　螺旋线总偏差的测量

测量原理是把带心轴的齿轮顶在中心架上，将标准圆柱放在齿间，用可移动的指示表测出圆柱两端的高度差，该差值经过简单处理后，即为齿轮的螺旋线总偏差 ΔF_β。

四、实验步骤

（1）根据被测齿轮的参数、精度要求，查表 6-7 得齿轮螺旋线总偏差允许值 F_β。

表 6-7　齿轮螺旋线总偏差允许值 F_β（摘自 GB/T 10095.1—2008）　　μm

分度圆直径 d/mm	齿宽 b/mm	精度等级										
		2	3	4	5	6	7	8	9	10	11	12
$50<d\leqslant125$	$10<b\leqslant20$	2.6	3.7	5.5	7.5	11.0	15.0	21.0	30.0	42.0	60.0	84.0
	$20<b\leqslant40$	3.0	4.2	6.0	8.5	12.0	17.0	24.0	34.0	48.0	68.0	95.0

（2）了解测量方法，熟悉仪器操作规程。

（3）将被测齿轮套在心轴上，顶在两顶尖间。

（4）按被测齿轮的模数选择圆柱，放入齿间，圆柱直径应使其在分度圆附近接触，一般取 $d=1.68m_n$（mm）。

（5）将指示表架置于工作台上，将表头与标准圆柱两端接触，再前后移动表架，以得到最高点的示值，如图 6-13 中Ⅰ和Ⅱ位置，分别记下指示表的示值 a_1 和 a_2。

（6）量出两测点Ⅰ和Ⅱ之间的距离 L 和齿宽 b，按下式计算垂直方向的螺旋线总偏差

$$\Delta F_{\beta1}=|a_2-a_1|\cdot\frac{b}{L}$$

（7）将被测齿轮转动 90°，同理可测出同一齿水平方向的螺旋线总偏差 $\Delta F_{\beta2}$。

在被测齿轮圆周上测量均布的三个轮齿左、右齿面的螺旋线总偏差，取其中的最大值作为评定值。

合格条件　若 $\Delta F_{\beta\max}\leqslant F_\beta$，则合格。

（8）实验结束，整理数据，清洁仪器，整理现场。

B. 用万能工具显微镜测量齿轮螺旋线总偏差 ΔF_β

一、实验目的

（1）掌握用万能工具显微镜测量螺旋线总偏差 ΔF_β 的方法。

（2）通过测量，了解万能工具显微镜的一些附件的操作使用方法。

二、实验设备及测量内容

（1）实验设备

万能工具显微镜，其主要技术规格：刻度值为 0.001 mm；纵向移动范围 0～200 mm，横向移动范围 0～100 mm，角度刻度值 1′，角度测量范围 0°～360°。

(2) 测量内容

测量齿轮螺旋线总偏差 ΔF_{β}。

三、仪器及测量原理说明

仪器原理前面已有叙述,此处不再重复。

四、实验步骤

(1) 接通电源,将测角目镜中的角度值调到 0°,显微镜支柱倾斜角为 0°。

(2) 将齿轮安装在心轴上,并且置于顶尖与分度头之间。

(3) 安装灵敏杠杆,将灵敏杠杆测量头的压力方向引向测量齿轮的被测面。

(4) 移动纵向托架,至齿面一端(离端面 2 mm 左右),使灵敏杠杆与齿面接触,测量头与轮齿的接触点大致通过仪器两顶点连线垂直平面。升、降主显微镜,使灵敏杠杆测量头大致在齿轮分度圆附近接触,如图 6-14a。移动横向托架,使目镜中的水平虚线对准灵敏杠杆双刻线中间,如图 6-14b,记下数显箱上 Y_0 的示值 a_1,固定纵向托架,同时记下数显箱上 X_0 的示值 b_1。

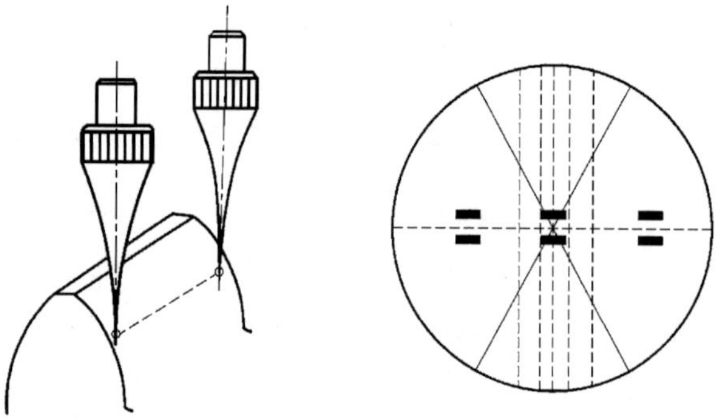

(a) 测量头在分度圆附近　　(b) 目镜水平虚线对准灵敏杠杆

图 6-14　在万能工具显微镜上用灵敏杠杆测量螺旋线总偏差 ΔF_{β}

(5) 拧转灵敏杠杆的旋钮 2(图 6-7),退出灵敏杠杆,松开纵向托架,纵向移动托架,使灵敏杠杆测量头与轮齿的另一端接触,移动横向托架,重新使目镜中的水平虚线对准灵敏杠杆的双刻线中间,记下此时数显箱上 Y_0 的示值 a_2,同时记下数显箱上 X_0 的示值 b_2。螺旋线总偏差 $\Delta F_{\beta}=|a_2-a_1|\cdot\dfrac{|b_1-b_2|}{L}$。

(6) 在被测齿轮圆周上测量均布的 3 个轮齿左、右齿面的螺旋线总偏差,取其中的最大值作为评定值。

合格条件　若 $\Delta F_{\beta\max}\leqslant F_{\beta}$,则合格。

(7) 实验结束,整理数据,清洁仪器,整理现场。

实验 6.4 齿厚偏差 ΔE_{sn} 及公法线长度偏差 ΔE_{w} 的测量

A. 齿轮分度圆齿厚偏差 ΔE_{sn} 的测量

一、实验目的

(1) 熟悉齿轮分度圆齿厚的测量原理和方法。

(2) 了解分度圆齿厚对齿轮副侧隙的影响。

二、实验设备及测量内容

(1) 实验设备

齿厚游标卡尺，主要技术规格：刻度值 0.02 mm，测量齿轮模数范围 m 为 1～16 mm。

(2) 测量内容

应用齿厚游标卡尺测量分度圆齿厚；用游标卡尺（或外径千分尺）测量齿顶圆直径，用以修正分度圆弦齿高。

三、仪器及测量原理说明

齿轮副侧隙的大小与齿轮齿厚减薄量有着密切的关系。齿轮齿厚减薄量可以用齿厚偏差或公法线长度偏差来评定。

为保证齿轮在传动中形成有侧隙的传动，主要是通过在加工齿轮时，将齿条刀具由公称位置向齿轮中心做一定位移，使加工出来的轮齿的齿厚也随之减薄，因而可测量齿厚来反映齿轮传动时齿侧间隙大小，通常是测量分度圆上的弦齿厚。分度圆弦齿厚可用齿厚游标卡尺，以齿顶圆作为测量基准来测量（图 6-15）。测量时，所需数据可用下列公式计算。

直齿轮分度圆上的法向弦齿厚 s_{nc} 与分度圆弦齿高 h_c 分别为

$$s_{nc}=mz\sin\delta$$

$$h_c=r_a-\frac{mz}{2}\cos\delta$$

式中：δ——分度圆弦齿厚之半所对应的中心角，

$\delta=\dfrac{\pi}{2z}+\dfrac{2\chi}{z}\tan\alpha$；

r_a——齿轮齿顶圆半径；

m、z、α、χ——齿轮的模数、齿数、标准压力角、变位系数。

为了使用方便，按上式计算出模数为 1 mm 各种不同齿数齿轮的 h_c 和 s_{nc}，列于表 6-8 中。

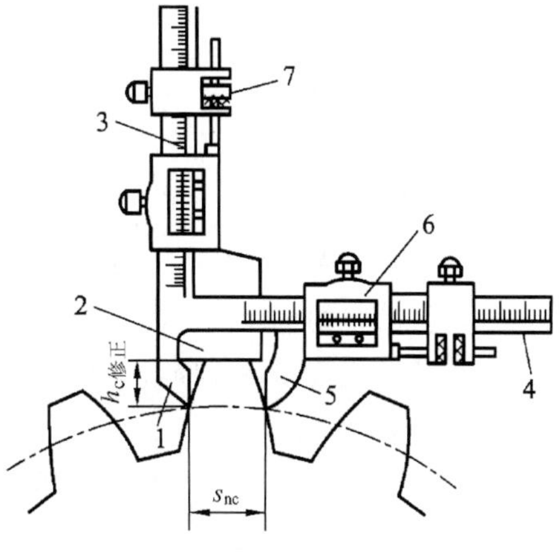

1—固定量爪；2—高度定位尺；
3—垂直游标尺；4—水平游标尺；
5—活动量爪；6—游标框架；7—调整螺母

图 6-15 齿厚游标卡尺测量分度圆齿厚

表 6-8 $m=1$ mm 时标准齿轮分度圆弦齿高 h_c 和法向弦齿厚 s_{nc} 的数值

齿数 z	h_c/mm	s_{nc}/mm	齿数 z	h_c/mm	s_{nc}/mm	齿数 z	h_c/mm	s_{nc}/mm
17	1.0363	1.5686	28	1.0220	1.5700	39	1.0158	1.5704
18	1.0342	1.5688	29	1.0212	1.5700	40	1.0154	1.5704
19	1.0324	1.5690	30	1.0205	1.5701	41	1.0150	1.5704
20	1.0308	1.5692	31	1.0199	1.5701	42	1.0146	1.5704
21	1.0294	1.5693	32	1.0193	1.5702	43	1.0143	1.5704
22	1.0280	1.5694	33	1.0187	1.5702	44	1.0140	1.5705
23	1.0268	1.5695	34	1.0181	1.5702	45	1.0137	1.5705
24	1.0257	1.5696	35	1.0176	1.5703	46	1.0134	1.5705
25	1.0247	1.5697	36	1.0171	1.5703	47	1.0131	1.5705
26	1.0237	1.5698	37	1.0167	1.5703	48	1.0128	1.5705
27	1.0228	1.5698	38	1.0162	1.5703	49	1.0126	1.5705

注：对其他模数的齿轮，则将表中数值乘以模数。

四、实验步骤

(1) 根据被测齿轮的参数，按上述公式计算 h_c、s_{nc}（或从表 6-8 中查取）。

(2) 用外径千分尺测量齿轮齿顶圆实际半径 $r_{a实际}$，按$[h_c+(r_{a实际}-r_a)]$修正 h_c 值，得 $h_{c修正}$。

(3) 按 $h_{c修正}$ 值调整齿厚游标卡尺的垂直游标尺高度板 3 的位置，然后将其游标加以固定。

(4) 将齿厚游标卡尺置于被测轮齿上，使垂直游标尺的高度板 3 与齿轮齿顶可靠地接触。然后移动水平游标尺 4 的量爪，使它和另一量爪分别与轮齿的左右齿面接触（齿轮齿顶与垂直游标尺的高度板 3 之间不得出现空隙），从水平游标尺 4 上读出弦齿厚实际值 $s_{nc实际}$。

(5) 对齿轮圆周上均布的几个轮齿进行测量。测得的齿厚实际值 $s_{nc实际}$ 与齿厚公称值 s_{nc} 之差即为齿厚偏差 ΔE_{sn}。按齿轮要求给定的齿厚允许的上偏差 E_{sns} 和下偏差 E_{sni}，判断被测齿轮的合格性。

合格条件 若 $E_{sni}\leqslant\Delta E_{sn}\leqslant E_{sns}$，则合格。

(6) 写出实验报告，作适用性结论。

(7) 擦净量仪及工具，整理现场。

齿轮齿厚的实际尺寸减小或增大，实际公法线长度相应地也减小或增大，因此可以测量公法线长度代替测量齿厚，以评定齿厚减薄量。

B. 公法线长度偏差 ΔE_w 的测量

一、实验目的

(1) 掌握齿轮公法线长度的测量方法。

(2) 了解公法线长度偏差 ΔE_w 的意义和评定方法。

二、实验设备及测量内容

(1) 实验设备

公法线千分尺，主要技术规格：刻度值 0.01 mm，测量范围 25～50 mm。

(2) 测量内容

用公法线千分尺测量所给齿轮的公法线长度。

三、仪器及测量原理说明

公法线长度是指齿轮上几个轮齿的两端异向齿廓间所包含的一段基圆圆弧，即该两端异向齿廓基圆间切线线段的长度(图 6-16)。该两端点的连线切于基圆，因而选择适当的跨齿数，则可使公法线长度在齿高中部量得。与测量齿厚相比较，测量公法线长度时测量精度不受齿顶圆直径偏差和齿顶圆柱面对齿轮基准轴线的径向圆跳动的影响。

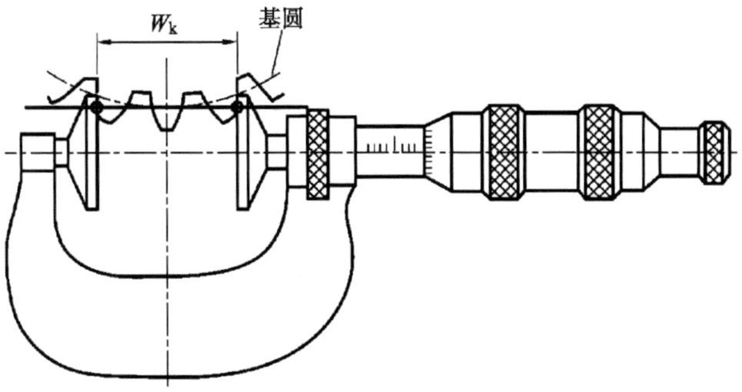

图 6-16 用公法线千分尺测量公法线长度

齿轮公法线长度根据不同精度的齿轮，可用游标卡尺、公法线千分尺、公法线指示卡规和专用公法线卡规等任何具有两平行平面量脚的量具或仪器进行测量，但必须使量脚能插进被测齿轮的齿槽内，与齿侧渐开线面相切。

公法线长度偏差 ΔE_w 是指实际公法线长度 W_k 与公称公法线长度 W 之差，直齿轮的公称公法线长度按下式计算：

$$W = m \cdot \cos\alpha[\pi(k-0.5) + z \cdot \mathrm{inv}\alpha] + 2\chi \cdot m\sin\alpha$$

式中：m, z, α, χ——齿轮的模数、齿数、标准压力角、变位系数；

$\mathrm{inv}\,\alpha$——渐开线函数；

k——测量时的跨齿数(整数)。一般将量具、量仪的测量面与被测齿面大体上在齿高中部接触时的 k 值作为参考值。

当 $\alpha=20°, \chi=0$ 时，$W_{kt}=m[1.4761(2k-1)+0.014\times z]$

对于标准直齿轮

$$k=\frac{z\alpha}{180°}+0.5$$

为了使用方便，对于 $\alpha=20°, m=1$ 的标准直齿圆柱齿轮，按上述公式计算出 k 和 W，列于表 6-9。

表 6-9　标准直齿圆柱齿轮的跨齿数和公法线长度的公称值($\alpha=20°$, $m=1$)

齿数 z	跨齿数 k	公法线长度 W/mm	齿数 z	跨齿数 k	公法线长度 W/mm
17	2	4.666	34	4	10.809
18	3	7.632	35	4	10.823
19	3	7.646	36	5	13.789
20	3	7.66	37	5	13.803
21	3	7.674	38	5	13.817
22	3	7.688	39	5	13.831
23	3	7.702	40	5	13.845
24	3	7.716	41	5	13.859
25	3	7.73	42	5	13.873
26	3	7.744	43	5	13.887
27	4	10.711	44	5	13.901
28	4	10.725	45	5	16.867
29	4	10.739	46	6	16.881
30	4	10.753	47	6	16.895
31	4	10.767	48	6	16.909
32	4	10.781	49	6	16.923
33	4	10.795			

注：对于其他模数的齿轮，则将表中 W_{kt} 数值乘以模数。

公法线长度的上、下极限偏差(E_{ws}、E_{wi})分别由齿厚的上、下极限偏差(E_{sns}、E_{sni})换算得到。外齿轮的换算公式如下：

$$E_{ws}=E_{sns}\cos\alpha-0.72F_r\sin\alpha$$

$$E_{wi}=E_{sni}\cos\alpha+0.72F_r\sin\alpha$$

式中：E_{sns}——齿厚的上极限偏差；

E_{sni}——齿厚的下极限偏差；

F_r——齿轮径向跳动允许值；

α——压力角。

四、实验步骤

(1) 根据被测齿轮参数、精度及齿厚要求，计算 W, k, E_{ws}, E_{wi} 的值。

(2) 熟悉量具，并调试(或校对)零位：用标准校对棒放入公法线千分尺的两测量面之间校对"零"位，记下校对格数。

(3) 跨相应的齿数，沿着轮齿三等分的位置测量公法线长度 W_k，记入实验报告。

(4) 整理测量数据，并作适用性结论。

合格条件　若 $E_{wi}\leqslant\Delta E_w\leqslant E_{ws}$，则合格。

(5) 实验结束，清洗量具，整理现场。

实验 6.5　齿轮径向跳动 ΔF_r 的测量

预备知识

齿轮径向跳动 ΔF_r 是指一个适当的测头（球、砧、圆柱或棱柱体）在齿轮旋转时，逐齿地放置于每个齿槽中，相对于齿轮的基准轴线的最大和最小径向位置之差（见图 6-17）。齿轮径向跳动 ΔF_r 是用来评定齿轮传递运动准确性精度的非强制性检测精度指标。

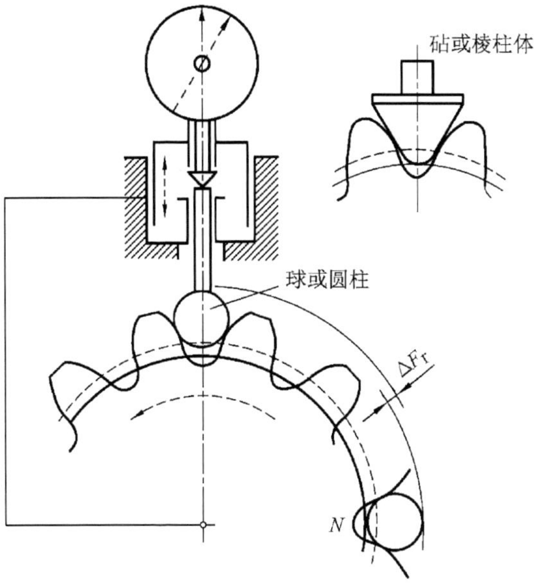

图 6-17　测量径向跳动的原理

A. 用偏摆检查仪测量齿轮径向跳动 ΔF_r

一、实验目的

(1) 掌握齿轮径向跳动的测量原理和测量方法。

(2) 熟悉用齿轮径向跳动 ΔF_r 评定齿轮精度。

二、实验设备及测量内容

(1) 实验设备

偏摆检查仪，其主要技术规格：可测齿轮最大直径为 ϕ 260 mm，指示表示值范围 0～5 mm，指示表刻度值 0.01 mm。

(2) 测量内容

应用普通偏摆检查仪及标准圆柱测量齿轮的径向跳动。

三、仪器及测量原理说明

齿轮径向跳动的测量可在专用量仪上用锥形或V形测头与齿轮的齿面在分度圆处相接触(图6-18a,b);亦可在普通偏摆仪上用一适当直径的标准圆柱放在齿槽中测量(图6-18c),标准圆柱的直径可从表6-10中查得或按下式计算:

$$d=1.68m_n\text{(mm)}$$

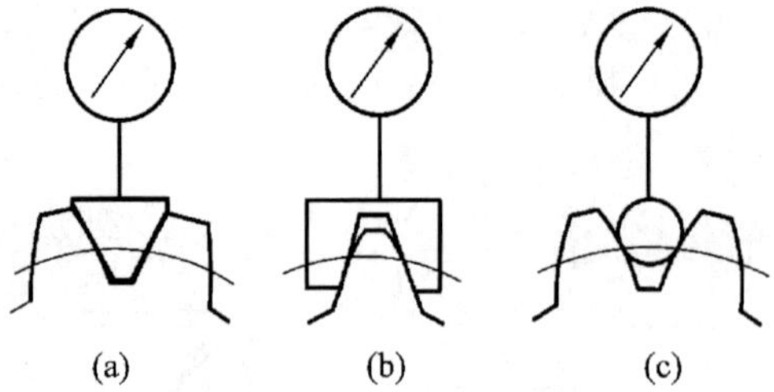

图6-18 各种测量头示意图

表6-10 标准圆柱直径的选择

齿轮模数 m_n/mm	1	1.25	1.5	1.75	2	3	4	5
标准圆柱直径 d/mm	1.7	2.1	2.5	2.7	3.3	5	6.7	8.3

本实验是在普通偏摆仪上用标准圆柱测量(图6-19)。将标准圆柱放在齿槽内,齿轮绕其基准轴线旋转一周时,指示表上最大与最小示值差即为齿轮的径向跳动,即

$$\Delta F_r=\Delta_{max}-\Delta_{min}$$

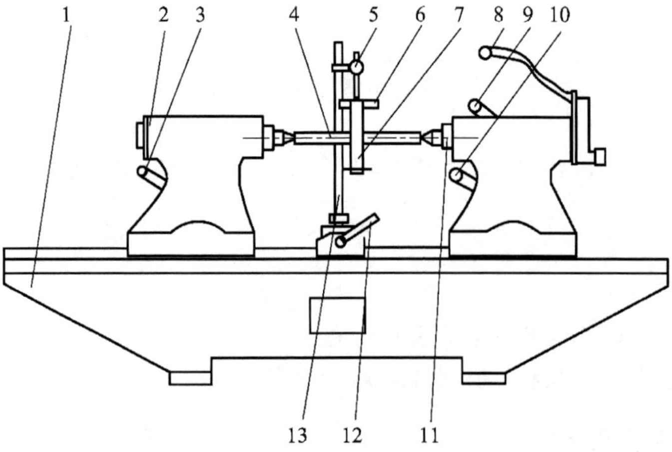

1—底座;2—固定顶尖座;3,9,10,12—紧定手把;4—心轴;5—百分表;6—标准圆柱;7—齿轮;8—球头手柄;11—活动顶尖座;13—指示表架

图6-19 用偏摆仪测量齿圈径向跳动

四、实验步骤

(1) 熟悉仪器的结构原理和操作程序。

(2) 根据被测齿轮的参数、精度要求,查表6-11得齿轮径向跳动允许值F_r。

表 6-11 齿轮径向跳动允许值 F_r(摘自 GB/T 10095.2—2008) μm

分度圆直径 d/mm	法向模数 m_n/mm	精度等级										
		2	3	4	5	6	7	8	9	10	11	12
$50<d\leqslant125$	$0.5<m_n\leqslant2$	5.0	7.5	10	15	21	29	42	59	83	118	167
	$2<m_n\leqslant3.5$	5.5	7.5	11	15	21	30	43	61	86	121	171
	$3.5<m_n\leqslant6$	5.5	8.0	11	16	22	31	44	62	88	125	176

(3) 将被测齿轮套在专用的心轴 4 上,安装在偏摆检查仪的顶尖间,齿轮心轴与仪器顶尖间松紧应恰当,以能转动而没有轴向窜动为宜。

注意 根据心轴长度调整好两顶尖座 2,11 后,固紧固定顶尖座 2,以后用手下压球头手柄 8 来装卸工件。

(4) 根据被测齿轮模数选择标准圆柱 6 的直径:$m=5$,取 $d=8.3$ mm; $m=4$,取 $d=6.7$ mm。

(5) 将标准圆柱 6 放入被测齿轮的齿间,标准圆柱 6 需处于两顶尖的连线上,移动指示表架 13,使指示表测量头与标准圆柱的最高点接触,且使指示表有一定的压缩量(约一圈),转动指示表表盘,使指针在零附近,固定好表架 13。

(6) 微转齿轮(来回微转)使标准圆柱 6 的最高点与指示表测量头接触,读出指示表上的最大示值。

(7) 以此法顺时针或逆时针方向旋转被测齿轮,逐齿测量,在回转一圈后,指示表示值的"原点"应不变(如有较大变化需检查原因),在一圈中各齿在指示表上的最大示值与最小示值之差,即是被测齿轮的径向跳动量 ΔF_r。

(8) 写出实验报告,作适用性结论。

合格条件 $\Delta F_r\leqslant F_r$。

(9) 清洗量仪、工件,整理现场。

B. 用齿轮径向跳动测量仪测量齿轮径向跳动 ΔF_r

一、实验目的

(1) 了解齿轮径向跳动测量仪的结构并熟悉其使用方法。

(2) 进一步加深对齿轮径向跳动 ΔF_r 的定义的理解。

二、实验设备及测量内容

(1) 实验设备

齿轮径向跳动测量仪,主要技术规格:被测齿轮模数 m 范围 1～6 mm,被测工件的最大直径 ϕ 300 mm,两顶尖间最大距离 418 mm。

（2）测量内容

应用齿轮径向跳动测量仪测量齿轮的径向跳动。

三、仪器及测量原理说明

齿轮径向跳动测量仪的外形如图 6-20 所示。测量时，将盘形齿轮用心轴安装在顶尖架的两个顶尖之间（该齿轮的基准孔与心轴成无间隙配合，用心轴模拟体现该齿轮的基准轴线），或把齿轮轴直接安装在两个顶尖之间。指示表的位置固定后，使安装在指示表测杆上的球形测头或锥形测头在齿槽内于齿高中部双面接触。测头的尺寸大小应与被测齿轮的模数协调，以保证测头在接近齿高中部与齿槽双面接触。用测头依次逐个齿槽地测量它相对于齿轮基准轴线的径向位移，该径向位移由指示表的示值反映出来。指示表的最大示值与最小示值之差即为齿轮径向跳动 ΔF_r 的值。

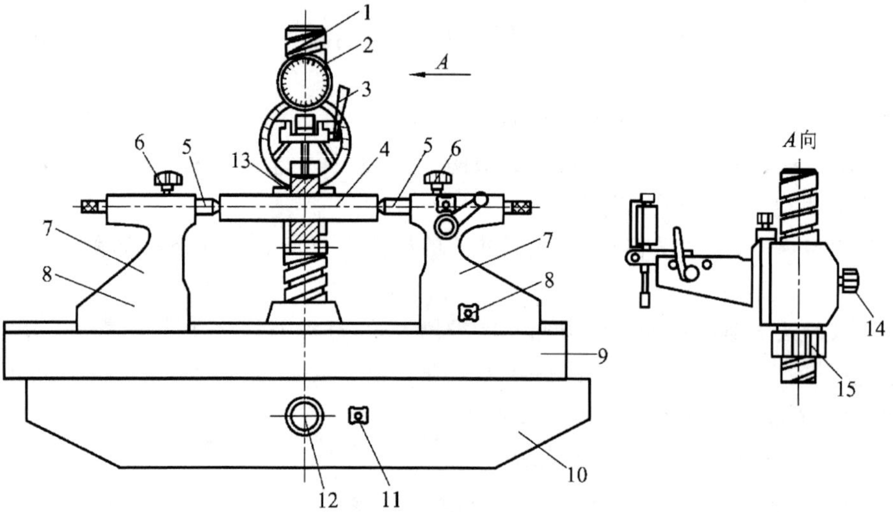

1—立柱；2—指示表；3—指示表测量扳手；4—心轴；5—顶尖；6—顶尖锁紧螺钉；7—顶尖座；8—顶尖座锁紧螺钉；9—滑台；10—底座；11—滑台锁紧螺钉；12—滑台移动手轮；13—被测齿轮；14—指示表架锁紧螺钉；15—升降螺母

图 6-20　齿圈径向跳动测量仪

四、实验步骤

（1）在量仪上调整指示表测头与被测齿轮的位置。根据被测齿轮的模数，选择尺寸合适的测头，把它安装在指示表 2 的测杆上（实验时已装好）。将被测齿轮 13 安装在心轴 4 上（该齿轮的基准孔与心轴成无间隙配合），然后把该心轴安装在两个顶尖 5 之间。注意调整这两个顶尖之间的距离，使心轴无轴向窜动，且能转动自如。

松开滑台锁紧螺钉 11，转动手轮 12 使滑台 9 移动，从而使测头大约位于齿宽中间，然后再将滑台锁紧螺钉 11 锁紧。

（2）调整量仪指示表示值零位。放下指示表测量扳手 3，松开指示表架锁紧螺钉 14，转动升降螺母 15，使测头随表架下降到与某个齿槽双面接触，把指示表 2 的指针压缩（正转）

1～2转，然后将指示表架锁紧螺钉 14 紧固。转动指示表的表盘，把表盘的零刻线对准指示表的指针，确定指示表的示值零位。

（3）测量。抬起指示表测量扳手 3，将被测齿轮 13 转过一个齿槽，然后放下指示表测量扳手 3，使测头进入齿槽内，与该齿槽双面接触，并记下指示表的示值。这样依次测量其余的齿槽，从各次示值中找出最大示值和最小示值，它们的差值即为齿圈径向跳动 ΔF_r 的数值。在回转一圈后，指示表示值的“原点”应不变（如有较大的变化需检查原因）。

（4）根据齿轮径向跳动的允许值 F_r，判断被测齿轮的合格性。

合格条件 $\Delta F_r \leqslant F_r$。

（5）清洗量仪、工件，整理现场。

实验 6.6 径向综合总偏差 $\Delta F_i''$ 和一齿径向综合偏差 $\Delta f_i''$ 的测量

预备知识

径向综合总偏差 $\Delta F_i''$ 是指被测齿轮与测量齿轮双面啮合时（前者左、右齿面同时与后者齿面接触），在被测齿轮一转内双啮中心距的最大值与最小值之差。一齿径向综合偏差 $\Delta f_i''$ 是指在被测齿轮一转中对应一个齿距角（360°/z，z 为被测齿轮的齿数）范围内的双啮中心距变动量，取其中的最大值 $\Delta f_{imax}''$ 作为评定值。测量记录图如图 6-21 所示。

$\Delta F_i''$ 和 $\Delta f_i''$ 是分别用来评定齿轮传递运动准确性和齿轮传动平稳性精度的非强制性检测精度指标。

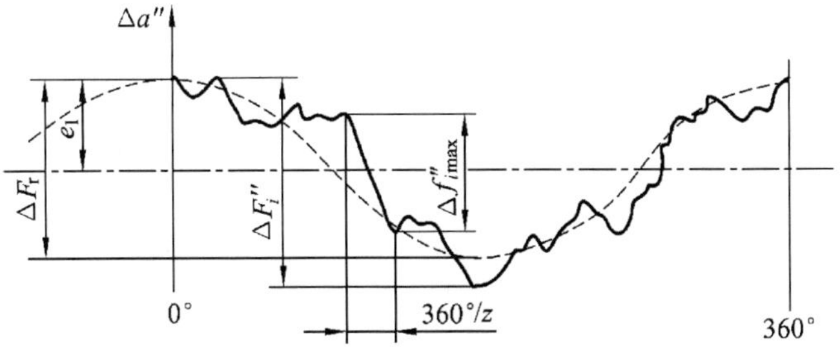

$\Delta a''$—双啮中心距变动；e_1—几何偏心；ΔF_r—齿轮径向跳动

图 6-21 径向综合偏差曲线图

一、实验目的

（1）掌握齿轮双面啮合综合检查仪的测量原理和测量结果的评定方法。

（2）加深对齿轮径向综合总偏差和一齿径向综合偏差的定义的理解。

二、实验设备及测量内容

（1）实验设备

齿轮双面啮合检查仪，主要技术规格：齿轮轴心线间距离为 50～300 mm，可测齿轮模数 m 为 1～10 mm。

(2) 测量内容

应用齿轮双面啮合检查仪和测量齿轮，使测量齿轮与被检验的齿轮在双面啮合情况下，记录被检验齿轮回转一周时啮合中心距的变化曲线。

三、仪器及测量原理说明

齿轮双面啮合综合测量是将被检验的齿轮(称为被测齿轮)与测量齿轮(精度比被测齿轮高两级以上的高精度齿轮)无侧隙双面啮合，当被测齿轮回转一周时，通过两齿轮双面啮合中心距的变动数值来评定齿轮的加工精度。它是一种综合测量方法，测量简便，效率高，在大批量生产中应用广泛。

齿轮双面啮合综合测量仪的外形如图 6-22 所示。量仪底座 12 的导轨上安放着测量时位置固定的滑座 1 和测量时可移动的滑座 2，它们的心轴上分别安装被测齿轮 9 和测量齿轮 8。按齿轮的参数、精度和齿厚偏差计算双面啮合时的公称中心距，在仪器的标尺上按计算的中心距调整，两齿轮在弹簧力的作用下双面啮合。在两齿轮对滚时其中心距由于齿轮的误差而变化，此变化值可通过指示表 6 读数或由记录器 7 绘出误差曲线(图 6-21)，最后按其中心距的变化分析齿轮的加工误差。在被测齿轮一转内，双啮中心距的最大变动量称为径向综合总偏差 $\Delta F_i''$，在被测齿轮转过一个齿距角的范围内，双啮中心距的最大变动量称为一齿径向综合偏差 $\Delta f_i''$。

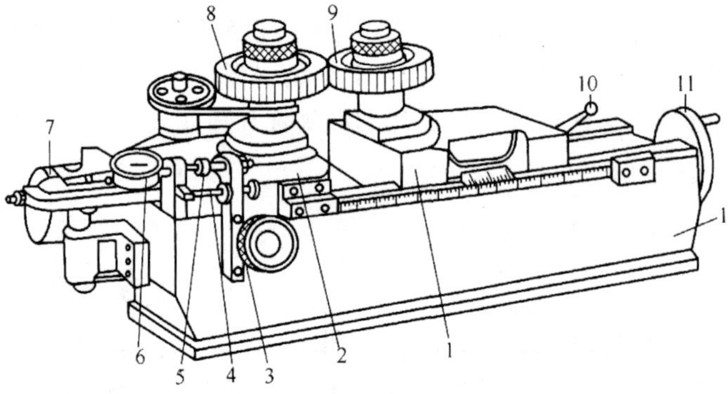

1—固定底座；2—浮动滑座；3—手轮；4—销钉；5—螺钉；6—指示表；
7—记录器；8—测量齿轮；9—被测齿轮；10—手柄；11—手轮；12—底座

图 6-22 齿轮双面啮合综合检查仪

四、实验步骤

(1) 根据被测齿轮的参数、精度要求，查表 6-12 得齿轮径向综合总偏差允许值 F_i''，查表 6-13得齿轮一齿径向综合偏差允许值 f_i''。

表 6-12 齿轮径向综合总偏差允许值 F_i''(摘自 GB/T 10095. 2—2008) μm

分度圆直径 d/mm	法向模数 m_n/mm	精度等级								
		4	5	6	7	8	9	10	11	12
$50<d\leqslant125$	$1.5<m_n\leqslant2.5$	15	22	31	43	61	86	122	173	244
	$2.5<m_n\leqslant4.0$	18	25	36	51	72	102	144	204	288
	$4.0<m_n\leqslant6.0$	22	31	44	62	88	124	176	248	351

表 6-13 齿轮一齿径向综合偏差允许值 f_i''(摘自 GB/T 10095.2—2008) μm

分度圆直径 d/mm	法向模数 m_n/mm	精度等级								
		4	5	6	7	8	9	10	11	12
$50<d\leqslant125$	$1.5<m_n\leqslant2.5$	4.5	6.5	9.5	13	19	26	37	53	75
	$2.5<m_n\leqslant4.0$	7.0	10	14	20	29	41	58	82	116
	$4.0<m_n\leqslant6.0$	11	15	22	31	44	62	87	123	174

(2) 了解仪器的结构原理和操作程序。

(3) 根据被测齿轮的参数选择测量齿轮和计算公称的双啮中心距 a（已计算得到，$m=4$ mm，$a=128$ mm；$m=5$ mm，$a=125.04$ mm）。

(4) 将指示表 6 装在支架，将记录纸装在圆筒上，并压紧。

(5) 将测量齿轮 8 和被测齿轮 9 分别安装在可移动滑座 2 和固定滑座 1 的心轴上。按逆时针方向转动手轮 3，直至手轮 3 转动到滑座 2 向左移动被销钉 4 挡住为止。这时，滑座 2 大致停留在可移动范围的中间。然后，松开手柄 10，转动手轮 11，使滑座 1 移向滑座 2，按计算的公称双啮中心距使固定滑座上的指标线对准底座 12 上的刻度线，将手柄 10 压紧，使滑座 1 的位置固定。之后，按顺时针方向转动手轮 3，由于弹簧的作用，滑座 2 向右移动，这时两个齿轮便无侧隙双面啮合。

(6) 调整螺钉 5 的位置，使指示表 6 的指针因弹簧压缩而正转 1～2 转，并把螺钉 5 的紧固螺母拧紧。转动指示表 6 的表盘，把表盘上的零刻线对准指示表的指针，以确定指示表的示值零位。使用记录器 7 时，应在滚筒上裹上记录纸，并把记录笔调整到中间位置。

(7) 顺时针方向缓慢而均匀地转动测量齿轮，使被测齿轮旋转一周，注意指示表的示值与记录器的记录是否一致。

(8) 取下记录曲线的坐标纸(图 6-21)，找出被测齿轮一转内曲线的最大幅度值，即为径向综合总偏差 $\Delta F_i''$。找出在被测齿轮转过的一齿距角内，曲线的最大幅度值，即为一齿径向综合偏差 $\Delta f_i''$。

(9) 根据齿轮的技术要求，按 $\Delta F_i''\leqslant F_i''$ 和 $\Delta f_i''\leqslant f_i''$，判断合格性。

(10) 清洗仪器，整理现场。

7 凸轮轴测量

凸轮是一种具有曲面周缘或凹槽的零件。通常多固定在转轴上以等速回转，推动与曲面相接触的从动杆，使之按某种规律做往复移动或摆动。

凸轮的升程曲线是由凸轮的转角和升程 h 两个相应的坐标值所确定。因此，凸轮在各位置的转角和升程需要用仪器测出。

实验 7.1 凸轮检查仪测量凸轮轴

一、实验目的

(1) 了解影屏光学分度头和阿贝测量显微镜仪器的结构原理。

(2) 掌握精密分度测量的一种方法。

二、实验设备及测量内容

(1) 实验设备

凸轮检查仪，主要技术规格：角度(影屏光学分度头)(0°～360°)×5″，长度(阿贝测量显微镜)(0～100)×0.001 mm，中心高 130 mm。

(2) 测量内容

用凸轮检查仪测量和评定凸轮轴零件的升程量。

三、仪器及测量原理说明

1. 凸轮检查仪

凸轮检查仪主要由影屏光学分度头、阿贝测量显微镜、尾架体和导轨组成。

(1) 影屏光学分度头

影屏光学分度头是通过主轴的转动来实现精密分度的，主轴的转动是通过一蜗轮副来带动的，主轴回转精度为 5″。如图 7-1 所示，将手柄 1 插入下面槽内时蜗轮副便啮合，当松开锁紧螺钉 3 时，摇动手柄 2 即可使主轴快速回转，如将锁紧螺钉 3 拧紧，可转动螺钉 4 使主轴微转，如果将手柄 1 插入上槽内，蜗轮副已脱开，主轴可以自由回转，主轴右端刻度环 7 可根据要求转到需要的位置上用以粗定位，锁紧螺钉 6 是控制主轴回转的。

影屏光学分度头角度的读数方法：该分度头通过投影物镜，将度盘和分划板的刻线同时反映在影屏上，因而在影屏上直接可以读出所转角度的角度值。图 7-2 中刻线Ⅰ是度盘上的刻线，线距为 1°，粗刻线Ⅱ是分划板上的夹线，当图 7-2a 中度线Ⅰ出现在两夹线偏离位置时，转动图 7-1 手柄 5 使度线均匀地夹在夹线内，然后观看度线在分划板上的位置及秒分划板上对标线Ⅲ的位置即可读出角度值，如图 7-2b 中在大窗中读出 354°5′，加上小窗中读出的 4′5″，这样就可读出 354°9′5″的角度值。

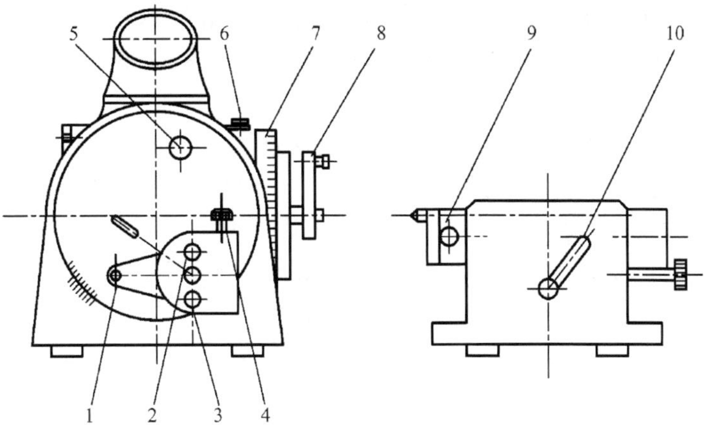

1—手柄；2—手柄；3—锁紧螺钉；4—螺钉；5—手柄；6—螺钉；
7—刻度环；8—拨杆；9—尾架体；10—锁紧手柄

图 7-1 凸轮检查仪

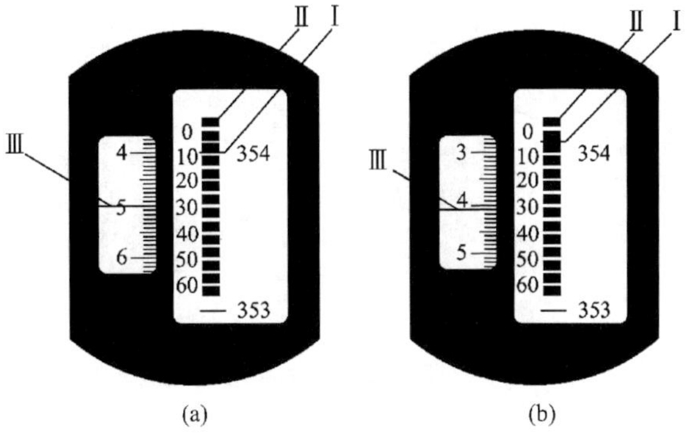

图 7-2 角度目镜

(2) 阿贝测量显微镜

阿贝测量显微镜(图 7-3)是影屏光学分度头的一个附件，与影屏光学分度头联合使用，可进行凸轮精度的测试。

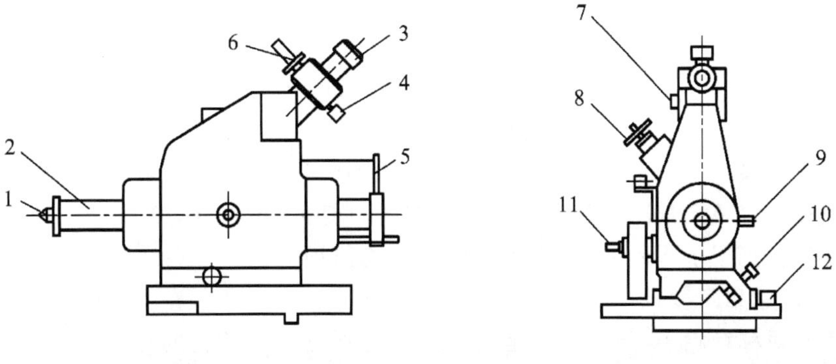

1—测头；2—测量轴；3—读数显微镜；4—调零手轮；5—重锤组；6—微调手轮；
7—调零锁紧螺钉；8—微动轮；9—锁紧螺钉；10—紧固螺钉；11—照明装置；12—连接座

图 7-3 阿贝测量显微镜

如图 7-3 所示，测量轴 2 上装有一测量范围为 100 mm 的玻璃刻度尺，将测量轴装在有滚珠轴承的二支座轴承上，测量轴运行时无间隙地滚动摩擦，在整个运动范围内的接触压力不变，当松开锁紧螺钉 9 时，测量轴可进行前后移动。

阿贝测量显微镜示值的读数方法：该仪器是通过读数显微镜将测量轴上的玻璃刻度尺的刻线成像到分划板上，然后通过目镜直接观察到分划板的刻线及玻璃刻度尺刻线的像。如图 7-4 所示，Ⅰ为毫米刻度尺之刻线，线距为 1 mm，Ⅱ为分划板的刻线，线距为 0.1 mm，Ⅲ为微米分划板的刻线，线距为 0.001 mm，Ⅳ为微米分划板读数的指标线。在图 7-4a 中，毫米刻度尺刻线出现在 0.1 mm 分划板刻线的偏离位置上，这样需转动图 7-3 中的微调手轮 6，使玻璃刻度尺刻线均匀地落在 0.1 mm 分划板夹线内(双刻线内)，然后观看玻璃刻度尺刻线在 0.1 mm 分划板上的位置及微米分划板标线Ⅳ的位置，即可读出数值，如图 7-4b 中，在大窗中读出数 15.50 mm，加上小窗中读出的 0.065 mm，这样就可读出 15.565 mm 的数值来。

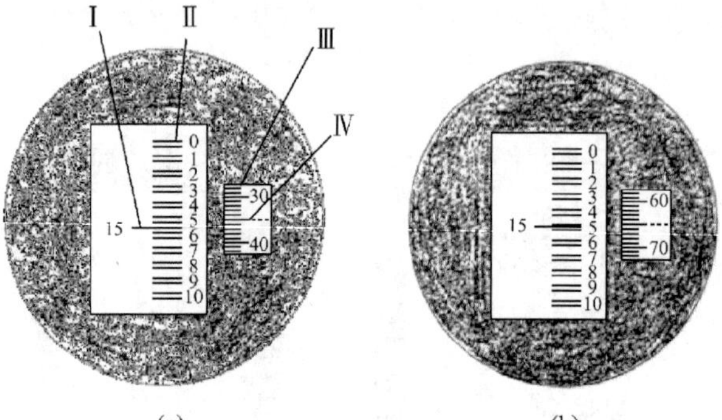

(a) (b)

图 7-4 读数目镜

如仪器需进行零位调整，可先松开调零锁紧螺钉 7，转动调零手轮 4，将零位调好后拧紧调零螺钉 7 即可。

2. 测量方法

(1) 首先将被测零件凸轮轴装夹在影屏光学分度头与尾架体的两顶尖之间(如图 7-1 所示，零件一端的圆柱体与分度头上的拨杆 8 由鸡心夹头夹紧，另一端尾架体 9 调整好位置后，将锁紧手柄 10 锁紧)，当工件轴向无窜动，径向可转动即可。

(2) 按照图 7-5 的要求，确定工件旋转方向。

(3) 凸轮升程“零点”角度值的测量。首先转动图 7-1 中的手柄 2，将凸轮最大升程处(桃尖)大致调整到与阿贝测量显微镜测量头接触，同时，眼睛观察图 7-3 中读数显微镜 3 内数值的变化情况，当发现目镜内数值在一定转角范围内升程量无变化时，将此升程量无变动前后转角角度值分别记录下来，取两个角度值的平均值即为工件测量零位角，为测量的起始角度。

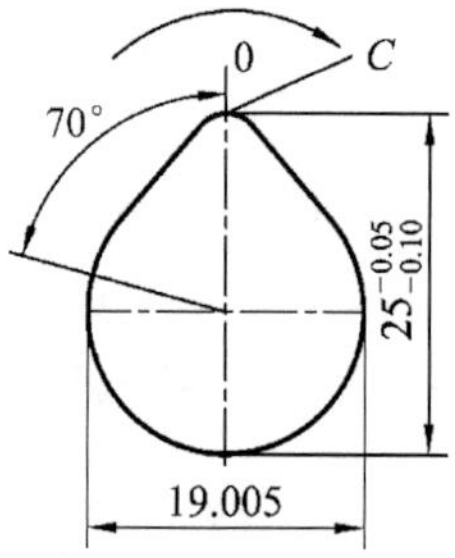

图 7-5 凸轮零件

当凸轮是对称型轮廓，凸轮桃尖是凸轮升程的顶点且是凸轮的对称线，它是凸轮极角(转角)和升程的基准点。所以确定凸轮桃尖位置的准确性，直接影响着凸轮升程及其他几何参数的测量精度。单从几何关系看，桃尖是升程值的最大点，可以直接用转折点找最大升程值，但是桃尖附近的升程变化量相当小(为死点)，准确地确定升程值最大点的位置相当困难，即使找准了升程最大点，但由于凸轮实际轮廓有形状误差，因此，最大点也不是凸轮理想桃尖位置。

桃尖位置的找法：① 平均中点法。在桃尖两侧按大约相等的角度间隔（例如 5°或 10°），找到一系列的等升程点，读出实际的相应转角，取两侧转角的对称点即认为是凸轮的桃尖。这种方法虽然比直接找最大升程点的方法有所改进，重复性好，但该法确定的桃尖不是凸轮的理想桃尖，仍有一定的误差。② 敏感点法。所谓凸轮的敏感点，是指凸轮升程变化率最大的一点，即$\frac{\Delta h}{\Delta\theta}=k_{\max}$。此点是危险点，对升程影响最大。以凸轮两侧危险点的对称角度位置确认为凸轮桃尖位置较为准确。在凸轮变化率最大的一点转角为 θ，则在桃尖两侧大约 θ 角处找到一对等升程点。读出其实际转角值，取该两转角的平均值，即为桃尖位置。敏感点法比较简单，且有较高的精度。

（4）找出凸轮测量“零点”后，根据零件图 7-5 规定的分度角度分别用影屏光学分度头转一角度，在阿贝测量读数显微镜 3 的目镜内相应地读出一个数值，同样，逐个测出凸轮的实测数值来。

四、实验步骤

（1）了解仪器的结构原理和测量方法，操作时要小心，使用锁紧螺钉时，用力不能过大，以防止内部变形，影响回转灵敏性。

（2）接通电源，根据各人的视力调整阿贝测量读数显微镜 3 的目镜焦距，使视场内的刻线清楚。

（3）将阿贝测量显微镜上的锁紧螺钉 9 拧紧，把重锤放置在图 7-3 的 5 处，使用时将锁紧螺钉 9 松开。

（4）按第三、第四的内容进行测量和评定工件。

（5）根据要求，认真填写计算数据，独立完成测量报告。

（6）测量结束，切断电源，整理现场。

五、数据处理与技术要求

（1）数据处理

先将测出的实测数据减去在基圆上所测出的数值，得到凸轮各转角的实际升程量，然后将实际升程量与理论升程量逐个相比较，计算出他们的最大偏差量，最后根据零件的技术要求来确定零件是否合格，偏差量在极限偏差范围内，工件合格；反之，不合格。

（2）技术要求

凸轮轴零件测量的实际升程值与理论升程值的极限偏差在规定角度范围内，不超出 ±0.08 mm。

实验 7.2 改造的分度头测量凸轮轴

一、实验目的

(1) 了解光学分度头的结构原理。

(2) 掌握精密分度测量的一种方法。

二、实验设备及测量内容

(1) 实验设备

光学分度头，其主要技术规格：角度(光学分度头)(0°～360°)×1′，长度(百分表)(0～10)×0.01 mm，中心高 130 mm。

(2) 测量内容

用光学分度头测量和评定凸轮轴零件上凸轮的升程量。

三、仪器及测量原理说明

1. 改造的分度头

该仪器主要由光学分度头、尾架体、导轨和自制径向测量装置组成。光学分度头是通过一蜗轮副来实现精密分度的，主轴的回转角精度为 1′。如图 7-6 所示，当松开锁紧手柄 4 时，转动手轮 3 就能够使主轴转动，也可用微调螺钉 2 使主轴微动(调)。

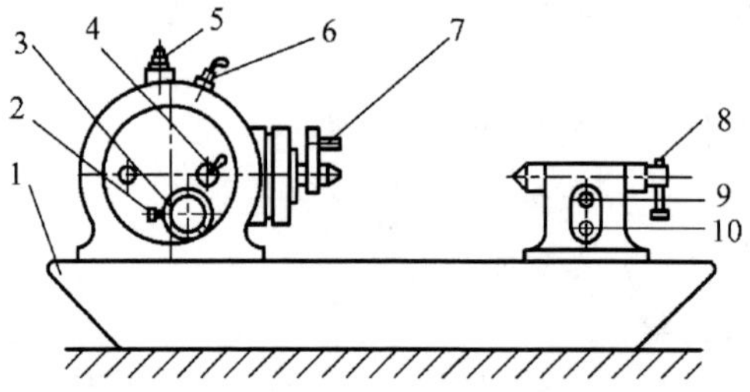

1—导轨；2—微调螺钉；3—手轮；4—锁紧手柄；5—目镜；6—光源；7—拨杆；8—尾架体；9,10—螺钉

图 7-6 光学分度头

光学分度头角度值的读数方法：如图 7-7 所示，从光源处发出的光束经透镜、反射镜投射到光学分度盘上，再经棱镜到物镜组，通过分划板、棱镜射向目镜。在目镜内直接读出所转角度的值。图中线条Ⅰ是度盘上的刻线，线距为 1°，线条Ⅱ是分划板上的分刻线，线距为 1′，当度刻线Ⅰ落在分刻线中时，可读出角度值，先读出 20°，再读出 20′，这样就可读出了 20°20′的角度值。

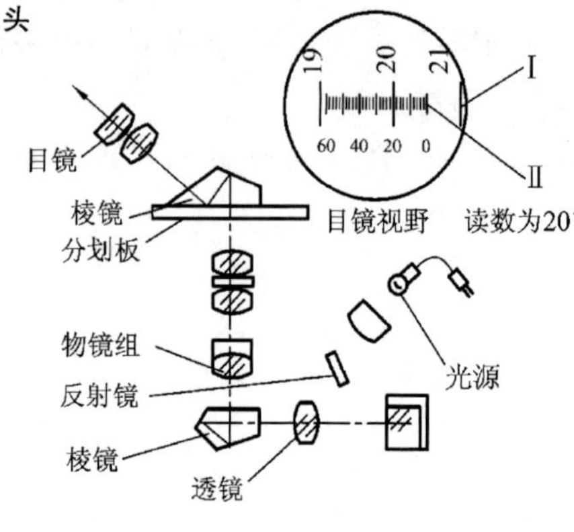

图 7-7 光学分度头光路原理示意图

2. 测量方法

(1) 首先将被测零件凸轮轴装夹在光学分度头和尾架体的两顶尖之间(如图 7-6 所示，零件一端的圆柱体与分度头上的拨杆 7 由鸡心夹头夹紧，另一端尾架体 8 调整好位置后，将锁紧螺钉锁紧)，当工件轴向无窜动，径向可转动即可。

(2) 按照图 7-8 的要求，确定工件旋转方向。

(3) 凸轮升程“零点”角度值的测量。首先转动图 7-6 手轮 3，使凸轮最大升程处(桃尖)大致调整到与径向测量装置测头接触，同时，眼睛观察指示表表头(指针)的变化情况，当发现指示表指针数值在一定转角范围内升程量无变化时，将此升程量无变动前后转角角度值分别记下来，取两个角度值的平均值即为工件测量零位角，作为测量起始角度。

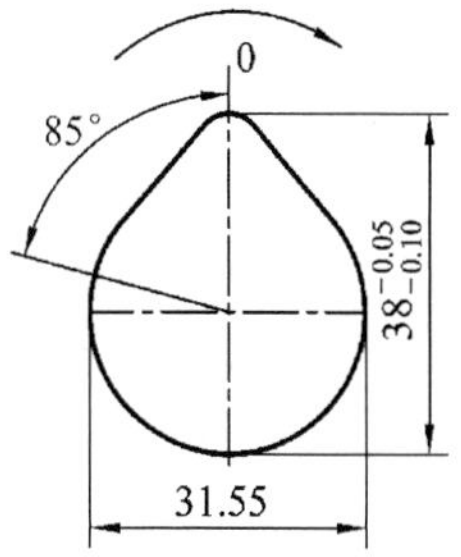

图 7-8 凸轮零件

当凸轮是对称型轮廓，凸轮桃尖位置的找法同前所述。

(4) 找出凸轮测量“零点”后，根据零件图 7-8 规定的分度角度分别用光学分度头转一角度，在径向测量装置指示表上相应地读出一个数值，同样，逐个测出凸轮的实测数值来。

四、实验步骤

(1) 了解仪器的结构原理和测量方法。

(2) 接通电源，调整图 7-6 中目镜 5 的焦距，使视场内的刻线清楚。

(3) 按要求进行测量和评定工件。

(4) 根据要求，认真填写计算数据，独立完成测量报告。

(5) 测量结束，切断电源，整理现场。

五、数据处理与技术要求

(1) 数据处理

先将测出的实测数据减去在基圆上所测出的数值，得到凸轮的各转角的实际升程量，然后将实际升程量与理论升程量逐个相比较，计算出他们的最大偏差量，最后根据零件的技术要求来确定零件是否合格，偏差量在极限偏差范围内，工件合格；反之，则不合格。

(2) 技术要求

凸轮轴零件测量的实际升程值与理论升程的极限偏差在规定角度范围内不大于±0.08 mm。

8 光滑圆锥体的测量

GB/T 157—2001中规定，锥度是两个垂直圆锥轴线截面的圆锥直径 D 与 d 之差与该两截面之间的轴向距离 L 之比，锥度的代号为 C。如图8-1所示，锥度为

$$C=\frac{D-d}{L}$$

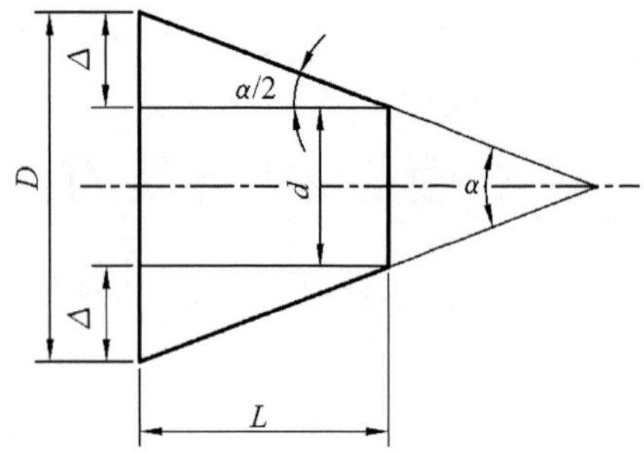

图8-1 锥度的定义

锥度 C 与圆锥角 α 的关系为

$$C=\frac{D-d}{L}=\frac{2\Delta}{L}=2\tan\frac{\alpha}{2}=1:\frac{1}{2}\cot\frac{\alpha}{2}$$

式中，圆锥角 α 可简称锥角，$\frac{\alpha}{2}$ 为圆锥角之半，或称斜角。

锥度一般用比例或分式形式表示。由锥度 C 可以推算出锥角 α，由锥角 α 也可以算出锥度 C。

GB/T 11334—2005将圆锥公差分为圆锥直径公差 T_D、圆锥角公差 AT、圆锥形状公差 T_F 及给定截面圆锥直径公差 T_{DS}。

（1）圆锥直径公差 T_D

圆锥直径公差 T_D 是指圆锥直径的允许变动量，即允许的上极限圆锥直径 D_{max}（或 d_{max}）与下极限圆锥直径 D_{min}（或 d_{min}）之差。圆锥直径公差值 T_D，以公称圆锥直径 D 为公称尺寸，按GB/T 1800.1—2009规定的标准公差选取，它适用于圆锥的全长 L。

（2）圆锥角公差 AT

圆锥角公差 AT 是指圆锥角允许的变动量，即上极限圆锥角 α_{max} 与下极限圆锥角 α_{min} 之差，它是一个没有符号的绝对值。圆锥角公差 AT 有两种表示：角度值 AT_α 与线性值 AT_D。两者关系为

$$AT_D=AT_\alpha\cdot L\times10^{-3}$$

式中：L——圆锥长度，mm；

AT_α——以角度单位表示圆锥角公差，μrad；

AT_D——以长度单位表示圆锥角公差，μm。

国标规定，圆锥角公差 AT 共分12个公差等级，用 $AT1$，$AT2$，…，$AT12$ 表示，其部分数值见表8-1。

表 8-1 圆锥角公差(摘自 GB/T 11334—2005)

公称圆锥长度 L/mm	$AT5$			$AT6$		
	AT_α		AT_D	AT_α		AT_D
	μrad	(′)(″)	μm	μrad	(′)(″)	μm
>25～40	160	33″	>4.0～6.3	250	52″	>6.3～10.0
>40～63	125	26″	>5.0～8.0	200	41″	>8.0～12.5
>63～100	100	21″	>6.3～10.0	160	33″	>10.0～16.0
>100～160	80	16″	>8.0～12.5	125	26″	>12.5～20.0
>160～250	63	13″	>10.0～16.0	100	21″	>16.0～25.0

公称圆锥长度 L/mm	$AT7$			$AT8$		
	AT_α		AT_D	AT_α		AT_D
	μrad	(′)(″)	μm	μrad	(′)(″)	μm
>25～40	400	1′22″	>10.0～16.0	630	2′10″	>16.0～20.5
>40～63	315	1′05″	>12.5～20.0	500	1′43″	>20.0～32.0
>63～100	250	52″	>16.0～25.0	400	1′22″	>25.0～40.0
>100～160	200	41″	>20.0～32.0	315	1′05″	>32.0～50.0
>160～250	160	33″	>25.0～40.0	250	52″	>40.0～63.0

公称圆锥长度 L/mm	$AT9$			$AT10$		
	AT_α		AT_D	AT_α		AT_D
	μrad	(′)(″)	μm	μrad	(′)(″)	μm
>25～40	1000	3′26″	>25～40	1600	5′30″	>40～63
>40～63	800	2′45″	>32～50	1250	4′18″	>50～80
>63～100	630	2′10″	>40～63	1000	3′26″	>63～100
>100～160	500	1′43″	>50～80	800	2′45″	>80～125
>160～250	400	1′22″	>63～100	630	2′10″	>100～160

注：① 1 μrad 等于半径为 1 m,弧长为 1 μm 所对应的圆心角。5 μrad≈1″,300 μrad≈1′。
② 示例 1：L 为 63 mm,选用 $AT7$,查表得 AT_α 为 315 μrad 或 1′05″,则 AT_D 为 20 μm。
示例 2：L 为 50 mm,选用 $AT7$,查表得 AT_α 为 315 μrad 或 1′05″,则 $AT_D = AT_\alpha \cdot L \times 10^{-3} = 315 \times 50 \times 10^{-3}$ μm=15.75 μm,取 AT_D 为 15.8 μm。

圆锥角公差 $AT4$～$AT12$ 的应用:$AT4$～$AT6$ 用于高精度的圆锥量规和角度样板;$AT7$～$AT9$ 用于工具圆锥,圆锥销,传递大扭矩的摩擦圆锥;$AT10$～$AT11$ 用于圆锥齿轮、圆锥套等中等精度零件;$AT12$ 用于低精度零件。

圆锥角的极限偏差可按单向取值($\alpha^{+AT_\alpha}_{\ 0}$ 或 $\alpha^{\ 0}_{-AT_\alpha}$)或者双向对称取值($\alpha \pm AT_\alpha/2$)。为了保证内外圆锥接触的均匀性,圆锥角公差带通常对称于公称圆锥角分布。

(3) 圆锥形状公差 T_F

圆锥形状公差 T_F 包括圆锥素线直线度公差和圆度公差。对于要求不高的圆锥工件,其形状误差一般也用直径公差 T_D 控制。

(4) 给定截面圆锥直径公差

给定截面圆锥直径公差(T_{DS})的数值是以给定截面圆锥直径 d_x 为公称尺寸，按 GB/T 1800.1—2009 的标准公差选取。

实验 8.1　用正弦规测量圆锥塞规

一、实验目的

掌握正弦规的使用原理及外圆锥角的检验方法。

二、实验设备及测量内容

(1) 实验设备

正弦规的主要技术规格见表 8-2。

表 8-2　正弦规主要技术规格

两圆柱中心距 L/mm	100	200
两圆柱中心距 L 的公差/μm	±3	±5
两圆柱公切面与顶面的平行度/μm	2	3
两圆柱的直径差/μm	3	3

(2) 测量内容

应用正弦规测量小角度外圆锥的圆锥角。

三、仪器及测量原理说明

如图 8-2 所示，正弦规是由本体 2 和固定在本体两端的直径相同的圆柱 1,3 所组成的精密测量工具。按工作面宽度的不同，它分为宽型和窄型两种，主要用于测量小角度外圆锥的圆锥角。

正弦规测量角度的原理是以直角三角形的正弦函数为基础进行测量的，如图 8-3 所示。

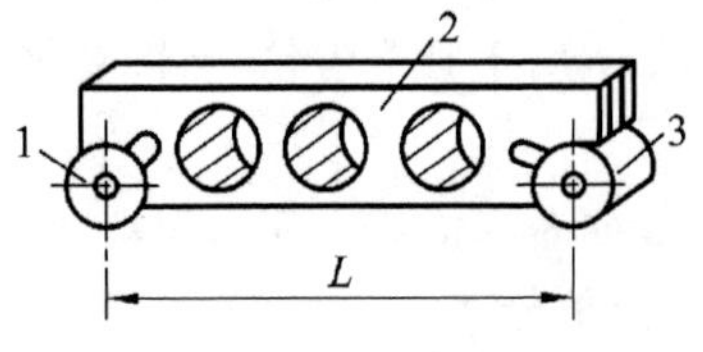

1,3—精密圆柱体；2—本体

图 8-2　正弦规外形图

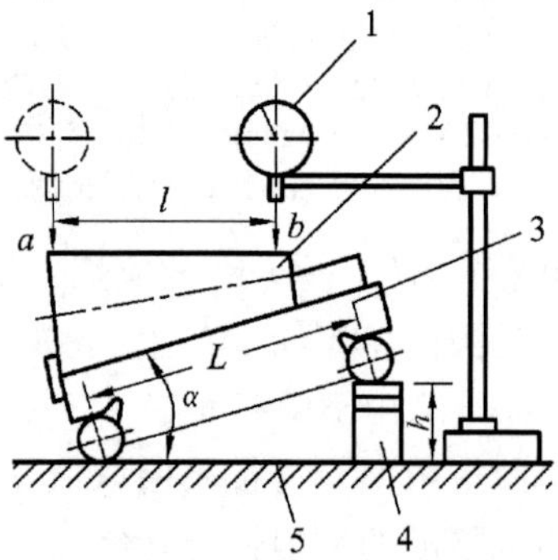

1—指示表；2—工件；3—正弦规；4—量块组；5—平板

图 8-3　用正弦规测量锥度

若在正弦规的一端(两圆柱之一)的下面垫入尺寸为 h 的量块组,则正弦规本体的测量平面与平板平面组成一夹角 α,则

$$\sin\alpha=\frac{h}{L}$$

从而得

$$h=L\cdot\sin\alpha \tag{8-1}$$

式中:L——正弦规两圆柱间距离;

h——量块组尺寸;

α——正弦规测量平面与平板平面之间的夹角(即被测件的锥角)。

在测量圆锥体的角度时,可将公称的 α 角代入式(8-1),求出所需的量块组尺寸 h,而后组合量块组,并按图 8-3 放入一端的圆柱下面(靠锥体小端的一端),用指示表在圆锥工件上相距 l 的两点(a 和 b 点)测出其高度差 Δh,若实际锥角与公称锥角一致,则 $\Delta h=0$,否则被测角度的误差为

$$\Delta\alpha=\frac{\Delta h}{l}(\mathrm{rad})=\frac{\Delta h}{l}\times2\times10^{5}('') \tag{8-2}$$

四、实验步骤

(1) 查表 8-3,根据已知的莫氏锥号,查得对应的外锥大径公称尺寸 D 及锥度 C,然后按锥度可以算出圆锥角 α(注意,是全锥角,不是半锥角)。

表 8-3 莫氏锥号、锥度 C、外锥大径公称尺寸 D

莫氏锥号	锥度 C	外锥大径公称尺寸 D/mm
0	1∶19.212	9.045
1	1∶20.047	12.065
2	1∶20.020	17.78
3	1∶19.922	23.825
4	1∶19.254	31.267
5	1∶19.002	44.399
6	1∶19.180	63.348

锥度 C 与圆锥角 α 的关系为

$$C=2\tan\frac{\alpha}{2}$$

(2) 由正弦规长度 L,公称锥角 α,根据式(8-1)求出所需量块组的尺寸 h,按被测工件的圆锥角公差等级 AT 和圆锥长度 L,从表 8-1 中查出圆锥度公差 AT_α,并确定其上下偏差。

(3) 按量块组尺寸 h 选出量块,并清洗干净组合成量块组。

(4) 擦净平板、正弦规及工件,将工件安装在正弦规上,并将组合好的量块组 h 放在锥体工件小端的正弦规圆柱下面。

(5) 在被测锥体工件的上面,用记号笔标出两点,即图 8-3 中的 a,b 点,然后用钢卷尺测得两点间的距离 l。

(6) 移动表架,使指示表的量头分别通过 a 点和 b 点进行测量读数,测量 5 次,并做记录,算出平均值。

(7) 根据式(8-2)计算 $\Delta\alpha$(注意 $\Delta h = h_a - h_b$ 的正负号)。

(8) 评定是否合格,完成实验报告。

(9) 将量仪、工件、工具擦洗干净,整理好现场。

实验 8.2　用钢球法测量圆锥环规

一、实验目的

掌握用钢球法测量锥孔锥角的方法。

二、实验设备及测量内容

(1) 实验设备

大小钢球,深度游标尺或深度百分尺。

(2) 测量内容

应用大、小钢球,深度游标尺或深度百分尺在平台上测量莫氏锥孔的锥角。

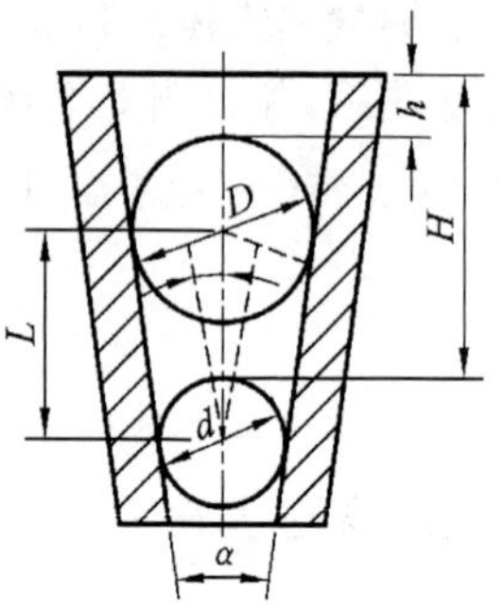

图 8-4　钢球法测量内孔锥度

三、测量原理

如图 8-4 所示,它是利用尺寸和形状较准确的直径不同的两个钢球放入被测圆锥孔中,用深度游标尺(或深度百分尺)分别测量出其钢球顶点至上基面的距离 h 及 H,而后用计算方法求出圆锥角 α 或斜角 $\alpha/2$,其计算公式是:

$$\sin\frac{\alpha}{2}=\frac{D-d}{2L} \tag{8-3}$$

又 $L=H-h-\frac{D}{2}+\frac{d}{2}$,代入式(8-3)得

$$\sin\frac{\alpha}{2}=\frac{D-d}{2(H-h)-(D-d)} \tag{8-4}$$

四、实验步骤

(1) 根据被测锥孔的圆锥角公差等级 AT 及圆锥长度 L,从表 8-1 中查出圆锥角公差,并确定锥角的上下偏差和半锥角的上下偏差。

(2) 根据被测锥孔大头孔与小头孔的尺寸,选取两个适当的不同尺寸的钢球,并用量块比较测量出钢球的实际尺寸。

(3) 在小头孔内放入挡棒(木棒或铜棒),先将小钢球缓慢放入孔中,而后抽去挡棒(切忌不用挡棒,就将钢球放入,造成钢球卡死在孔内不易拿出的情况),用深度游标尺(或深度百分尺)量出球顶至大头端面的距离 H;取出小钢球,按上述步骤将大钢球缓慢放入孔中,量出球顶至大孔端面的距离 h,将量得的 H 和 h 值记录下来。

(4) 计算出锥孔的半锥角,评定是否合格。

(5) 将量仪、工件、工具擦洗干净,整理现场,完成实验报告。

9 三维测量技术

9.1 GLOBAL 三坐标测量机

9.1.1 GLOBAL 三坐标测量机的介绍

1. GLOBAL 三坐标测量机的组成及应用

GLOBAL 三坐标测量机是一种集光、机、电、算为一体的精密光学测量仪器，可用于各种几何元素（点、线、面、圆、圆锥、圆柱、球等）构造的几何公差（直线度、平面度、平行度、垂直度、位置度、倾斜度、跳动度、配合公差等）的三维测量，也可以进行计算机数控（CNC）测量，亦称为测量中心。

GLOBAL STATUS 系列三坐标测量机采用 TRICISIONTM 式（精密三角梁）横梁设计，提供了良好的刚性质量比。可以配置多种测头、测座，提高了检测效率、测量精度，增加了操作的可靠性，降低了维修保养费用。其广泛用于工业中的首件检测、最终检验，过程和夹具检验，过程控制以及逆向工程应用。

GLOBAL 三坐标测量机由机械主体、电器控制柜、计算机、测头和控制软件组成。GLOBAL 三坐标测量机三坐标的方向，如图 9-1 所示。

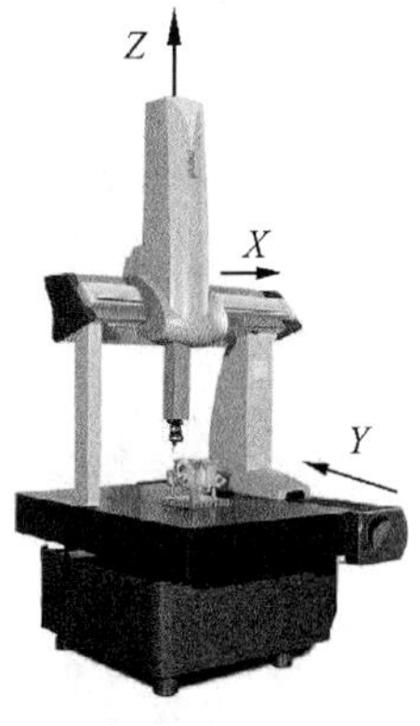

图 9-1　三坐标测量机三坐标方向

GLOBAL 活动桥式三坐标测量机结构刚性好、承载能力大。GLOBAL STATUS HAWK777 活动桥式三坐标测量机的测量行程为 700 mm×700 mm×660 mm；测量精度：根据不同的测头类型测量精度不同，TP2/TP20 测头，精度可达 2.5＋4 L/1000（μm）；被测工件最大重量可达 900 kg。

2. PC-DMIS 通用测量软件

PC-DMIS 是功能强大的 CAD 通用测量软件，为几何量测量的需要提供了完美的解决方案。从简单的箱体类工件到复杂的轮廓和曲面，PC-DMIS 软件使测量过程始终以高速、高效率和高精度进行。

PC-DMIS 功能介绍：

（1）几何量及几何误差测量与评价；

（2）智能测量，该软件能自动识别测量特征，减少人机交互操作；

（3）通过标准协议（如 IGES、DXF、DES、VDA-FS、ASCII 等），与 CAD 系统实现双向连接；

（4）可对轮廓类、薄壁类等特殊工件进行测量与分析；

(5) 可直接读入理论数模,不需中间转换,不损失精度;
(6) 强大的文字、图形分析报告输出的功能;
(7) 多视图显示功能;
(8) 用不同的颜色显示误差曲线的分布;
(9) 脱机编程,节省测量时间;
(10) 仿真运行,保证编制程序的正确性,避免碰撞,减少损失。

3. 操纵盒按键说明,如图 9-2 所示。

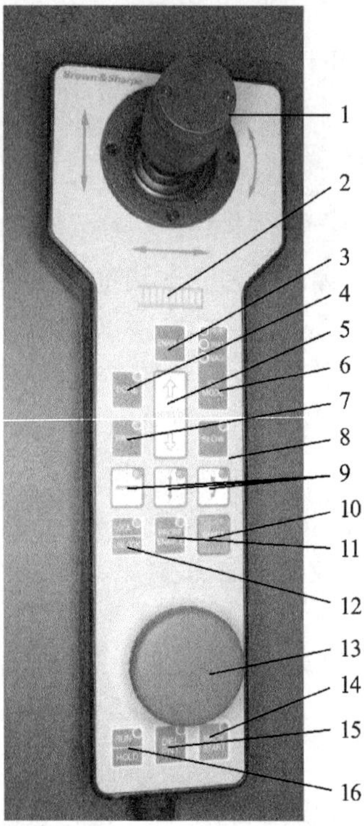

1 — 操纵杆手柄,需与键3 (ENABLE) 同时使用;
2 — 运行速度百分比显示;
3 — ENABLE键与操纵杆手柄1同时使用有效;
4 — DONE,确认键;
5 — 调节运行速度键;
6 — JOGMODE,操纵杆工作模式键;
7 — PRINT,加移动点;
8 — SLOW,慢速键;
9 — X,Y,Z 轴指示灯;
10 — SHIFT键;
11 — PROBE ENABLE键,正常工作时,应确保此灯亮;
12 — LOCK/UNLOCK轴锁定键;
13 — 紧急停按键;
14 — MACH START测量机加电按键;
15 — DEL PNT删除确认前的测点;
16 — RUN/HODE程序运行键

图 9-2　操纵盒按键说明

9.1.2　测头校验

测头校验是三坐标测量机进行零件测量时必不可少的一个重要步骤,目的是为了精确获得测头的半径值,便于测量机沿矢量方向延长一个半径补偿,也是为了建立各角度之间的关系。因此使用三坐标测量机检测零件时,首先要校正所用测头系统。测头系统由测座、适配器、传感器及不同类型的测杆组成。测杆类型有球形测杆、柱形测杆、盘形测杆和星形测杆等,根据检测零件的不同而选择不同的测杆。常用的球形测杆(测杆直径 ϕ 4、测杆长度 20 mm),配备测座 PH10MQ、适配器 PAA1、传感器 TP20。

测头定义及校验步骤:

(1) 打开“插入”—“硬件定义”,进入“测头功能”选项,如图 9-3 所示。

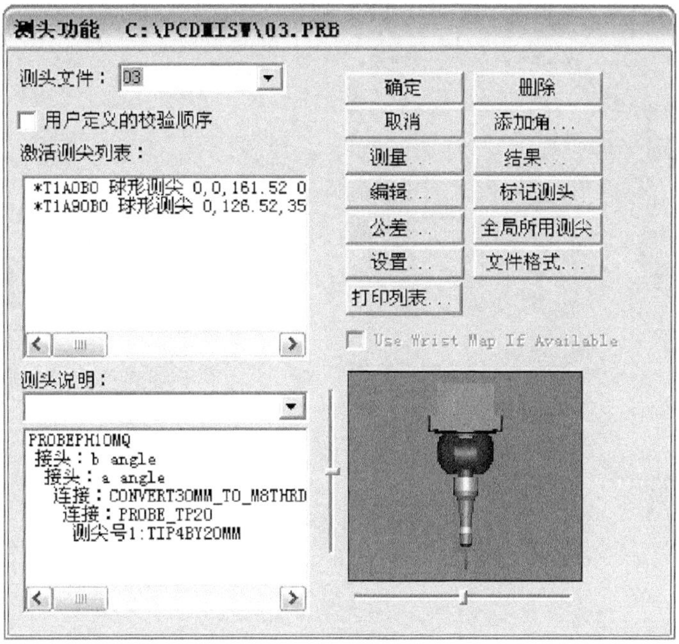

图 9-3 测头选项

(2) 在加亮当前的"测头文件" 方框中，键入新的文件名。

(3) 在测头说明窗口加亮"没有测头定义"选项，然后点击下拉菜单的箭头。

(4) 按测量机现有配置情况，在描述窗口中按 "测座至测杆"依次选择相应的配置。例如：定义 ϕ 4 mm × 20 mm 的测头，则依次选择 PROBEPH10MQ、CONVERT_30MM_TOM8THRD (PAA1 转接头)、PROBE_TP20、TIP4BY20MM (TIP 指测杆，4 指测杆直径，BY 指球型测杆，20MM 指测杆长度)。

(5) 选择"添加角"，打开添加角度所需要的 A、B 角度(A 角绕 X 轴旋转，范围 0°～105°，每格 7.5°；B 角绕 Z 轴旋转，范围－180°～＋180°，每格 7.5°，逆时针为正)，然后确定。

(6) 选择测量，打开"测量测头"对话框(图 9-4)，进行测头校验。

(7) 设定测头参数：测量点数 5，逼近/回退距离2～5 mm，运动速度 20%～50%，测量速度 2%～5%，校验方式 DCC(自动)方式，操作类型校验测尖，校验模式选取默认模式(触发测头)。

(8) 定义标准球参数：点击"添加工具"，打开"添加工具"对话框，如图 9-5 所示，输入工具名称，校验工具类型为球体，输入柱测尖矢量，此矢量通过支撑杆的中心线，方向为通过标准球向外，若用一竖直向上的单球，则典型矢量方式为"0,0,1"。

(9) 在直径/长度方框里，输入标准球直径(本例使用标准球直径为 24.994 8 mm)。

(10) 点击确认。

(11) 当所有选项均选择完毕，点击"测量"。

(12) PC-DMIS 将提问标准球位置是否被移动过，首次校验应回答"是"。

(13) 自动方式下，T1A0B0 测头时，PC-DMIS 要求在球的垂直方向测一点，手动在要求的位置测量，测完此点后，按下操作盒的"DONE"键，PC-DMIS 将自动进行校验。

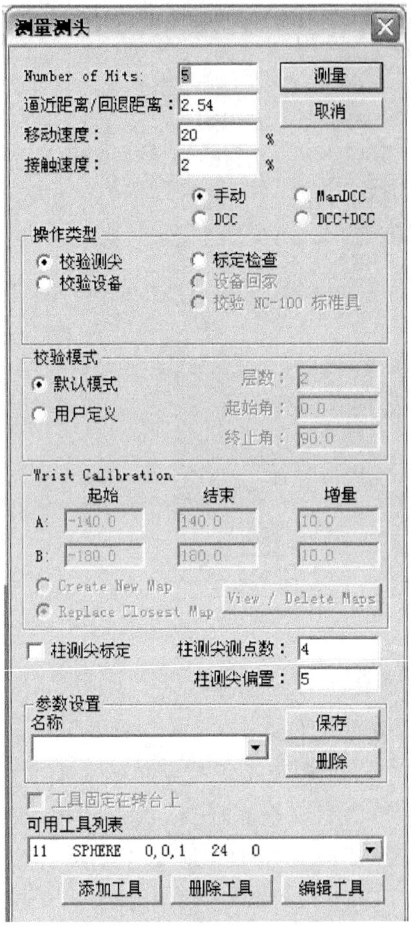

图 9-4 “测量测头”对话框

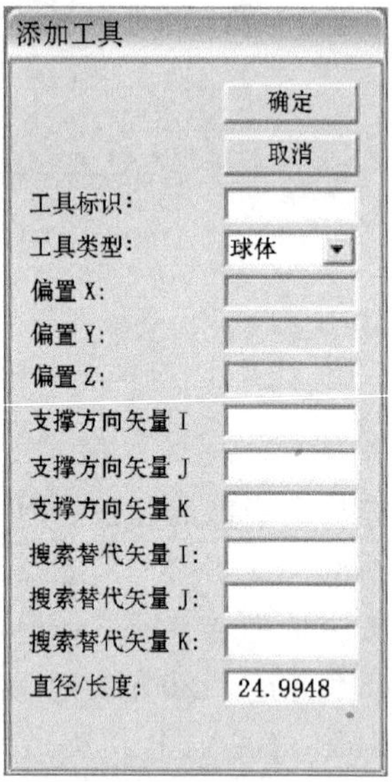

图 9-5 “添加工具”对话框

(14) 在测头校验完后，点击“测头功能”—“结果”，可以打开结果对话框，显示了测头校验结果，判断校验精度。

说明 图 9-3 中，激活测尖列表中，前有“*”号的测尖指未经过校验的测尖。

9.1.3 检测规划及流程

1. 检测规划

(1) 明确工件的设计基准、工艺基准、检测基准，确定建立零件坐标系时，应测量哪些元素来建立基准，并采用何种方法建立坐标系；

(2) 确定需要检测的项目，应该测量哪些元素，以及测量这些元素时，大致的先后顺序；

(3) 根据要测量的特征元素，确定工件合理的摆放方位，采用合适的夹具，并尽可能在一次装夹下，完成所有元素的测量，避免两次装夹；

(4) 根据工件的摆放方位及检测元素，选择合适的测头组件，并确定需要的测头角度；

(5) 分析图纸。工件图纸的分析过程，是工件检测的基础。分析完图纸后，应出具一份详细的检测要求。

2. 工件检测流程

工件检测流程如图 9-6 所示。

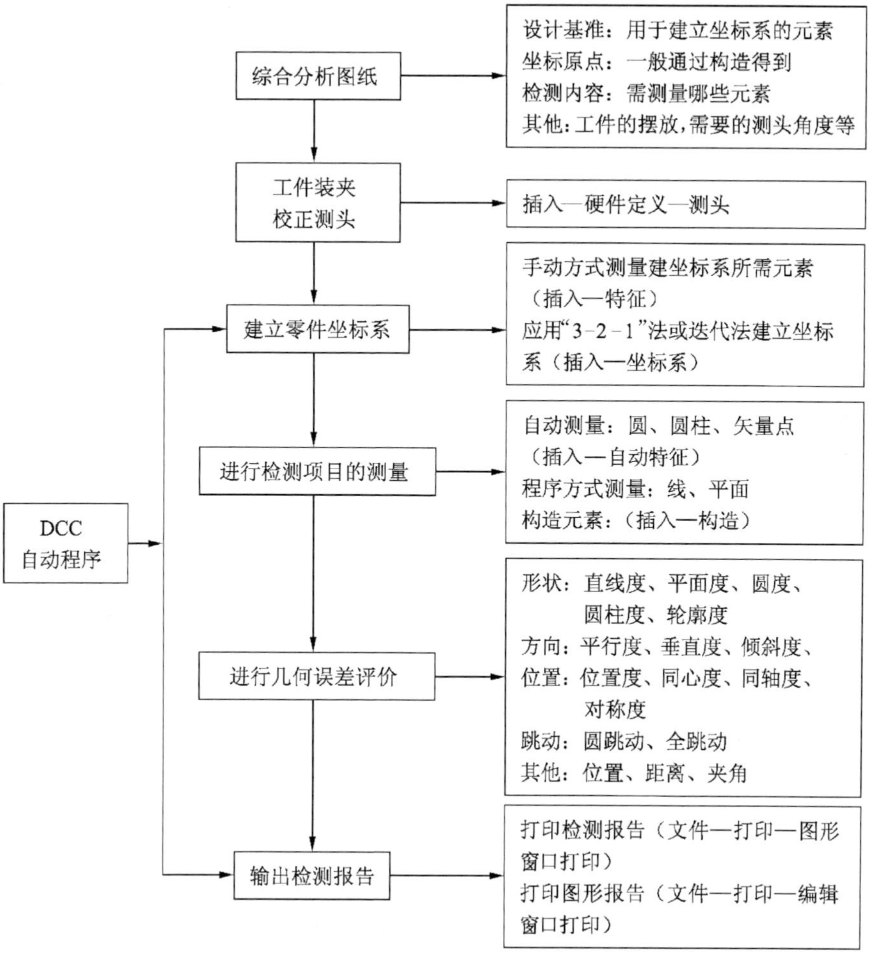

图 9-6 工件检测流程图

9.1.4 案例分析

1. 减速器基座（无数字模型）

减速器基座的零件图如图 9-7 所示。

(1) 综合分析图纸测量要求（见图 9-7）

① 平面度误差：箱体基座结合面 A，平面度公差为 |⏥|0.04|。

② 垂直度误差：轴承座孔外端面相对于轴承座孔轴心线的垂直度误差（两处），垂直度公差为 |⊥|0.05|B|。

③ 平行度误差：两对轴承座孔公共轴心线的平行度误差，平行度公差为 |∥|0.025|A|。

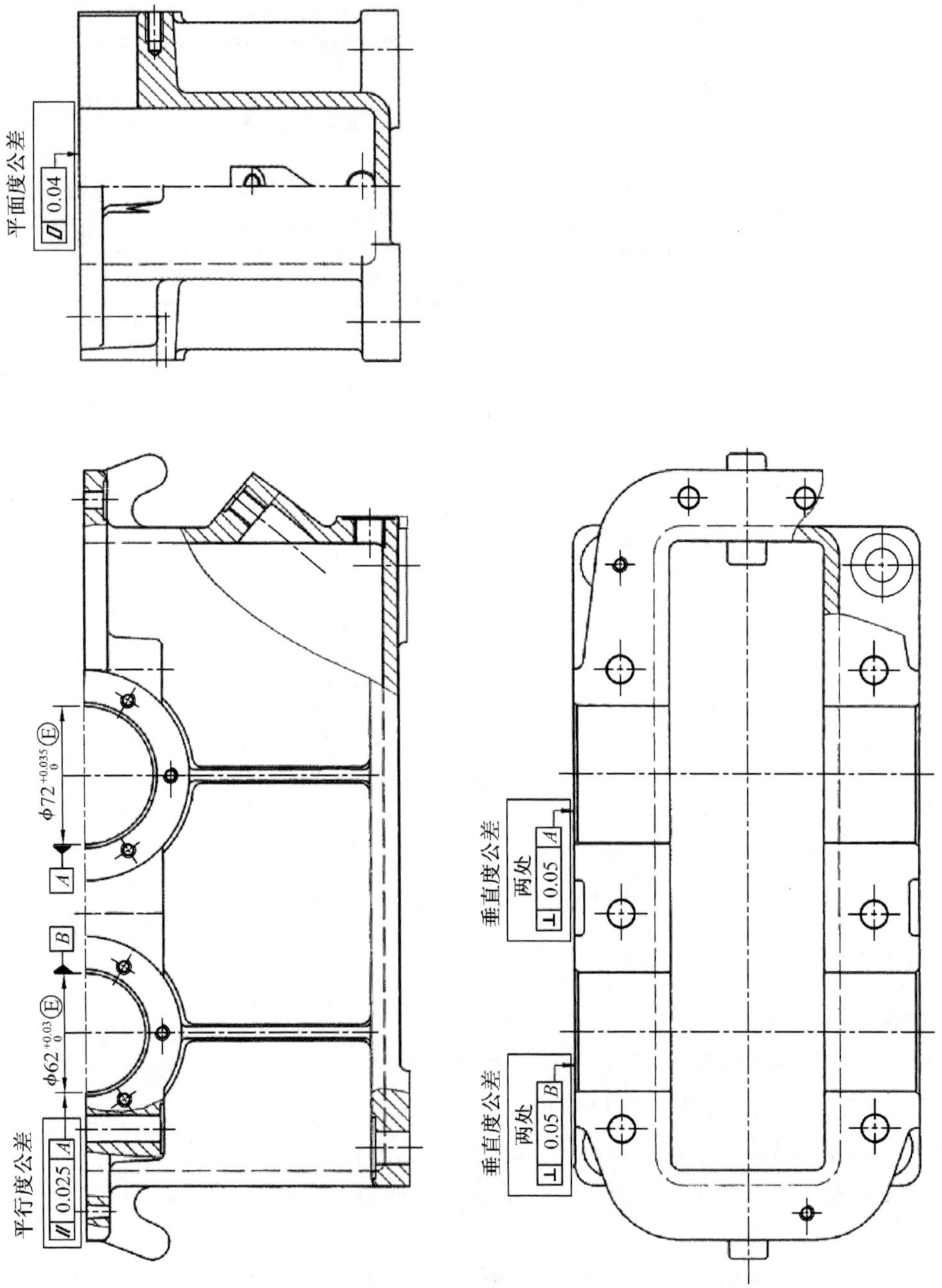
平面度公差
⏥ 0.04
平行度公差
// 0.025 A
ϕ62 +0.03 0 Ⓔ
ϕ72 +0.035 0 Ⓔ
A
B
垂直度公差
两处
⊥ 0.05 A
垂直度公差
两处
⊥ 0.05 B

图 9-7　基座零件图

（2）工件装夹，添加测量角度，校正测头

① 综合考虑被测要素，合理装夹工件。此箱体装夹方式如图 9-8 所示。

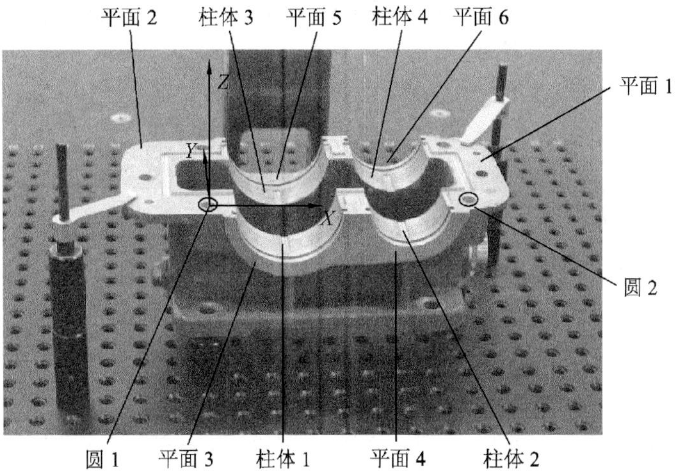

图 9-8　箱体装夹

② 校正测头，添加测头测量角度，方法如前所述。本例中添加测量角度为 A90B180，A90B0。

（3）建立坐标系，采用“3-2-1”法建立工件坐标系

“3”——不在同一直线上的三个点能确定一个平面，利用此平面的法线矢量确定一个坐标轴方向——“找正”。“2”——两个点可确定一条直线，此直线可以围绕已确定的第一个轴向进行旋转，依次确定第二个轴向——“旋转”。“1”—— 一个点，用于确立坐标系某一轴向的原点；利用平面、直线、点分别确定三个轴向的零点——“平移”。

具体操作如下：

① 分析零件图，根据被测要素选择坐标系位置和方向。手动测量建立坐标系所需元素，平面 1、圆 1、圆 2，拟建立坐标系如图 9-9 所示。

② 点击“插入—坐标系—新建”，弹出“坐标系功能”对话框，如图 9-9 所示。

a. 确定“*Z* 正”方向，点选“平面 1”“*Z* 正”“找正”；

b. 确定“*X* 正”方向，点选“圆 1，圆 2”，（使用二者圆心的连线）围绕“*Z* 正”，旋转到“*X* 正”；

c. 确定原点，点选“平面 1”，勾选“*Z*”，点击“原点”；点选“圆 1”，勾选“*X*，*Y*”，点击“原点”。点击“确定”，坐标系建立完成；

d. 验证坐标系，使用控制盒，在 *X*，*Y*，*Z* 三个方向分别移动测头，观察坐标变化情况，验证坐标系的正确性。

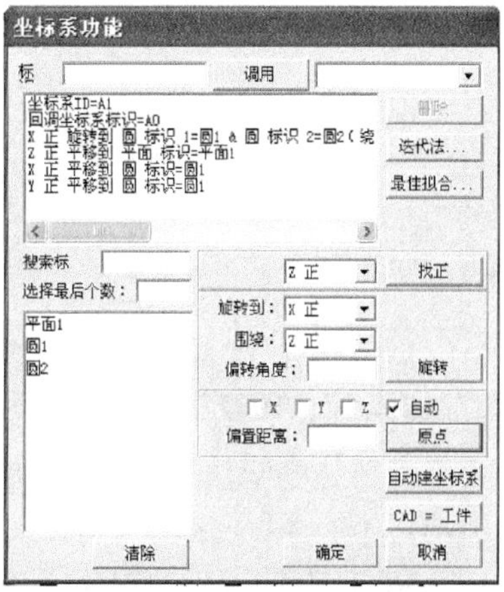

图 9-9　坐标系功能

注意　当利用 CAD 模型测量时，坐标系建立后需点击“CAD＝工件”，再确定。

(4) 特征参数的测量与评价

点击“切换到 DCC 模式”图标,开始测量。

① 平面度：测量平面 2,点击评价“平面度”图标,弹出“平面度”对话框,如图 9-10 所示。

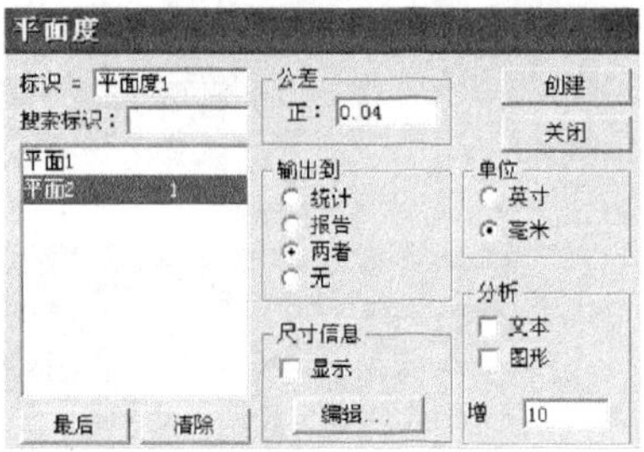

图 9-10　平面度误差评价

根据图纸要求,设置公差值“0.04”,点选待评价平面,点击“创建”,完成平面度评价,如图 9-11 所示。点击“关闭”,回到主页面,查看评价结果。

② 垂直度：调用测头“T1A90B180”,如图 9-12 所示。测量平面 3 和柱体 1。

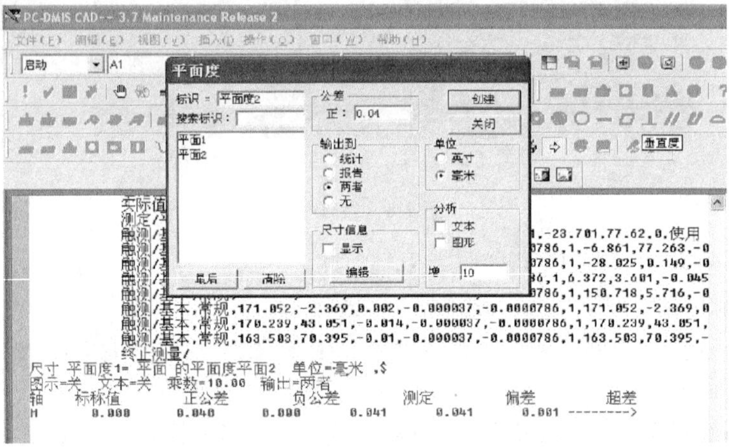

图 9-11　平面度误差评定结果

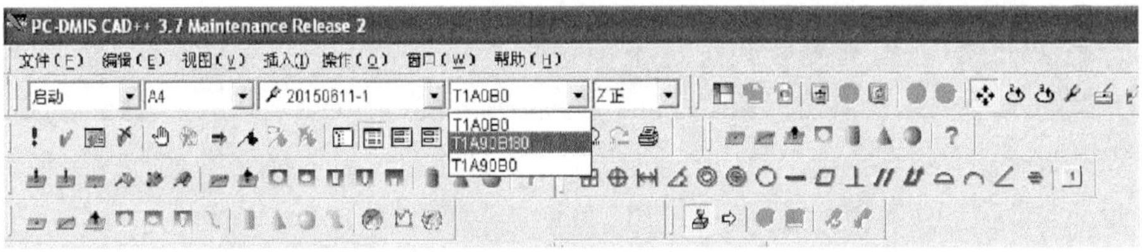

图 9-12　调用测头

点击评价“垂直度”图标,弹出“垂直度”对话框,设置垂直度公差“0.05”,依次点选“平面 3”“柱体 1”。即以柱体 1 轴线为基准,评价平面 3 相对于轴线的垂直度。点击“创建”,依次测量其他柱体和相对应的平面,完成垂直度的评价,如图 9-13 所示。点击“关闭”,回到主页面。

③ 平行度：点击“构造线”图标,弹出“构造线”对话框,点选“3 维线”“柱体 1”“柱体 3”,点击“创建”,构造两轴承座孔公共轴心线——直线 1,如图 9-14 所示。同上操作,构造直线 2。点击“关闭”,回到主页面。

点击评价“平行度”图标,弹出“平行度”对话框,输入平行度公差“0.05”,点选“直线 1、直线 2”,点击创建,完成平行度评价,如图 9-15 所示。点击“关闭”,回到主页面。

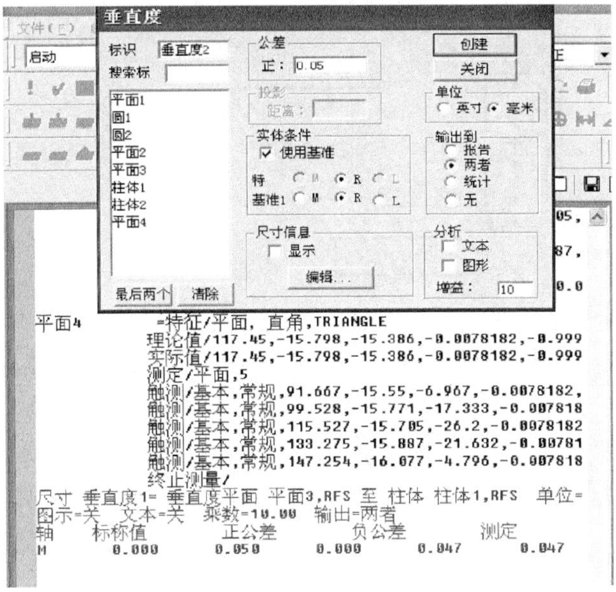

图 9-13 垂直度误差评定

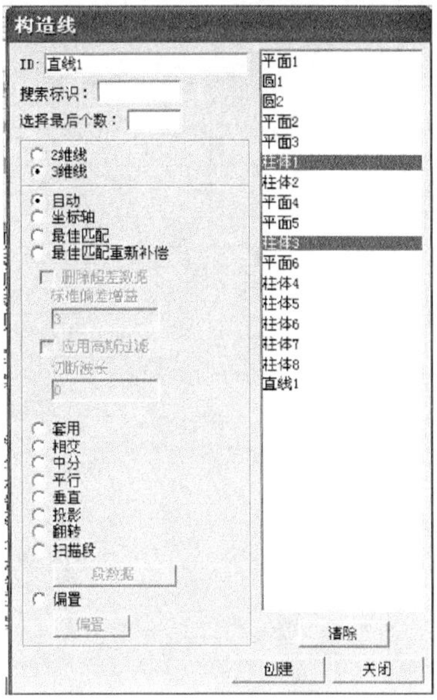

图 9-14 构造公共轴心线

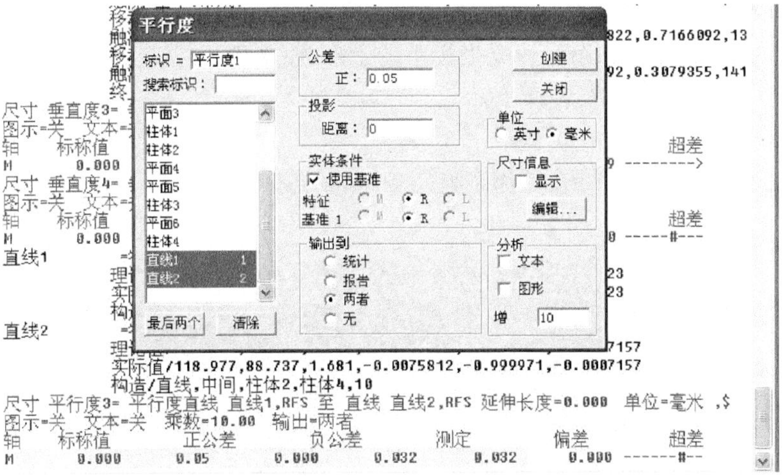

图 9-15 平行度误差评定

（5）打印检测报告

① 点击“文件—打印—编辑窗口打印”，进入打印选项；

② 将“编辑”窗口的内容送到指定位置，将其发送打印机；

③ 键盘按 F4 输出。

2. 从动轴——几何误差测量

零件图如图 9-16 所示。

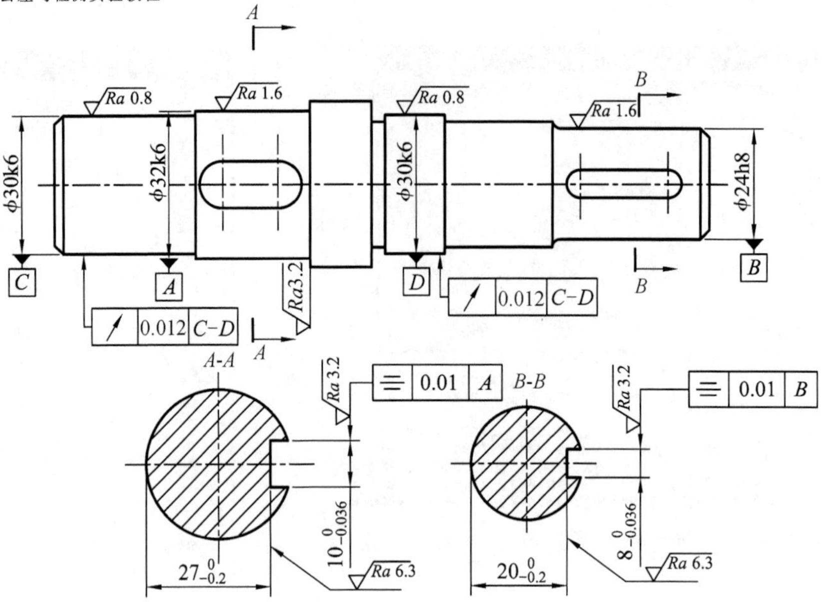

图 9-16　从动轴零件图

(1) 综合分析图纸,设定测量方案。

(2) 校验测头,添加测量角。具体方法如前所述。

(3) “3-2-1”法建立坐标系。建立坐标系的元素为:平面 1、直线 1、圆 1,坐标系的原点在轴左端面中心孔的位置,如图 9-17 所示。

(4) 特征参数的测量与评价

测量特征元素如图 9-17 所示,为了便于识别,给每段轴编号。

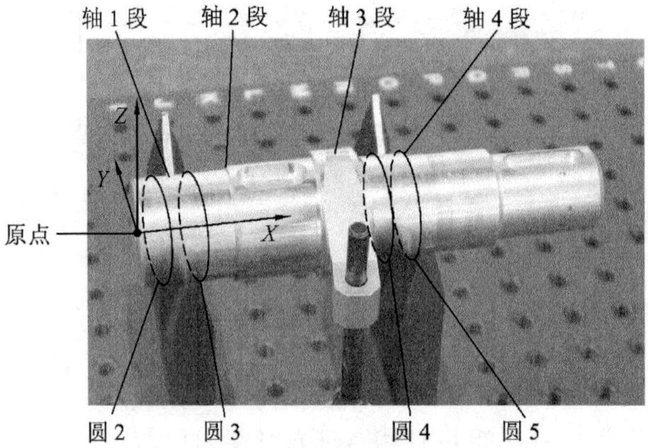

图 9-17　特征元素

① 跳动:在轴 1 段,测量圆 2 和圆 3;在轴 4 段,测量圆 4 和圆 5;在轴 1 段、4 段,构造公共轴线——直线 2,选择圆 2、圆 3、圆 4、圆 5,方法如前所述。

点击评价“跳动”图标,弹出“跳动”评价对话框,输入跳动公差值 0.012,依次点选“圆 2”“直线 2”,即以公共轴线——直线 2 为基准,评价圆 2 对公共轴心线的跳动,点击“创建”,得到评价结果,如图 9-18 所示。同样评价圆 3 对直线 2 的跳动,取较大值作为评价结果。依次完成圆 4、圆 5 对公共轴线的跳动评价,并取其较大值作为评价结果。点击“关闭”,回到主页面。

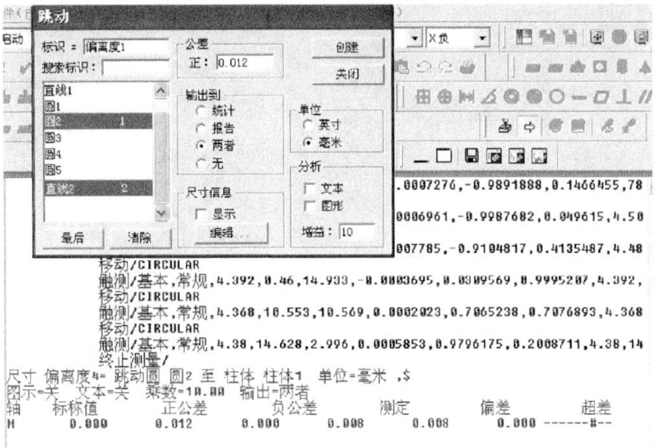

图 9-18　跳动误差评价

② 键槽的对称度

为便于测量,需将坐标系移至键槽内部。(如图 9-19 所示)

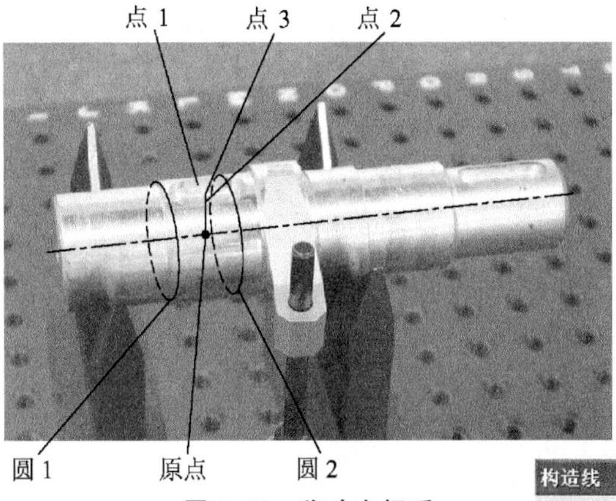

图 9-19　移动坐标系

a. 在键槽所在的圆柱测量圆 1 和圆 2。

b. 点击“构造线”图标,弹出构造线对话框。点选“3 维线”“圆 1”“圆 2”,点击“创建”,构造直线 1,如图 9-20 所示。点击“关闭”,回到主页面。

c. 在键槽中部,对称测量两侧面上的点 1、点 2,且 Z 值保持一致。

d. 点击“构造点”图标,弹出构造点对话框。点选“中点”“点 1”“点 2”,点击“创建”,构造点 1 与点 2 的中点——点 3,如图 9-21 所示。

e. 继续构造“原点”。点选“垂射”“点 3”“直线 1”,点击“创建”,构造点 3 在直线 1 的垂射点为“原点”,如图 9-22 所示。

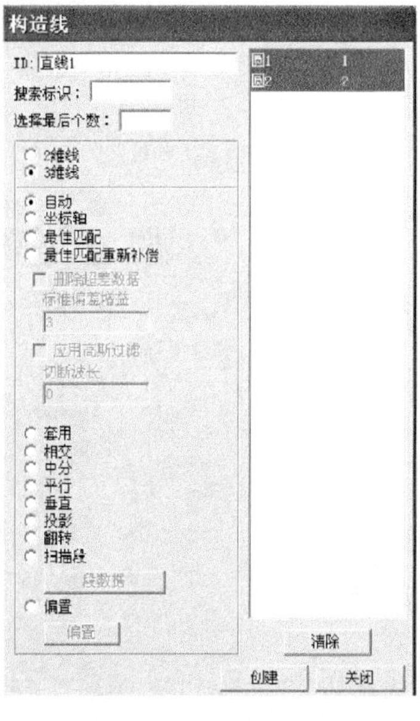

图 9-20　构造直线

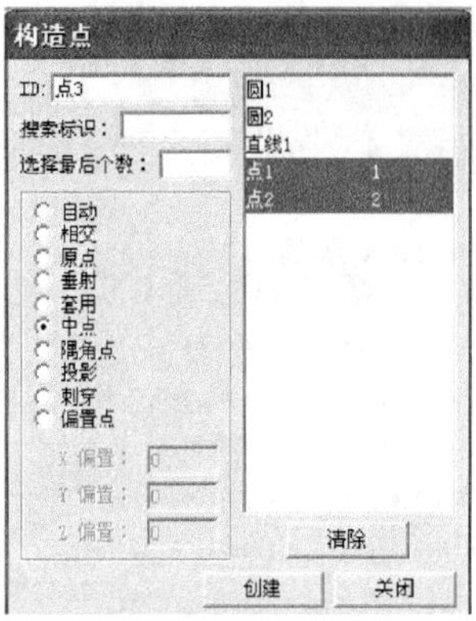

图 9-21 构造点

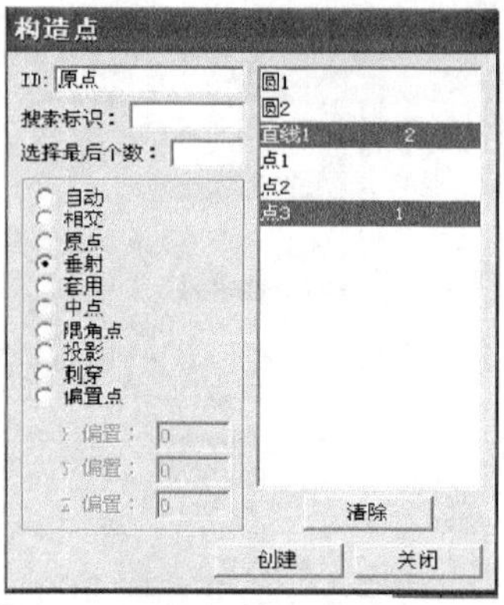

图 9-22 构造原点

f. 建立坐标系。点击“插入—坐标系—新建”，弹出坐标系功能对话框。点选“直线 1”“X 正”，点击“找正”，确定 X 正方向；点选“原点、点 3”、旋转到“Z 正”，围绕“X 正”，点击“旋转”，确定 Z 正方向；点选“原点”，勾选“$X/Y/Z$”，点击“原点”，确定原点位置，点击“确定”，坐标系构建完成，如图 9-23 所示。返回主页面。

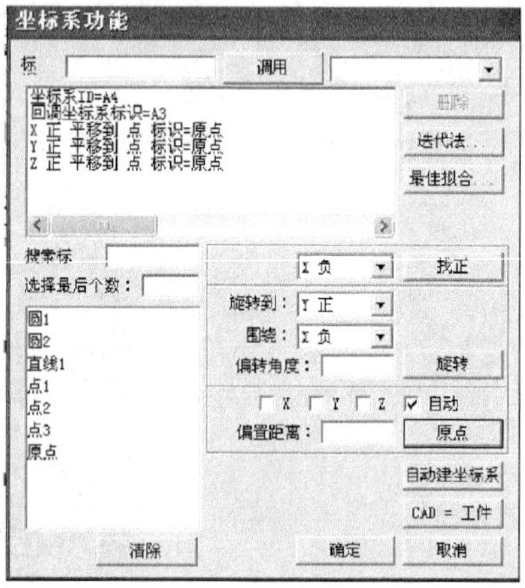

图 9-23 建立坐标系

g. 依次在键槽的一侧平面测点 5、点 6、点 7、点 8，另一侧平面测点 9、点 10、点 11、点 12，其中点 5 与点 9，点 7 与点 10，点 8 与点 11，点 9 与点 12 为对应点。

h. 构造集合。点击“构造集合”图标，弹出构造集合对话框，按配对对应点顺次点选点 5 至点 12，点击“创建”，构造集合“SCN1”，如图 9-24 所示。点击“关闭”，回到主页面。

i. 构造基准平面。点击“构造平面”图标，弹出构造平面对话框，点选“坐标轴”，选择“直线 1”“点 3”，构造“基准平面”，如图 9-25 所示。点击“关闭”，回到主页面。

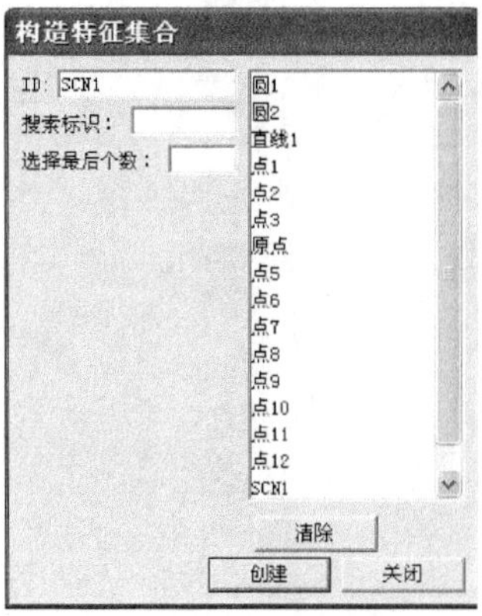

图 9-24 构造特征集合

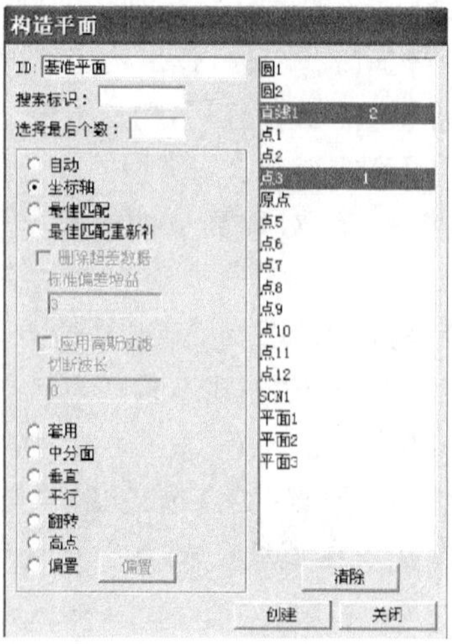

图 9-25 构造基准面

j. 评价对称度。将工作平面转成 Z 正。点击“对称度”图标，弹出对称度对话框，输入公差值 0.012，点选“SCN1”“基准平面”，点击“创建”，如图 9-26 所示。点击“关闭”，回到主页面，评价完成。

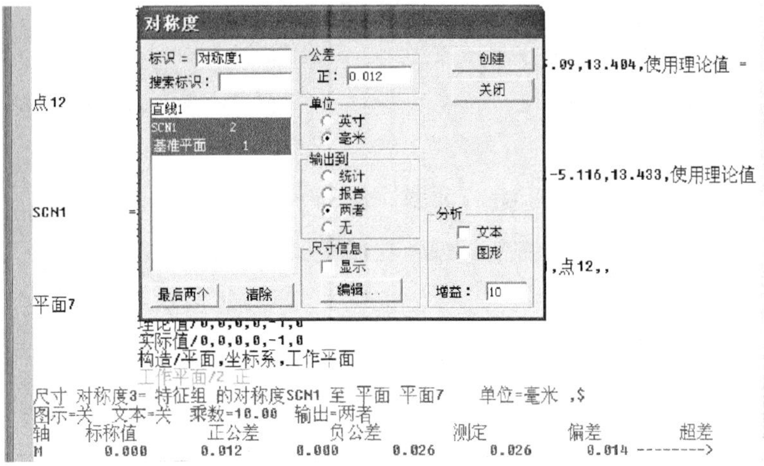

图 9-26 对称度误差评价

(5) 打印检测报告

① 点击“文件—打印—编辑窗口打印”，进入打印选项；

② 将“编辑”窗口的内容送到指定位置，将其发送打印机；

③ 键盘按 F4 输出。

9.2 CIMCORE 柔性三维测量机

9.2.1 CIMCORE Infinite2.0 柔性三维测量机介绍

CIMCORE Infinite2.0 柔性三维测量机是美国 CimCore(星科)公司推出的采用柔性检测技术并具有便携功能的产品。测量机主体采用碳纤维结构，重量轻，环境影响小，无须温度补偿，更适合在现场环境下使用。具备精度高，强度高，宽温度下正常工作，无限旋转(无极臂专利技术)，数据无线传输等特点。

可与 PowerINSPECT 或 PC-DMIS 测量及逆向工程软件相匹配，可做快速测量，与 CAD 数模比较或 GD&T，数据可在通用软件(如 CATIA、Pro/E、Unigraphics、Soildworks)间转换，并可用 STL 直接做检测。

9.2.2 校验测头——在 WinRDS 中校准测头

(1) 打开软件，点击 Probe Calibration 选项卡，在界面中点击“Select Calibration Method Selection”，弹出对话框，如图 9-27 所示。根据提示选择用球校准测头，点击“OK”。

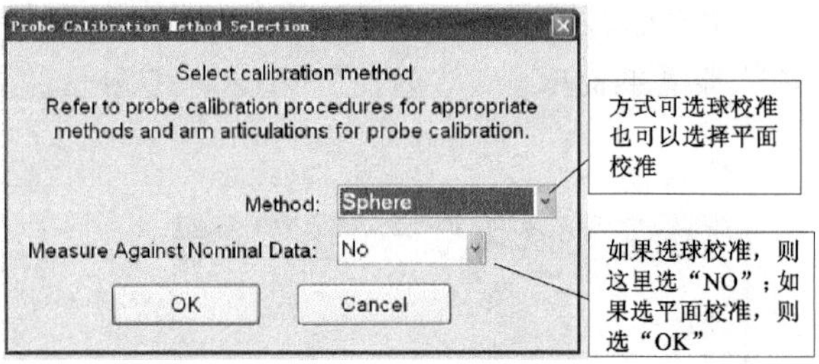

图 9-27　选择校准方式

(2) 点击“下一步”，自动检测测头，如图 9-28 所示。

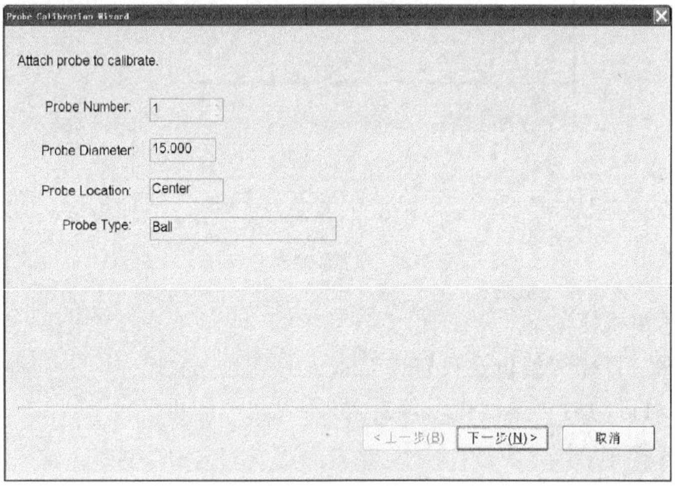

图 9-28　自动检验测头

(3) 点击“下一步”，弹出对话框，如图 9-29 所示，点击“Start Measure”，操作关节臂测量需要的点数。

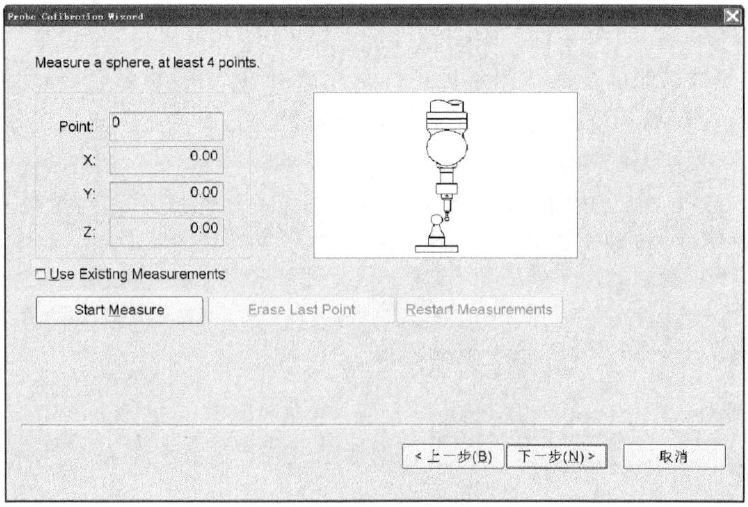

图 9-29　校验测头

测量方法如图 9-30 所示。

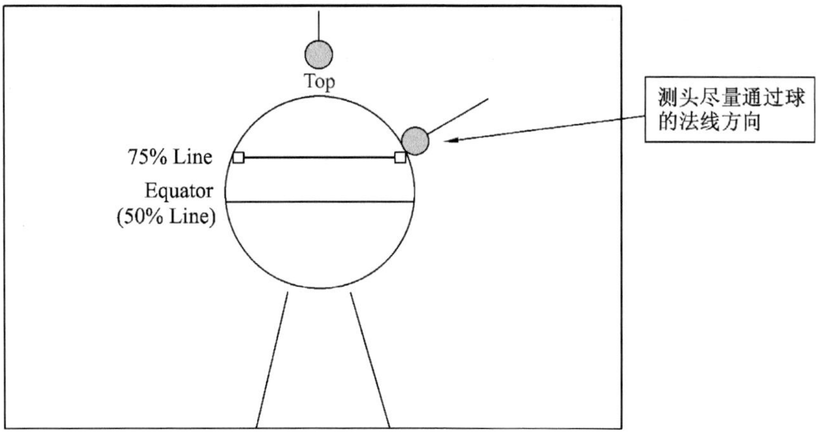

图 9-30　校验测头测量方法

方法：一般打 36 个点，分四组，一组 9 个点，一组当中第 1 个点在顶部，第 2，3，4，5 个点按东，西，南，北打在球的 50％处，第 6，7，8，9 个点按东，西，南，北，打在球的 75％处。打点时测头尽量通过球的法线方向。打下组点时按钮面应与上一组不同。

（4）测完后长时间按住按钮中键即完成这次操作。对话框如图 9-31 所示。

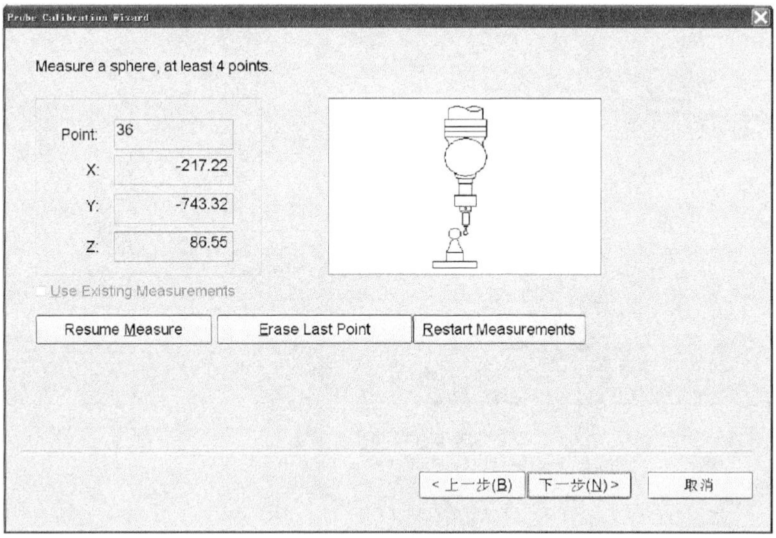

图 9-31　点测量完成

（5）点击“下一步”，弹出对话框如图 9-32 所示，输入标准球直径（本次实验用测头直径为 24.4014 mm）。

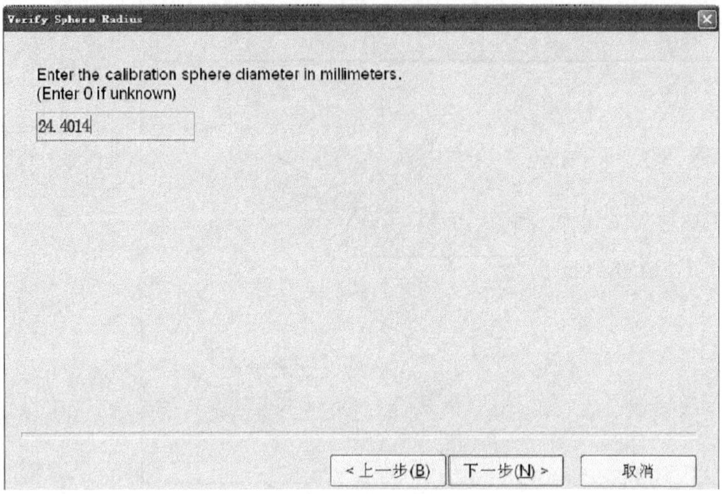

图 9-32 标准球直径

(6) 点击“下一步”,显示测头校准结果,如图 9-33 所示。“Std Dev”选项数值应在 0.01 左右,“Max Error”选项数值应在 0.016 左右。点击“Yes”,点击“完成”,接受校准结果。如相应数值偏差太大,可重复多次校准,直至达到满意的结果。

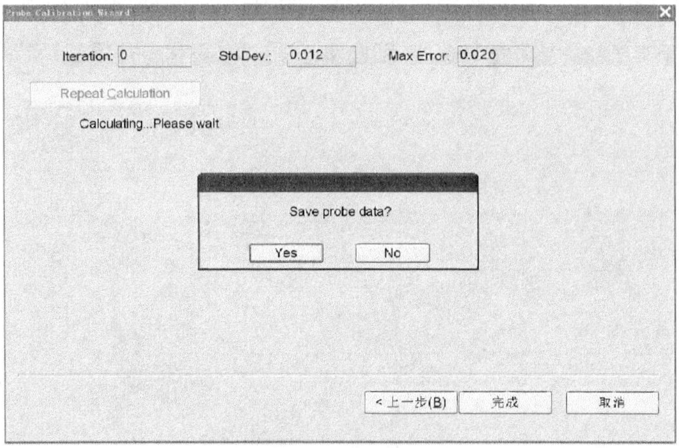

图 9-33 校准结果

9.2.3 检测流程

检测流程如图 9-34 所示。

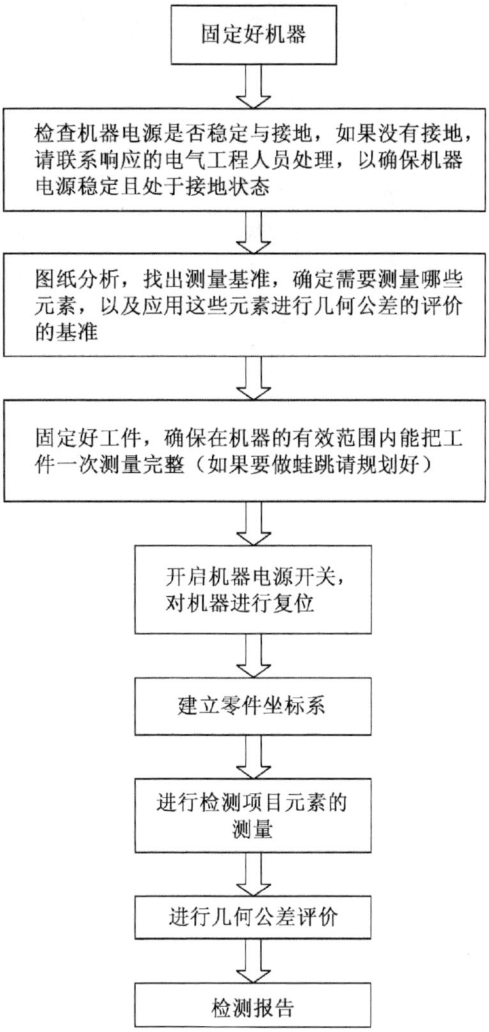

图 9-34　检测流程

9.2.4　实例分析

便携式关节臂测量系统的接触测量方法仍然使用"PC-DIMS"软件，其软件界面及建立坐标系的方法，请参考第 9.1 节的相关内容，在此不再赘述。

本实例仅针对同轴度误差的评定给出几种不同的测量方法，以供参考。被测工件零件图如图 9-35 所示。

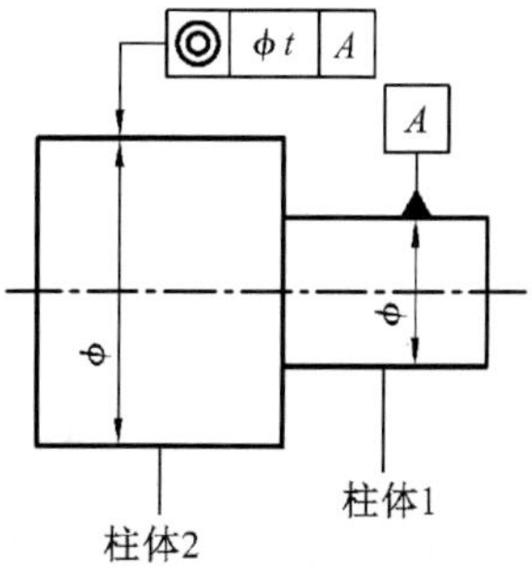

图 9-35　同轴度测量零件图

（1）建立坐标系

（2）测量特征元素

测量特征元素时，需要选择特征的种类，如直线、圆、圆柱等，如图 9-35 所示。点击测量圆柱，分别测量柱体 1、柱体 2，如图 9-36 所示。

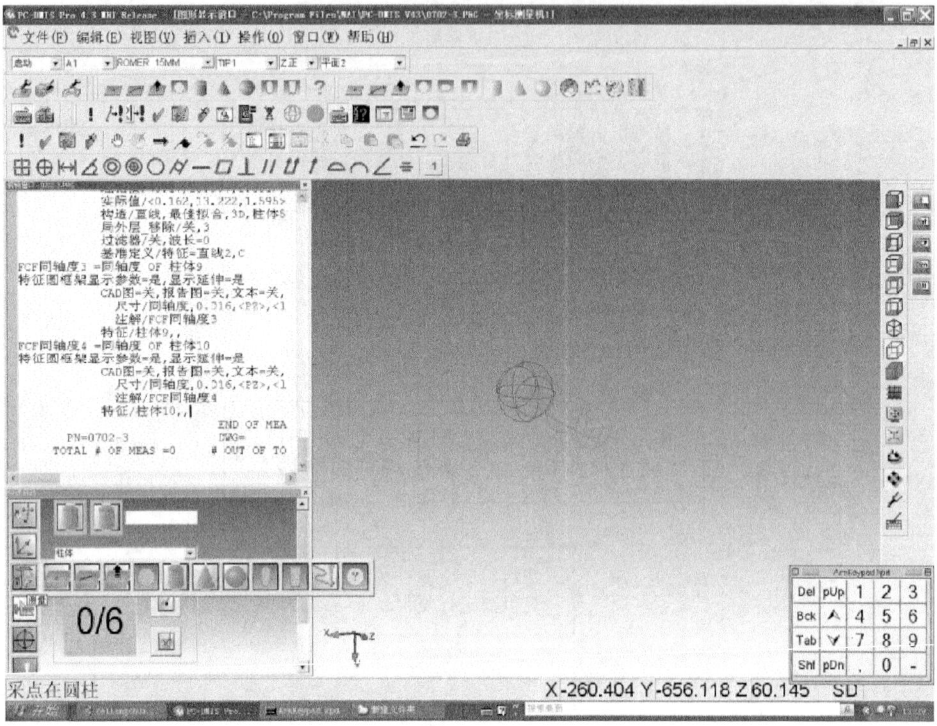

图 9-36　选择测量元素类型

（3）评价

① 在主页面点击评价“同轴度”图标，弹出同轴度误差评定对话框，如图 9-37 所示。

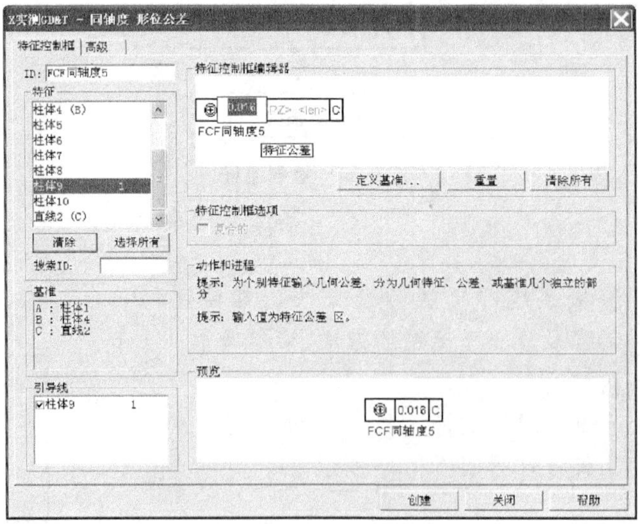

图 9-37　同轴度误差评价

② 在特征控制编辑器中点击“定义基准”，弹出定义基准对话框，如图 9-38 所示，选择基准元素“柱体 1”，输入基准“A”点击“创建”，生成基准 A。可分别定义多项基准。点击“关闭”，回到同轴度评价对话框。

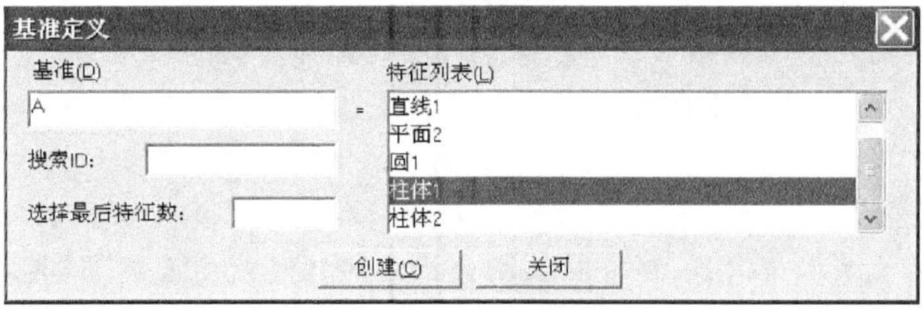

图 9-38 定义基准

③ 选择评价基准，输入标准公差值，如图 9-39 所示。

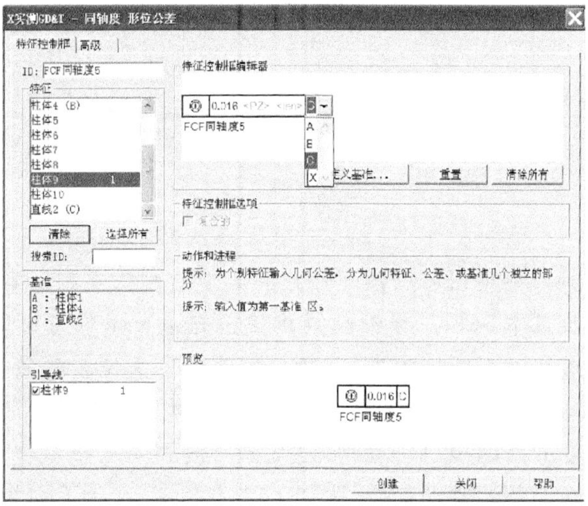

图 9-39 选择评价基准

④ 在特征框中选择被评价要素“柱体 2”，点击“创建”，生成评价结果。可一次完成多项同轴度评价。点击“关闭”，回到主页面。

知识链接

常用的几种同轴度评价方法

如果被评价的元素和基准之间为同轴的内外元素(如内外圆柱)，或者两者之间为阶梯轴或者台阶孔的关系，则可以直接进行选择评价；如果被评价元素与基准之间相隔距离较远，或者轴线较短，则在此情况下应该建立公共基准再进行评价。以图 9-40 为例，介绍建立公共基准的方法。

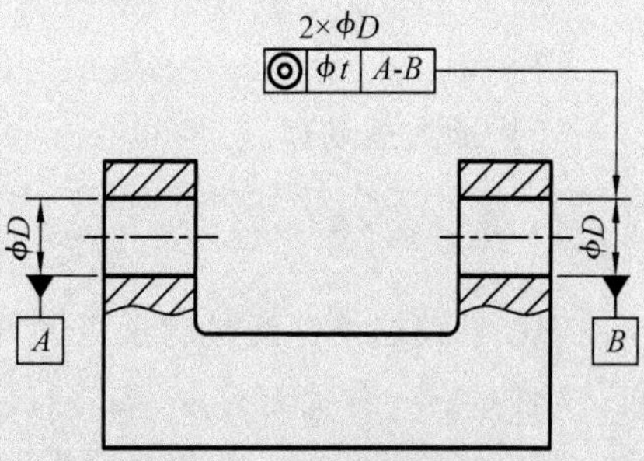

图 9-40 同轴度图样标注

(1) 将左侧圆柱的最右端和右侧圆柱的最左端作为一个圆柱测量，将左侧圆柱的最左端和右侧圆柱的最右端作为一个圆柱测量，第一个圆柱相对于第二个圆柱求同轴。

(2) 将左侧圆柱依次分成2个以上的小圆柱(如先将其靠近左侧的部分量成一个圆柱,再将右侧的部分量成一个圆柱),再将右侧圆柱也分解成2个以上的小圆柱,然后选择构造直线—3D直线—最佳拟合,将这多个小圆柱全部选上,以此直线为基准,分别再测量左右两个圆柱,将两个圆柱分别对其求同轴度,两个数据均合格才合格。

(3) 如果左右两侧为圆锥,则可将上面方法中的圆柱改为圆测量,再把多个圆拟合成3D直线作为基准。

(4) 改用同心度进行评价,找到公共平面,将两侧圆柱分别测量多层截面圆,投影到该平面上之后分析圆心偏差。

(5) 构造公共直线,以直线度代替同轴度分析。

9.3 三坐标画线测量机

9.3.1 系统简介

HC-2000三坐标画线测量机可为汽车用户和其他通用机器制造者提供它的全部功能和满意的操作。它在吸收日本16E三坐标画线测量机先进技术的基础上,为提高系统的稳定性、耐用性和可靠性,进行了不断的改进。如:采用磁栅作为位置测量系统,克服了光栅对工作环境要求高、耐用性差、易损坏的局限性。同时也克服了编码器在运动过程中出现的打滑以及易受油泥影响精度的问题;数显控制中设置线补偿和固定误差补偿的调试开关,使单轴精度调试非常方便。在设备的驱动部位,增加了微动手轮,避免了因为操作人员自身原因以及锁紧装置的原因引起的测量误差;研制多种辅助测量工具,克服了不能测量复杂曲面某部位的局限。

技术指标:

测量范围:$X=2000$ mm,$Y=1200$ mm,$Z=1500$ mm

单轴精度:X:$X\leqslant1500$ m,±0.075 mm

$X>1500$ mm,$\pm(0.025+0.03L)$mm (L—测量长度,m)

Y:±0.075 mm

Z:±0.075 mm

分辨率:0.05 mm/0.01 mm

切换最大运动速度:1000 mm/s

9.3.2 软件简介

HC系列三坐标画线测量机的测量软件为YH2000。该软件具备各种集合元素测量功能、文件(数据)存储与打印、实时数显(实时显示测头空间坐标值)等功能。

HC系列三坐标画线测量机系统是相对位置测量系统。因此当开机时,机器坐标系原点的位置是任意改变的。在机器坐标系下进行测量时,处理测量数据不需要进行坐标变换,但被测工件需进行费事的找正,找正精度将影响测量结果。当对任意摆放的工件进行测量时,可在工件上按设计、加工或检测的定位基准建立一个或几个工件基准坐标系，分别命名为坐标系＃1、2、3……(各坐标系在功能上没有区别，测量过程中已经不再需要的坐标系可以重新定义)。这样当工件坐标系建立好之后，即可对任意放置的工件进行检测，大大节省了检测时间。

YH2000 测量软件中设有两种坐标系建立方法，分别为工件坐标系构造建立和工件坐标系对比建立。在使用过程中可根据具体情况灵活选用。

因篇幅限制，坐标系建立和仪器测量评价的具体操作方法在此不再详细阐述。

10 零件精度综合性检测

一、实验目的

(1) 能读懂典型零件(如盘类零件、轴类零件、箱体类零件)的零件图上标注的精度要求、公差要求和其他技术要求。

(2) 能根据被测零件,从已有的实验设备中选择合理的测量器具,设计检测方案,拟定实验步骤,并对实验结果进行分析处理。

(3) 通过实验方法的多元性、实验手段的多样性,使学生的自主学习能力、实践能力和综合素质进一步提升。

二、实验内容

根据零件图的要求,全面检测零件,完成数据分析和处理,并对零件的合格性作出判断。

1. 零件(一)——阀盖

阀盖的零件图如图 10-1 所示。

检测项目及参考使用工具见表 10-1。

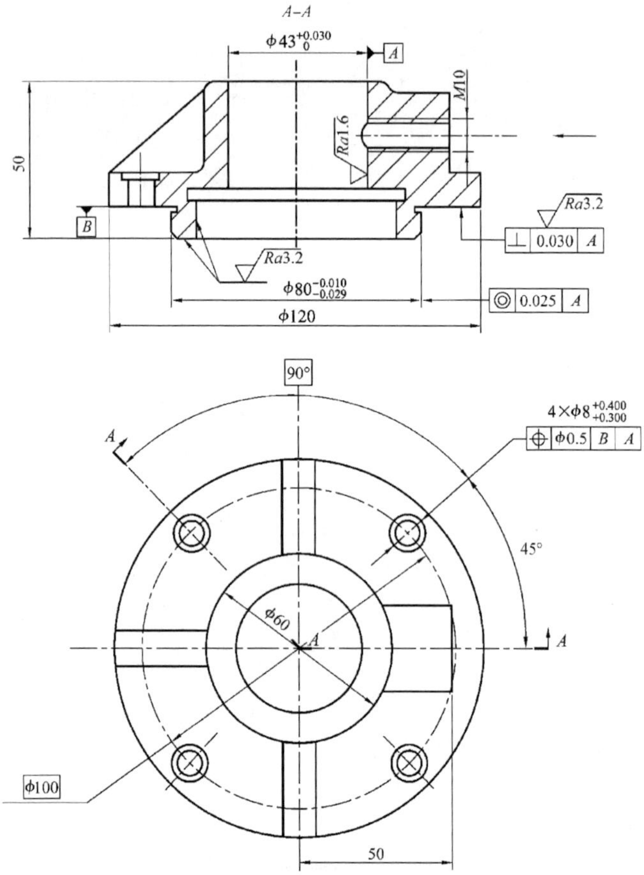

图 10-1 阀盖零件图

表 10-1 检测项目及参考使用工具

检测项目	量仪、量具、辅助工具
$\phi 43^{+0.030}_{0}$	内径量表
$\phi 80^{-0.010}_{-0.029}$	外径千分尺
◎ φ0.025 A	平台、磁力表架、杠杆千分表、检验芯轴、等高 V 形块、方箱、钢球(偏摆检查仪、磁力表架、千分表、检验芯轴)

续表

检测项目	量仪、量具、辅助工具
⊥ 0.030 A	平台、V形架、检验芯轴、等高V形架、角尺、塞尺
$4\times\phi 8^{+0.400}_{+0.300}$ ⌖ ϕ0.5 B A	工具显微镜
粗糙度轮廓	参看粗糙度轮廓测量章节

2. 零件(二)——从动轴

从动轴的零件图如图 10-2 所示。

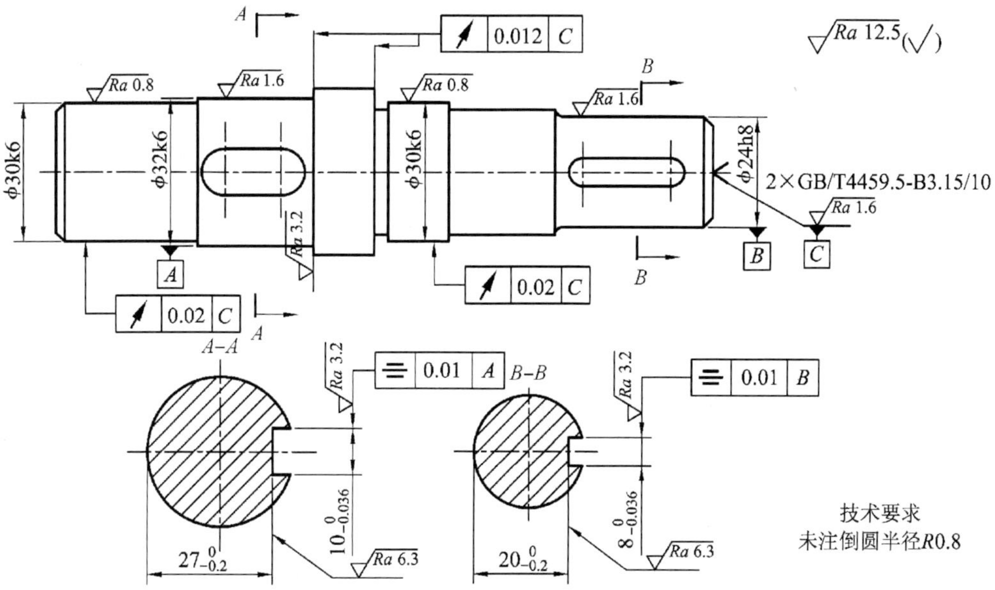

图 10-2 从动轴零件图

检测项目及参考使用工具见表 10-2。

表 10-2 检测项目及参考使用工具

检测项目	量仪、量具、辅助工具
ϕ30k6、ϕ32k6、ϕ24h8	确定各尺寸对应的上下极限偏差;投影立式光学计,齿轮杠杆比较仪
↗ 0.02 C ↗ 0.012 C	跳动检查仪(偏摆检查仪、磁力表架、千分表)
≡ 0.01 A ≡ 0.01 B	平台、V形块,定位块、带指示表的测量架
$27_{-0.2}^{0}$、$20_{-0.2}^{0}$	游标卡尺、垫块
$10_{-0.036}^{0}$、$8_{-0.036}^{0}$	游标卡尺
粗糙度轮廓	参看粗糙度轮廓测量章节

参考文献

[1] 甘永立.几何量公差与检测[M].10版.上海:上海科学技术出版社,2013.

[2] 王贵成,范真.公差与检测技术[M].北京:高等教育出版社,2011.

[3] 胡凤兰.互换性与技术测量基础[M].2版.北京:高等教育出版社,2010.

[4] 徐红兵,王亚元,杨建风.几何量公差与检测实验指导书[M].2版.北京:化学工业出版社,2012.

[5] 戴丽玲,袁浩,黄娟.现代机械工程制图[M].1版.北京:科学出版社,2014.

[6] 甘永立.几何量公差与检测实验指导书[M].6版.上海:上海科学技术出版社,2010.

[7] 周湛学,赵小明,雒运强.图解机械零件精度测量及实例[M].北京:化学工业出版社,2009.

[8] 张泰昌.平台测量法解析500例[M].北京:化学工业出版社,2010.

[9] 甘永立,何改云.几何误差检测问答[M].上海:上海科学技术出版社,2009.

[10] 刘巽尔.几何误差检测问答[M].北京:中国标准出版社,2012.

[11] GB/T 1800.1—2009 产品几何技术规范(GPS) 极限与配合 第1部分:公差、偏差和配合的基础[S].北京:中国标准出版社,2009.

[12] GB/T 1800.2—2009 产品几何技术规范(GPS) 极限与配合 第2部分:标准公差等级和孔、轴极限偏差表[S].北京:中国标准出版社,2009.

[13] GB/T 1957—2006 光滑极限量规 技术条件[S].北京:中国标准出版社,2006.

[14] GB/T 3177—2009 产品几何技术规范(GPS) 光滑工件尺寸的检验[S].北京:中国标准出版社,2009.

[15] GB/T 307.1—2005 滚动轴承 向心轴承 公差[S].北京:中国标准出版社,2005.

[16] GB/T 16671—2009 产品几何技术规范(GPS) 几何公差 最大实体要求、最小实体要求和可逆要求[S].北京:中国标准出版社,2009.

[17] GB/T 1182—2008 产品几何技术规范(GPS) 几何公差 形状、方向、位置和跳动公差标注[S].北京:中国标准出版社,2008.

[18] GB/T 4249—2009 产品几何技术规范(GPS) 公差原则[S].北京:中国标准出版社,2009.

[19] GB/T 1958—2004 产品几何量技术规范(GPS) 形状和位置公差 检测规定[S].北京:中国标准出版社,2004.

[20] GB/T 4380—2004 圆度误差的评定 两点、三点法[S].北京:中国标准出版社,2004.

[21] GB/T 3505—2009 产品几何技术规范(GPS) 表面结构 轮廓法 术语、定义及表面结构参数[S]. 北京:中国标准出版社,2009.
[22] GB/T 1031—2009 产品几何技术规范(GPS) 表面结构 轮廓法 表面粗糙度参数及其数值[S]. 北京:中国标准出版社,2009.
[23] GB/T10610—2009 产品几何技术规范(GPS) 表面结构 轮廓法 评定表面结构的规则和方法[S]. 北京:中国标准出版社,2009.
[24] GB/T 196—2003 普通螺纹 基本尺寸[S]. 北京:中国标准出版社,2003.
[25] GB/T 197—2003 普通螺纹 公差[S]. 北京:中国标准出版社,2003.
[26] GB/T 22522—2008 螺纹测量用三针[S]. 北京:中国标准出版社,2008.
[27] GB/T 10095.1—2008 圆柱齿轮 精度制 第1部分:轮齿同侧齿面偏差的定义和允许值[S]. 北京:中国标准出版社,2008.
[28] GB/T 10095.2—2008 圆柱齿轮 精度制 第2部分:径向综合偏差与径向跳动的定义和允许值[S]. 北京:中国标准出版社,2008.
[29] GB/Z 18620.1—2008 圆柱齿轮 检验实施规范 第1部分:轮齿同侧齿面的检验[S]. 北京:中国标准出版社,2008.
[30] GB/Z 18620.2—2008 圆柱齿轮 检验实施规范 第2部分:径向综合偏差、径向跳动、齿厚和侧隙的检验[S]. 北京:中国标准出版社,2008.
[31] GB/Z 18620.3—2008 圆柱齿轮 检验实施规范 第3部分:齿轮坯、轴中心距和轴线平行度的检验[S]. 北京:中国标准出版社,2008.
[32] GB/Z 18620.4—2008 圆柱齿轮 检验实施规范 第4部分:表面结构和轮齿接触斑点的检验[S]. 北京:中国标准出版社,2008.
[33] GB/T 157—2001 产品几何量技术规范(GPS) 圆锥的锥度与锥角系列[S]. 北京:中国标准出版社,2001.
[34] GB/T 11334—2005 产品几何量技术规范(GPS) 圆锥公差[S]. 北京:中国标准出版社,2005.

几何量公差与检测实验教程

实 验 报 告

班级______________

姓名______________

学号______________

目　录

报告一　测量技术基础

思考题：

1. 长度基准有哪几种？在机械制造中一般用什么作为长度基准？

2. 以 JD3 型投影立式光学计为例，说明它的主要度量指标并解释什么是仪器的刻度值、示值范围、测量范围。

3. 什么是绝对测量？什么是相对测量？各有什么优缺点？并举例说明。

4. 如何选择测量器具？

报告二 尺寸测量实验

实验 2.1 用投影立式光学计测量塞规

一、实验内容和要求：

二、实验设备及其主要技术规格：

三、被检验零件和量具

1. 被检验孔的公称尺寸及上下偏差，被测塞规的公称尺寸及上下偏差：

2. 所用量块的尺寸组成及其精度等级：

四、绘制量规公差带图：

五、测量记录及计算：

1. 测定塞规的实际偏差：

名称	测得偏差/μm						最大实际尺寸/mm	最小实际尺寸/mm	分析评定
	1	2	3	4	5	6			
“通”规									
“止”规									

2. 对“通”规同一部位等精度测量及计算分析：

读数序号	1	2	3	4	5	6	7	8	9	10
测得偏差/μm										
测得尺寸 L_i/mm										
残差 V_i/μm										
V_i^2/μm										
计算及分析	$\bar{L}=\frac{1}{N}\sum_{i=1}^{N}L_i=$ $\sigma_{\bar{x}}=\frac{\sigma}{\sqrt{N}}=$					$\sigma=\sqrt{(\sum_{i=1}^{N}V_i^2)/(N-1)}=$ $d=\bar{L}\pm 3\sigma_{\bar{x}}=$				

实验 2.2　用内径百分表测量气缸孔

一、实验内容和要求：

二、实验设备及其主要技术规格：

三、被测零件及校对器具

1. 被测零件的公称尺寸及精度要求：

2. 所用标准校对器具名称及其精度等级、校对用尺寸：

四、绘制工件公差带图：

五、测量记录：

被测工件名称	校对时读数	测得偏差/μm						最大实际尺寸/mm	最小实际尺寸/mm
		1	2	3	4	5	6		
分析评定									

思考题：

1. 仪器的测量范围和标尺的示值范围有何不同？
2. 用内径百分表测量校对“0”时为何长指针须压一圈？
3. 试分析用内径指示表测量孔径有哪些测量误差？

实验 2.3　用万能测长仪测量轴承内径

一、实验内容和要求：

二、实验设备及其主要技术规格：

三、被测零件及校对器具

1. 被测轴承单一平面平均内孔直径极限尺寸及单一径向平面内孔直径的变动量

$d_{m\max}=$ ______________；$d_{m\min}=$ ______________。

2. 所用标准校对器具名称及校对用的尺寸：

四、绘制轴承内径单一平面平均直径的公差带图：

五、测量记录及分析评定：　　　　标准量 $L=$ ______________

标准量具在仪器上的读数 a_1	方向	被测件读数 a_2		被测内径的实际尺寸 $D=L+(a_2-a_1)$	
$a_1=$ ______________	0°	面Ⅰ-Ⅰ	面Ⅱ-Ⅱ	面Ⅰ-Ⅰ	面Ⅱ-Ⅱ
	90°				
	平均值				
单一径向平面内孔直径的实测最大变动量 V_{dp}					
分析评定					

思考题：

1. 实验调整中，旋转工作台横向手轮找准示值从左到右或从右到左的转折点的目的是什么？
2. 实验调整中，为什么要调节手柄，使工作台上下倾摆？

报告三　几何误差测量

实验3.1　直线度误差的测量

一、实验内容和要求：

二、实验设备及其技术规格：

实验设备名称________　刻度值________

桥板跨距________　实际刻度值________

三、测量记录：

<table>
<tr><td colspan="2" rowspan="2">桥板位置</td><td colspan="9">测　点</td></tr>
<tr><td>0～1</td><td>1～2</td><td>2～3</td><td>3～4</td><td>4～5</td><td>5～6</td><td>6～7</td><td>7～8</td><td>8～9</td></tr>
<tr><td rowspan="3">读数</td><td>顺测/格</td><td></td><td></td><td></td><td></td><td></td><td></td><td></td><td></td><td></td></tr>
<tr><td>逆测/格</td><td></td><td></td><td></td><td></td><td></td><td></td><td></td><td></td><td></td></tr>
<tr><td>平均值/格</td><td></td><td></td><td></td><td></td><td></td><td></td><td></td><td></td><td></td></tr>
<tr><td colspan="2">平均值转化线性值 Δ_i/μm</td><td></td><td></td><td></td><td></td><td></td><td></td><td></td><td></td><td></td></tr>
<tr><td colspan="2">简化读数 Δ_i－任一值/μm</td><td></td><td></td><td></td><td></td><td></td><td></td><td></td><td></td><td></td></tr>
<tr><td colspan="2">累计值/μm</td><td></td><td></td><td></td><td></td><td></td><td></td><td></td><td></td><td></td></tr>
</table>

四、作图：

五、测量结果及分析评定：

直线度公差________　直线度误差________

合格性结论________

实验 3.2　平面度误差的测量

一、实验内容和要求：

二、实验设备及其主要技术规格：

三、按网格布点记录测量数据：

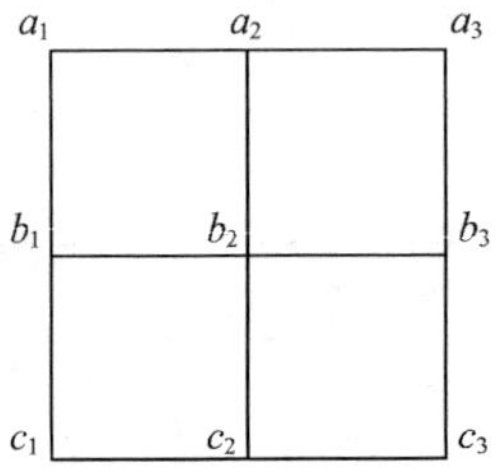

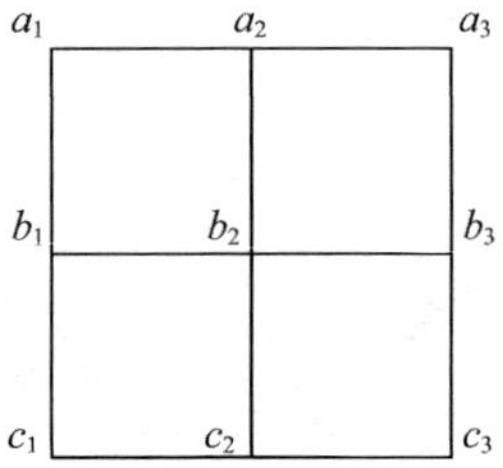

四、数据处理：

五、测量结果及分析评定：

平面度公差__________μm；

按三点法的平面度误差__________μm；

按最小条件数据处理得平面度误差__________μm；

合格性结论__________。

实验 3.3 方向、位置误差的测量

一、实验内容和要求：

二、实验设备及其主要技术规格：

三、测量记录及分析评定：

单位：mm

序号	项目内容		公差值	误差值	分析评定	备注
1	二轴线平行度	水平方向				
		垂直方向				
2	内侧面相对轴线垂直度					
3	二内侧面相对轴线的对称度					
4	二轴线的同轴度					

实验 3.4 圆度误差的测量

A. 两点、三点法测量圆度误差

一、实验内容和要求：

二、实验用设备及其主要技术规格：

三、测量记录及分析评定：

单位：mm

序号	测量方法	测量记录	公差值	误差值	分析评定
1	二点法			$f=\frac{\Delta_{max}}{F_{av}}=$ 其中 $\Delta_{max}=$ $F_{av}=$	
2	3s90°				
3	3s120°				

B. 圆度仪测量圆度误差

一、实验内容和要求：

二、实验设备及其主要技术规格：

三、被测工件名称及精度要求：

四、实验使用的有关参数：

采用测杆长度/mm	
放大倍率/×	
模板每格示值/μm	

五、圆度误差记录图形，实验结果，评定分析：

思考题：

1. 方向、位置误差测量中，基准如何体现？
2. 试述直线度误差、平面度误差的测量方法各有哪几种？
3. 何谓圆度的二点法、三点法组合测量，其优点是什么？

报告四 表面粗糙度轮廓的测量

实验 4.1 用光切显微镜测量表面粗糙度轮廓 *Rz*

一、实验内容和要求：

二、实验设备及其主要技术规格：

三、按所给零件选定物镜的放大倍数、视野直径及测量的取样长度、评定长度：

四、测量结果及评定：

测量记录(单位：格)							计算/μm
取样长度	视场 1		视场 2		最大峰高 Zp	最大谷深 Zv	$Rz=$ $i\cdot\|Zp-Zv\|$
	波峰 Zp	波谷 Zv	波峰 Zp	波谷 Zv			
1							
2							
3							
4							
5							

注：当视野直径等于取样长度时，可以只测视场 1，当视野直径＜取样长度时，需移动工作台，继续测视场 2，满足一个取样长度为止。

五、目镜分厘尺刻度值 i 的测定：

$Z=$ ____________　　$A_1=$ ____________　　$A_2=$ ____________

$$i=\frac{z\times 0.01\times 10^3}{2|A_1-A_2|}=$$

思考题：

1. 何谓取样长度、评定长度、视野直径？三者之间有怎样的关系？
2. 测量时，为什么只测量亮带同一边缘的各峰谷点？

实验 4.2　用干涉显微镜测量表面粗糙度轮廓 *Rz*

一、实验内容和要求：

二、实验设备及其主要技术规格：

三、按所给零件选择取样长度及评定长度：

四、测量结果及评定：

<table>
<tr><th rowspan="2">取样长度</th><th colspan="6">测量记录</th><th rowspan="2">计算与评定
$H=\frac{a}{b}\times\frac{\lambda}{2}$</th></tr>
<tr><th colspan="2">波峰</th><th colspan="2">波谷</th><th>弯曲量
($a=\lvert a_{峰}-a_{谷}\rvert$)</th><th>间距
(b)</th></tr>
<tr><td>1</td><td>a_1</td><td></td><td>a_2</td><td></td><td></td><td></td><td></td></tr>
<tr><td>2</td><td>a_3</td><td></td><td>a_4</td><td></td><td></td><td></td><td></td></tr>
<tr><td>3</td><td>a_5</td><td></td><td>a_6</td><td></td><td></td><td></td><td></td></tr>
<tr><td>4</td><td>a_7</td><td></td><td>a_8</td><td></td><td></td><td></td><td></td></tr>
<tr><td>5</td><td>a_9</td><td></td><td>a_{10}</td><td></td><td></td><td></td><td></td></tr>
</table>

实验 4.3　用粗糙度仪 3^+ 测量表面粗糙度轮廓 *Ra*

一、实验内容和要求：

二、实验设备及其主要技术规格：

三、测量记录及分析：

测量对象		取样长度/mm	评定长度/mm	测量值 Ra/μm
校对表面粗糙度轮廓的标准样板				
被测工件的不同位置	1			
	2			
	3			

思考题：

1. 评定表面粗糙度轮廓的参数和评定方法有哪几种？

2. 什么是轮廓中线，取样长度和评定长度在粗糙度轮廓测量中的用途？你在实验中如何选取？是否合理？

报告五　螺纹测量

实验 5.1　用工具显微镜测量外螺纹参数

一、实验内容和要求：

二、实验设备及其主要技术规格：

三、被测外螺纹参数及精度要求：

四、测量记录及分析评定：　　　　单位：mm

<table>
<tr><td>名称</td><td colspan="3">测量记录</td><td colspan="3">计算及分析评定</td></tr>
<tr><td rowspan="4">中径 d_2</td><td>Ⅰ</td><td colspan="2"></td><td rowspan="2">$d_{2左}=$</td><td rowspan="4">$d'_2=$</td><td rowspan="12"></td></tr>
<tr><td>Ⅱ</td><td colspan="2"></td></tr>
<tr><td>Ⅲ</td><td colspan="2"></td><td rowspan="2">$d_{2右}=$</td></tr>
<tr><td>Ⅳ</td><td colspan="2"></td></tr>
<tr><td rowspan="4">螺距 P_n</td><td>Ⅰ</td><td colspan="2"></td><td rowspan="2">$P_{n左}=$</td><td rowspan="4">$P'_n=$
$\Delta P_n=$</td></tr>
<tr><td>Ⅱ</td><td colspan="2"></td></tr>
<tr><td>Ⅲ</td><td colspan="2"></td><td rowspan="2">$P_{n右}=$</td></tr>
<tr><td>Ⅳ</td><td colspan="2"></td></tr>
<tr><td rowspan="4">牙侧角 $\frac{\alpha}{2}$</td><td rowspan="2">$\frac{\alpha_{左}}{2}$</td><td>$\frac{\alpha_{Ⅰ}}{2}$</td><td></td><td rowspan="2">$\frac{\alpha_{左}}{2}=$</td><td rowspan="2">$\Delta\frac{\alpha_{左}}{2}=$</td></tr>
<tr><td>$\frac{\alpha_{Ⅳ}}{2}$</td><td></td></tr>
<tr><td rowspan="2">$\frac{\alpha_{右}}{2}$</td><td>$\frac{\alpha_{Ⅲ}}{2}$</td><td></td><td rowspan="2">$\frac{\alpha_{右}}{2}=$</td><td rowspan="2">$\Delta\frac{\alpha_{右}}{2}=$</td></tr>
<tr><td>$\frac{\alpha_{Ⅱ}}{2}$</td><td></td></tr>
</table>

五、工具显微镜使用的拓展

测量下列样板的尺寸、角度等。

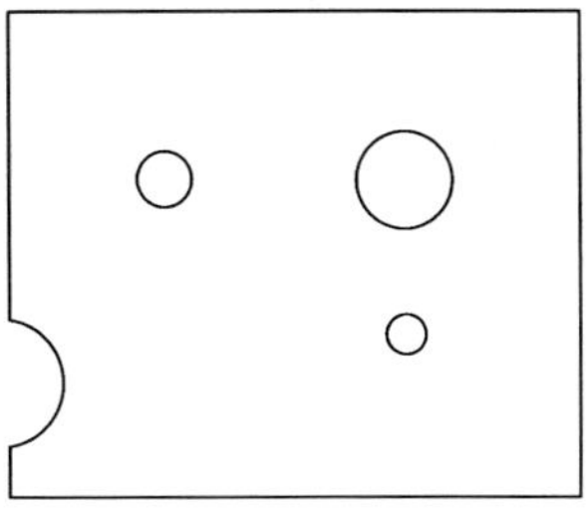

(1) 测量孔心距，确定孔心坐标

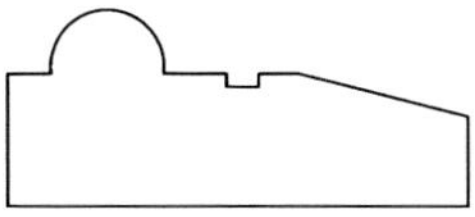

(2) 测出所有的外形尺寸

实验 5.2　用三针法测量外螺纹中径

一、实验内容和要求：

二、实验设备及其主要技术规格：

三、被测外螺纹参数、精度要求：

四、测量记录及分析评定：

<table>
<tr><td>序号</td><td>测得 M 值/mm</td><td>计算得实际中径 d_2/mm</td><td>分析评定</td></tr>
<tr><td>1</td><td></td><td rowspan="3"></td><td rowspan="3"></td></tr>
<tr><td>2</td><td></td></tr>
<tr><td>3</td><td></td></tr>
</table>

实验 5.3　用螺纹千分尺测量外螺纹中径

一、实验内容和要求：

二、实验设备及其主要技术规格：

三、被测外螺纹参数，精度要求：

四、测量记录及分析评定：

测量截面		读数值	分析评定
Ⅰ－Ⅰ			
Ⅱ－Ⅱ			

思考题：

1. 普通内外螺纹中径的公差带图如何布置？测量合格性判断原则是什么？
2. 测量螺纹时，立柱为什么要倾斜角度？
3. 用工具显微镜测量螺纹参数，为什么要取平均值？

报告六　齿轮测量

一、实验内容和要求：

二、被测齿轮的有关参数：

三、测量结果及分析评定：　　　　单位：mm

检验指标分类	齿轮传递运动误差的分类	选用的指标	偏差允许值	测量用仪器名称	测得误差值	分析评定
强制性的指标	传动的准确性					
	传动的平稳性					
	载荷分布的均匀性					
	侧隙的合理性					
非强制性的指标	传动的准确性					
	传动的平稳性					

实验 6.1 齿距累积总偏差 ΔF_p 和单个齿距偏差 Δf_{pt} 的测量

A. 用齿距检查仪按相对法测量齿轮齿距偏差

一、实验内容和要求：

二、实验设备及其主要技术规格：

三、查表得被测齿轮的齿距累积总偏差允许值 F_p 及单个齿距偏差允许值 $\pm f_{pt}$：

四、测量记录及数据处理：　　单位：格

齿序	读数值 ΔP_i	读数累加 $\sum_{i=1}^{j}\Delta P_i$	修正值 K	Δf_{pti}	$\sum_{i=1}^{j}\Delta f_{pti}$	齿序	读数值 ΔP_i	读数累加 $\sum_{i=1}^{j}\Delta P_i$	修正值 K	Δf_{pti}	$\sum_{i=1}^{j}\Delta f_{pti}$
1						16					
2						17					
3						18					
4						19					
5						20					
6						21					
7						22					
8						23					
9						24					
10						25					
11						26					
12						27					
13						28					
14						29					
15						30					

注：$j=1,2,\cdots,30$。

五、分析评定：

$\Delta F_p=$__________，评定________；$\Delta f_{pt}=$__________，评定________。

B. 用万能工具显微镜按绝对法测量齿轮齿距偏差

一、实验内容和要求：

二、实验设备及其主要技术规格：

三、被测量齿轮参数及精度：

四、单个齿距偏差、齿距累积总偏差测量记录及数据处理

齿序	理论角距值	实际角距值	角距值的累积误差 $\Delta\varphi_{\Sigma i}$	角距值的偏差 $\Delta\varphi_i$
0	0°			
1	40°			
2	80°			
3	120°			
4	160°			
5	200°			
6	240°			
7	280°			
8	320°			
9	360°			

注：角度值单位精确为(′)，代入计算公式中。

$$\Delta F_{p}=\frac{m \cdot z}{6.88}(\Delta\varphi_{\Sigma\max}-\Delta\varphi_{\Sigma\min})=$$

$$\Delta f_{pt}=\frac{m \cdot z}{6.88}|\Delta\varphi_{\max}|=$$

实验 6.2　齿廓总偏差 ΔF_{α} 的测量

一、实验内容和要求：

二、实验设备及其主要技术规格：

三、按被测齿轮的参数及精度查齿廓总偏差允许值 F_{α} 值：

四、测量记录：

展开角 齿序	指示表读数值/μm														
1															
2															
3															
4															

五、作图及分析评定：

$\Delta F_{\alpha max}=$ ____________

实验 6.3　螺旋线总偏差 ΔF_β 的测量

A. 用普通偏摆仪测量螺旋线总偏差 ΔF_β

一、实验内容和要求：

二、实验设备及其主要技术规格：

三、按被测齿轮精度查齿轮螺旋线总偏差的允许值 F_β：

四、测量记录及分析评定：

序号	指示表读数/格		两测点 a_1, a_2 间距离 L/mm	计算分析 $\Delta F_\beta = \lvert a_2 - a_1 \rvert \cdot \frac{b_i}{L}$	评定
	a_1	a_2			
1					
2					
3					
4					
5					
6					

B. 用万能工具显微镜测量齿轮螺旋线总偏差ΔF_β

一、实验内容和要求：

二、实验设备及其主要技术规格：

三、被测齿轮参数及精度：

四、齿轮螺旋线偏差测量记录：

$a_1=$__________， $a_2=$__________，

$\Delta F_\beta=|a_2-a_1|\cdot\frac{b}{L}=$__________

实验 6.4　齿厚偏差 ΔE_{sn} 及公法线长度偏差 ΔE_{w} 的测量

A. 齿轮分度圆齿厚偏差 ΔE_{sn} 的测量

一、实验内容和要求：

二、实验设备及其主要技术规格：

三、被测参数计算，查表及绘公差带图：

四、测量记录及分析评定：

序号	实测齿厚/mm	分析评定
1		
2		
3		
4		
5		

B．公法线长度偏差 ΔE_w 的测量

一、实验内容和要求：

二、实验设备及其主要技术规格：

三、测量公法线长度的读数：

齿序	读数值	齿序	读数值	齿序	读数值	齿序	读数值	齿序	读数值
1		7		13		19		25	
2		8		14		20		26	
3		9		15		21		27	
4		10		16		22		28	
5		11		17		23		29	
6		12		18		24		30	

注：可在互成 120°的 3 个部位测得 3 个公法线长度后处理评定。

四、公法线长度偏差的评定：

公法线公称长度：w=	分析评定
公法线长度上极限偏差：E_{ws} =	
公法线长度下极限偏差：E_{wi} =	
公法线长度偏差：ΔE_{wmin} = ______；ΔE_{wmax} = ______	

实验 6.5　齿轮径向跳动 ΔF_r 的测量

A. 用偏摆检查仪测量齿轮径向跳动 ΔF_r

一、实验内容和要求：

二、实验设备及其主要技术规格：

三、按被测齿轮精度查齿轮径向跳动允许值 F_r：

四、测量记录：　　　　单位：格

齿序	读数值	齿序	读数值	齿序	读数值
1		11		21	
2		12		21	
3		13		23	
4		14		24	
5		15		25	
6		16		26	
7		17		27	
8		18		28	
9		19		29	
10		20		30	
分析评定：					

B. 用齿轮径向跳动测量仪测量齿轮径向跳动 ΔF_r

一、实验内容和要求：

二、实验设备及其主要技术规格：

三、按被测齿轮精度查齿轮径向跳动允许值：

四、测量记录： 单位：格

齿序	读数值	齿序	读数值	齿序	读数值
1		11		21	
2		12		21	
3		13		23	
4		14		24	
5		15		25	
6		16		26	
7		17		27	
8		18		28	
9		19		29	
10		20		30	
分析评定：					

实验 6.6　径向综合总偏差 $\Delta F_i''$ 和一齿径向综合偏差 $\Delta f_i''$ 的测量

一、实验内容和要求：

二、实验设备及其主要技术规格：

三、按被测齿轮的参数及精度查表径向综合总偏差允许值 F_i'' 和一齿径向综合偏差允许值 f_i''：

四、误差曲线图：

五、分析评定：

$\Delta F_i''=$ ____________________ ; $\Delta f_i''=$ ______________

思考题：

1. 何谓齿轮几何偏心？何谓齿轮运动偏心？请以滚齿加工为例分析两者分别是如何产生的？
2. 试分析用齿距检查仪测量齿距偏差的误差来源有哪些？

报告七 凸轮轴测量

实验 7.1 凸轮检查仪测量凸轮轴

一、实验内容和要求：

二、实验设备及其主要技术规格：

三、技术要求：

进排气凸轮对于表中所列理论升程之偏差在 0°～71.5°和 288.5°～360°范围内，最大偏差值不大于 0.08 mm。

四、检测数据与理论升程：

角度/(°)	升程/mm	实测数据/mm	角度/(°)	升程/mm	实测数据/mm	角度/(°)	升程/mm	实测数据/mm
0	6.008		52	1.089		312	1.706	
2	6.0025		56	0.597		316	2.351	
4	5.984		60	0.322		320	2.865	
6	5.9465		62	0.249		324	3.532	
8	5.8965		64	0.181		328	4.049	
10	5.832		66	0.137		332	4.509	
12	5.750		67.5	0.077		336	4.912	
14	5.651		69.5	0.033		340	5.251	
16	5.536		71.5	0		342	5.342	
18	5.342		288.5	0		344	5.536	
20	5.251		290.5	0.033		346	5.651	
24	4.912		292.5	0.077		348	5.750	
28	4.509		294	0.137		350	5.832	
32	4.049		296	0.181		352	5.8965	
36	3.532		298	0.249		354	5.9465	
40	2.865		300	0.322		356	5.984	
44	2.351		304	0.597		358	6.0025	
48	1.706		308	1.089		360	6.008	

五、分析与评定：

实验 7.2　改造的分度头测量凸轮轴

一、实验内容和要求：

二、实验设备及其主要技术规格：

三、技术要求：

进排气凸轮对于表中所列理论升程之偏差在 0°～85°和 275°～360°范围内最大偏差值不大于 0.08 mm。

四、检测数据与理论升程：

角度/(°)	升程/mm	实测数据/mm	角度/(°)	升程/mm	实测数据/mm	角度/(°)	升程/mm	实测数据/mm
0	6.555		34	3.529		66	0.203	
2	6.545		38	2.975		68	0.179	
4	6.514		42	2.309		70	0.157	
6	6.463		46	1.667		72	0.134	
8	6.387		50	1.097		74	0.110	
10	6.293		52	0.845		76	0.087	
12	6.176		54	0.642		78	0.063	
14	6.040		56	0.489		80	0.038	
18	5.706		58	0.391		82	0.017	
22	5.294		60	0.311		85	0	
26	4.800		62	0.256				
30	4.241		64	0.226				

续表

角度/(°)	升程/mm	实测数据/mm	角度/(°)	升程/mm	实测数据/mm	角度/(°)	升程/mm	实测数据/mm
275	0		300	0.311		338	5.294	
278	0.017		302	0.391		342	5.706	
280	0.038		304	0.489		346	6.040	
282	0.063		306	0.642		348	6.176	
284	0.087		308	0.845		350	6.293	
286	0.110		310	1.097		352	6.387	
288	0.134		314	1.667		354	6.463	
290	0.157		318	2.309		356	6.514	
292	0.179		322	2.975		358	6.545	
294	0.203		326	3.529		360	6.555	
296	0.226		330	4.241				
298	0.256		334	4.800				

五、分析与评定：

思考题：

1. 对称凸轮和非对称凸轮分别如何寻找凸轮“桃尖”，即凸轮测量的“零点”？

报告八　光滑圆锥体的测量

实验 8.1　用正弦规测量圆锥塞规

一、实验内容和要求：

二、实验设备及其主要技术规格：

三、被测塞规的基本角度、精度及偏差值：

四、测量记录及分析评定：

<table>
<tr><td>测量简图</td><td colspan="2">指示表读数/μm</td><td>计　算</td></tr>
<tr><td rowspan="4"></td><td>在 a 点</td><td></td><td rowspan="4"></td></tr>
<tr><td>在 b 点</td><td></td></tr>
<tr><td>a,b 两点间距离/mm</td><td></td></tr>
<tr><td>锥度实际偏差/mm</td><td></td></tr>
<tr><td colspan="4">分析评定：</td></tr>
</table>

实验 8.2　用钢球法测量圆锥环规

一、实验内容和要求：

二、实验设备及其主要技术规格：

三、被测环规的基本角度、精度及偏差值：

四、测量记录与分析评定：

测量简图	测量读数值		计　算
	大球直径 D_1/mm		
	小球直径 D_2/mm		
	深度 H/mm		
	深度 h/mm		
	实测内锥度/(°)		
分析评定：			

思考题：

1. 用正弦规测锥度时，为什么可用精度很低的钢皮尺来测量 a,b 两点间的距离？
2. 为什么正弦规只宜测量较小的角度？
3. 用钢球法测量锥孔的测量精度高吗？其主要原因是什么？

报告九　三维测量技术

一、实验内容和要求：

二、实验设备及其主要技术规格：

三、测量记录及分析评定：

<table>
<tr><th>序号</th><th colspan="2">项目内容</th><th>公差值</th><th>误差值</th><th>分析评定</th><th>备注</th></tr>
<tr><td rowspan="2">1</td><td rowspan="4">减速器
基座几何
误差测量</td><td>平面度误差测量</td><td></td><td></td><td></td><td></td></tr>
<tr><td>平行度误差测量</td><td></td><td></td><td></td><td></td></tr>
<tr><td>2</td><td>垂直度误差测量 1</td><td rowspan="2"></td><td></td><td></td><td></td></tr>
<tr><td>3</td><td>垂直度误差测量 2</td><td></td><td></td><td></td></tr>
<tr><td>4</td><td rowspan="2">从动轴几何
误差测量</td><td>轴颈径向圆跳动误差测量</td><td></td><td></td><td></td><td></td></tr>
<tr><td>5</td><td>键槽对称度误差测量</td><td></td><td></td><td></td><td></td></tr>
</table>

思考题：

1. 使用三坐标测量机检测零件时，为什么首先要校正所用测头系统？
2. 三坐标测量机测量零件时，建立坐标系的方法有哪些？

报告十　零件精度综合性检测

A. 阀盖测量

一、实验内容和要求：

二、测量记录及分析评定：

序号	检测项目	检测方案 （含选定的量具、量仪等设备）	选用设备的技术规格	数据处理与分析
1				
2				

续表

序号	检测项目	检测方案 （含选定的量具、量仪等设备）	选用设备的技术规格	数据处理与分析
3				
4				
5				
6				

B. 从动轴测量

一、实验内容和要求：

二、测量记录及分析评定：

序号	检测项目	检测方案 （含选定的量具、量仪等设备）	选用设备的技术规格	数据处理与分析
1				
2				
3				

续表

序号	检测项目	检测方案 （含选定的量具、量仪等设备）	选用设备的技术规格	数据处理与分析
4				
5				
6				

思考题：

1. 测量孔、轴尺寸时，正确地确定验收极限有何意义？

2. 以测量ϕ 30k6 尺寸为例，若考虑安全裕度，验收极限尺寸是多少？又该如何选择测量器具？